As Florestas Plantadas e a Água

Implementando o Conceito da Microbacia Hidrográfica como Unidade de Planejamento

As Florestas Plantadas e a Água

Implementando o Conceito da Microbacia Hidrográfica como Unidade de Planejamento

ORGANIZADORES:

WALTER DE PAULA LIMA

MARIA JOSÉ BRITO ZAKIA

RiMa

2006

Direitos reservados desta edição
RiMa Editora

Editoração, revisão e fotolitos
RiMa Artes e Textos

Processo CNPq/CTHidro nº 550270/02-7

<table>
<tr><td>F634f</td><td>As florestas plantadas e a água – implementando o conceito da microbacia hidrográfica como unidade de planejamento / Organizado por Walter de Paula Lima e Maria José Brito Zakia – São Carlos: RiMa, 2006.
226 p.

ISBN – 85-7656-073-9

1. Florestas plantadas. 2. Água. 3. Microbacias.
I. Título.

CDD: 581.5</td></tr>
</table>

Editora

DIRLENE RIBEIRO MARTINS
PAULO DE TARSO MARTINS
Rua Oscar de Souza Geribelo, 232 – Santa Paula
13564-031 – São Carlos, SP
Fone: (016) 3372-3238
Fax: (016) 3372-3264

www.rimaeditora.com.br

SUMÁRIO

Apresentação VII

Capítulo I
As Florestas Plantadas e a Água: Antecedentes, Conceitos e Objetivos 1
Walter de Paula Lima

Capítulo II
Efeitos Hidrológicos do Manejo de Florestas Plantadas 9
Walter de Paula Lima

Capítulo III
A Busca do Manejo Sustentável de Florestas Plantadas 29
Walter de Paula Lima

Capítulo IV
Conceituação de Microbacias 45
Maria do Carmo Calijuri e Anna Paola Michelano Bubel

Capítulo V
Saúde Ambiental da Microbacia 61
Walter de Paula Lima e Maria José Brito Zakia

Capítulo VI
O Papel do Ecossistema Ripário 77
Walter de Paula Lima e Maria José Brito Zakia

Capítulo VII
Delimitação da Zona Ripária em uma Microbacia 89
Maria José Brito Zakia, Fernando Frosini Barros Ferraz, Antonio Marozzi Righetto e
Walter de Paula Lima

Capítulo VIII
Critérios e Indicadores Hidrológicos de Monitoramento em Microbacias 107
Carla Daniela Câmara, Walter de Paula Lima e Maria José Brito Zákia

Capítulo IX
Macroinvertebrados Bentônicos como Indicadores Biológicos para o
Monitoramento de Florestas Plantadas 141
Carla Daniela Câmara e Alaíde A. Fonseca-Gessner

Capítulo **X**
Sedimentos Finos em Microbacias Hidrográficas 157
Fernando Frosini de Barros Ferraz
Capítulo **XI**
Situação Jurídica das Florestas Plantadas 171
Cristiane Derani e Maria José Brito Zakia

Capítulo **XII**
A Bacia Hidrográfica como Unidade de Planejamento:
    Substituição das Agências de Água 185
Paulo Affonso Leme Machado

Capítulo **XIII**
Estudo de Caso: Gestão Ambiental da Vcp Florestal 197
Fausto Rodrigues Alves de Camargo

APRESENTAÇÃO

Este livro é uma nova referência para consolidação da sustentabilidade da Silvicultura Brasileira. O sucesso dessa atividade tem se caracterizado, principalmente, pela rapidez com que conhecimentos científicos se transformam em procedimentos operacionais aplicáveis ao "dia-a-dia" de campo. Assim se alcançaram os avanços tecnológicos que promoveram as altíssimas produtividades que levaram o Brasil à liderança setorial em nível internacional.

Essa referência representa, no entanto, além de contribuições ao processo produtivo, uma nova postura do setor florestal com respeito aos valores ambientais. Enquanto os avanços anteriores se deram voltados à produção e à otimização de processos operacionais, desta vez estamos dando um salto qualitativo na direção da sustentabilidade. Estão sendo rompidos importantes paradigmas, iniciando um processo para explorar o potencial da silvicultura na prestação de serviços e contribuições ao meio ambiente.

As informações contidas em **As Florestas Plantadas e a Água** são indispensáveis para o planejamento e a utilização racional das áreas inclusas em nossas bacias hidrográficas. Os conceitos, as relações e as exigências para a conservação e a proteção dos sistemas hidrológicos são temas tratados de forma objetiva e com indiscutível embasamento científico. Não faltaram na obra também as abordagens jurídicas elaboradas com muita clareza e a inclusão de um estudo de caso para mostrar que a teoria na prática pode ser perfeitamente alcançada.

Este trabalho, riquíssimo de informações, mostra os caminhos da Silvicultura Sustentável e, acima de tudo, representa uma nova fronteira da ciência muito bem explorada pela competência de seus autores.

A Silvicultura campeã da produtividade mostra-se, também, capaz de se integrar ao meio ambiente e enriquecê-lo. Anos de pesquisa e dedicação, aliados à competência profissional, permitiram a elaboração deste manual de procedimentos sustentáveis. Leitura obrigatória a todo profissional responsável e guia de valor incalculável a todas as empresas que pretendam transformar o discurso da sustentabilidade em ações concretas em favor do meio ambiente.

Brasília, 22 de março de 2005.

Nelson Barboza Leite
Ministério do Meio Ambiente

Capítulo I

As Florestas Plantadas e a Água: Antecedentes, Conceitos e Objetivos

Walter de Paula Lima

O objetivo maior deste livro é discorrer sobre a implementação, isto é, sobre procedimentos para a aplicação prática de conceitos e paradigmas contemporâneos de manejo florestal sustentável, principalmente no que diz respeito ao monitoramento de aspectos hidrológicos, levando em conta a escala da microbacia hidrográfica como unidade de planejamento. Assim, essa discussão estará atrelada a quatro elementos fundamentais: florestas plantadas, efeitos sobre a água, indicadores hidrológicos e microbacias como unidade de planejamento florestal visando à proteção do solo e da água. Dentro dessa perspectiva, o objetivo deste capítulo inicial de apresentação é fornecer uma síntese da evolução desses conceitos, tanto do ponto de vista de sua importância para a busca do manejo sustentável quanto da inserção de outros elementos fundamentais discutidos nos vários capítulos, como as questões de monitoramento, de indicadores hidrológicos e de modelagem hidrológica, assim como a interpretação (e implementação) de aspectos jurídicos desse tema hidrológico envolvidos na legislação ambiental.

De todas as mudanças que se observam no mundo atual, a conscientização e a mobilização das pessoas diante dos problemas ambientais do planeta constituem, sem dúvida, uma das mais salutares conquistas da sociedade moderna. Em nível global, o delineamento básico dessa nova ordem social está identificado no conceito macro de desenvolvimento sustentável: "desenvolvimento que atende às necessidades e aspirações do presente, sem comprometer a capacidade de atendimento das futuras gerações" (World Comission on Environment and Development, 1987). A implementação desse conceito tem sido alvo de inúmeros esforços internacionais, que culminaram com a realização da reunião da UNCED 1992 no Rio de Janeiro. No que diz respeito à produção agrícola e florestal, a partir principalmente dessa reunião, ocorreu completa redefinição de sustentabilidade, que se expandiu consideravelmente de sua conceituação simples de rendimento sustentado para uma perspectiva mais ampla e holística. O manejo de áreas plantadas agora deve ser sustentável não apenas do ponto de vista econômico, mas também social, cultural e ecológico, de acordo com os preceitos básicos envolvidos no conceito de desenvolvimento sustentável. Assim, não há mais lugar, no atual contexto, para atividades de manejo de florestas plantadas ou de qualquer outro tipo de uso da terra nesse sentido que não estejam em sintonia com as demandas contemporâneas de sustentabilidade, as quais refletem a percepção atual que o homem tem para com o ambiente, assim como as expectativas de todos os atores sociais com os inúmeros bens, serviços e externalidades da paisagem (água, moderação climática, proteção do solo e da ciclagem de nutrientes, biodiversidade, valores estéticos, culturais e espirituais) (Paul & Robertson, 1989; Jackson & Pipper, 1989; Gillis, 1990; FAO, 1991; Lima, 1993, 1995, 1997; Perry, 1998; Lima & Câmara, 1999).

A implementação desse objetivo de manejo florestal integrado não deve, evidentemente, ser entendida de forma simplista e reducionista, ou "por adjacência", conforme colocado por Behan (1990). Ao contrário, essa perspectiva de manejo implica, principalmente, a premissa da existência de uma ligação mútua e interativa entre os recursos florestais e todos os demais elementos do ecossistema, incluindo o fluxo de energia e a ciclagem da água e dos nutrientes. Implica, ainda, a premissa de que qualquer alteração da paisagem decorrente do uso dos recursos naturais causa invariavelmente impacto em todos os demais elementos do ecossistema. Assim, o manejo florestal sustentável significa, primeiro, que há o entendimento dessas interações e inter-relações; segundo, que em função desse entendimento se procure aplicar práticas de manejo da paisagem na preparação do plano de manejo, visando a organizar a ocupação dos espaços produtivos da paisagem de maneira a garantir a permanência dos processos ecológicos e hidrológicos em toda a unidade de manejo; e, em terceiro lugar, que se busquem práticas de manejo que minimizem os impactos ambientais. Essa busca por práticas sustentáveis de manejo, por sua vez, implica um processo contínuo de monitoramento das ações, cujos resultados devem realimentar o plano de manejo, dentro de uma perspectiva adaptativa de constante e permanente aprendizado institucional.

A dimensão ambiental do manejo florestal, portanto, deve ser vista como parte integrante do processo e não apenas como "algo a mais" que distingue um "bom manejo" de um "manejo convencional". Ao longo dessa evolução das questões ambientais, essa dimensão atingiu sua maturidade, não no sentido de que tudo que necessitava ser conhecido e estudado já o foi, mas, principalmente, para alertar-nos de que o que se atingiu, na realidade, foi o fim das certezas e dos dogmas. O conceito de manejo sustentável, do ponto de vista ambiental, nos conduz ao mesmo dilema atual da Física em relação à busca da teoria unificada das leis que regem o universo. A natureza não parece ser obra do acaso, em que nada pode ser previsto nem descrito em termos gerais, mas tampouco é regida por leis deterministas, que não deixam nenhum lugar para a novidade e em que tudo pode ser previsto desde que se conheçam as condições iniciais (Prigogine, 1996). Em razão da complexidade característica do ecossistema, o pilar ambiental do manejo sustentável, dessa forma, deve significar, usando as palavras de Prigogine, a busca constante do "caminho estreito entre estas duas concepções (acaso e determinismo), através do conhecimento científico". Como colocado por Nicolescu (1999), "antes prevalecia a noção da Natureza como um texto em linguagem matemática que bastava ser decifrado e lido. Hoje, sabe-se que a situação é muito mais complexa. O livro da Natureza não deve portanto ser lido, mas escrito". Por causa dessas incertezas, o próprio conceito de desenvolvimento ou manejo sustentável acaba, com razão, se revelando carente de lógica e consistência. Todavia, se torna cristalino e eficaz quando apresenta essa conotação de busca constante, de idealização, com base em objetivos estrategicamente colocados, das melhores alternativas possíveis de manejo, que representem um compromisso de co-viabilidade entre as dimensões econômicas, sociais e ecológicas do processo produtivo (Castro, 1999). Ou seja, parafraseando este último autor, "o manejo sustentável, mais do que um ponto de chegada, deve significar um ponto de partida, uma perspectiva multidimensional de apontar uma trilha alternativa aos modelos tradicionais de manejo".

No caso de florestas plantadas com espécies de rápido crescimento, a busca de alternativas de manejo mais condizentes com a sustentabilidade deve, primeiro, equacionar os aspectos básicos da produtividade florestal sob essa perspectiva ecossistêmica, a fim de contribuir para a sustentabilidade da própria produtividade florestal, que, afinal, é o objetivo primário dessas florestas. Deve, além disso, levar em conta suas relações com a permanência dos recursos hídricos, em termos de quantidade e qualidade da água decorrentes das práticas de manejo (ver Capítulo II). A busca do manejo sustentável, por outro lado, envolve também dimensões sociais e culturais e, assim, é importante o equacionamento da controvérsia ambiental que se estabeleceu em torno desses sistemas de produção florestal, a qual inclui verdades facilmente comprovadas pela experimentação, mas também mitos e folclore (Lima, 1997; Cossalter & Pye-Smith, 2003). As evidências disponíveis são suficientes para esclarecer algumas das afirmações contidas nessa controvérsia e também inequívocas quanto às interações e aos impactos hidrológicos que podem decorrer das ações de manejo, mostrando que há bastante espaço para a melhoria das práticas de manejo das plantações florestais, visando a minimizar efeitos ecológicos adversos e garantir a permanência de valores ambientais no contexto da paisagem, conforme o discutido sobre o conceito de manejo sustentável em termos do compromisso da co-viabilidade e da perspectiva multidimensional (e de múltiplas escalas) de melhores alternativas e modelos de manejo (ver Capítulo III). Provavelmente eram essas as preocupações contidas em uma das recomendações finais do X Congresso Florestal Mundial, realizado em Paris em 1991, quando postulou o seguinte (FAO, 1991):

> *O sucesso das plantações florestais depende da adequação da espécie, de sua origem e dos objetivos a serem alcançados. Mais do que as freqüentes controvérsias dogmáticas relacionadas com a introdução de espécies exóticas, as prioridades (de manejo) devem visar à manutenção do potencial produtivo do solo, assim como um certo nível de biodiversidade e rendimento sustentado. O manejo das plantações florestais deve ser planejado com o objetivo de transformar plantações em florestas.*

Ou seja, essa recomendação pode ser vista como uma proposta alternativa de manejo que integra a produção florestal, a partir de plantações florestais, no esquema de rendimento sustentado (dimensão econômica da sustentabilidade), com a permanência de valores ambientais que são absolutamente inter-relacionados com a própria produção: a biodiversidade e o potencial produtivo do solo (dimensão ecológica). No contexto da paisagem, o conjunto todo agrega a produção florestal, que ocupa os espaços produtivos, com a manutenção de valores ambientais, que se obtém a partir da garantia de permanência dos serviços do ecossistema nas áreas da paisagem que têm nítida vocação de proteção desses serviços ambientais: água, fauna, biodiversidade e resiliência. Portanto, a relação entre "plantações florestais" e "florestas plantadas", ou seja, a transformação de plantações em florestas não é um simples jogo de palavras, mas trata-se de uma mudança conceitual muito significativa, que incorpora, como definitivamente deve incorporar, a questão ambiental como parte integrante do processo. Essa perspectiva multidimensional e multiescalar de manejo incorpora, sem dúvida, as complexidades e as incertezas inerentes aos ecossistemas naturais, consistindo numa abordagem sistêmica de produção florestal (Odum, 1969; Postel & Ryan, 1991; Gliessman, 2000; Carmus et al., 2003). Todavia, embora suficientemente clara, ela ainda pode parecer genérica demais quanto a sua operacionalização ou implementação.

A adoção da microbacia hidrográfica como unidade ecossistêmica de planejamento, sem dúvida, possibilita o refinamento necessário para a implementação desse conceito (Lotspeich, 1980; Walling, 1980; Likens, 1985; Jansen et al., 1991; Moldan & Cerny, 1994; Lima et al., 1996; Walker & Reuter, 1996; Flinn et al., 1998; Prabhu et al., 1998; Lima, 1998/99). Conforme colocado por Adams (1993), o conceito de manejo dos recursos naturais dentro da perspectiva da microbacia já é reconhecido há muito tempo, mas só recentemente o valor e o potencial dessa estratégia de uso da terra vêm ganhando aceitação generalizada. A perspectiva de manejo florestal com base na estratégia de manejo de microbacias incorpora a preocupação com a manutenção da saúde ambiental desse geoecossistema (ver Capítulos IV e V), condição essa que inclui pelo menos os seguintes valores ecológicos: a) proteção dos recursos hídricos e da qualidade da água, que dependem da permanência dos serviços ambientais oferecidos pelo ecossistema ripário (ver Capítulos VI e VII); b) manutenção do potencial produtivo ou da capacidade de suporte do solo, função dos processos biogeoquímicos da microbacia; e c) manutenção de um certo nível de biodiversidade, deliberadamente planejada para proteger, principalmente, as áreas hidrologicamente mais dinâmicas e vulneráveis da microbacia (Franklin, 1988; Perry & Maghembe, 1989; Perry et al., 1989; Coufal, 1989; Westman, 1990; O'keefe, 1990; Behan, 1990; Duerr, 1990; Lima & Zakia, 2000; Lima et al., 2002; Lima, 2003). Por outro lado, a perspectiva da microbacia como unidade de planejamento de manejo oferece, também, uma metodologia coerente para a incorporação da questão das diferentes escalas da sustentabilidade, o que, sem dúvida, contribui para o planejamento integrado ou sistêmico das ações de manejo, bem como para o equacionamento do monitoramento ambiental como parte integrante do plano de manejo na busca da sustentabilidade (Lima, 1998; Lima & Zakia, 1998). O monitoramento ambiental em microbacias, por intermédio da medição criteriosa de indicadores hidrológicos pertinentes (Capítulos III, VIII, IX e X), constitui ferramenta importante para sinalizar as mudanças desejáveis ou indesejáveis que estejam ocorrendo no ecossistema como conseqüência das práticas de manejo.

A análise dos aspectos e das implicações jurídicas envolvidas nessas abordagens sistêmicas e contemporâneas de manejo florestal, no contexto da legislação ambiental existente, assim como das políticas públicas que estimulam o desenvolvimento sustentável e também das regulamentações e normas de ordenamento territorial, faz parte do tema central deste livro (ver Capítulos XI e XII). Problemas jurídicos podem surgir freqüentemente ante a destinação do solo prevista no Código Florestal, assim como aspectos específicos do arcabouço legal podem dar margens a interpretações conflituosas. Por outro lado, a rigidez da lei raramente consegue incorporar a heterogeneidade ambiental da paisagem e tampouco se atualiza na mesma velocidade da geração de novos conhecimentos.

Finalmente, o Capítulo XIII introduz uma abordagem do setor produtivo florestal, representando a visão de quem é responsável por implementar esses conceitos todos na prática do manejo de florestas plantadas com espécies de rápido crescimento em escala industrial. Como todo empreendimento, de pequeno ou grande porte, a sustentabilidade tem, antes de tudo, uma única dimensão, a econômica, ou seja, o processo de decisão é basicamente orientado por modelos de gestão que levam em conta apenas indicadores econômicos e volumétricos. Por outro lado, a transformação de plantações florestais em florestas plantadas inclui outras dimensões, principalmente a ambiental, que pode implicar a necessidade de alterações e intervenções mais controladas no plano de manejo. O desafio contemporâneo consiste na busca de informações e resultados que possibilitem a incorporação dessas variáveis nos modelos de gestão (Amaral, 2002). Em última instância, ações de manejo que se preocupam com a manutenção da saúde ambiental das microbacias, conforme discutido, representam a permanência da própria capacidade natural de suporte do solo e da qualidade ambiental, que são garantias da perpetuidade da produção florestal a longo prazo.

Bibliografia

ADAMS, P. W. Closing the gaps in knowledge, policy and action to address water issues in forests. *Journal of Hydrology*, v. 150, p. 773-786, 1993.

AMARAL, T. M. *Inclusão do controle de deflúvio em modelos de gestão florestal*: um estudo no Vale do Paraíba, SP. 2002. 64 f. Dissertação (Mestrado)– Escola Superior de Agricultura Luiz de Queiroz, Universidade de São Paulo, Piracicaba.

BEHAN, R. W. Multiresource forest management: a paradigmatic challenge to professional forestry. *Journal of Forestry*, v. 88, n. 4, p. 12-18, 1990.

CARMUS, J. M.; PARROTTA, J.; BROCKERHOFF, E. G.; ARBEZ, M.; JACTEL, H.; KREMER, A.; LAMB, D.; O'HARA, K.; WALTERS, B. *Planted forests and biodiversity*. IUFRO Occasional Paper 15, 2003. p. 31-49.

CASTRO, M. C. A disseminação do conceito de desenvolvimento sustentável no Brasil: suas críticas e seus riscos. In: *Bases do desenvolvimento sustentável*. Governo do Estado do Amapá, 1999. p. 35-73.

COSSALTER, C.; PYE-SMITH, C. *Fast-Wood Forestry* – Myths and Realities. Jakarta: CIFOR, 2003. 50 p.

COUFAL, J. E. Forestry: in evolution or revolution? *Journal of Forestry*, p. 27-32, May 1989.

DUERR, W. A. Forestry as a system. *Journal of Forestry*, p. 19-22. April 1990.

FAO. Conclusions and Recomendations. 10th World Forestry Congress. *Revue Forestiere Française*, Hors Serie n. 9, p. 285-286, 1991.

FLINN, D.; DOLMAN, G.; HAINES, R.; KARJALAINEN, U.; RAISON, J. (Eds.). *International Conference on Indicators for Sustainable Forest Management*. Melbourne, Australia: Natural Resources and Environment, 1998. 174 p.

FRANKLIN, J. F. Structural and functional diversity in temperate forests. In: WILSON, E. O. (Ed.). *Biodiversity*. National Academy Press, 1988. p. 166-175.

GILLIS, A. M. The new forestry: an ecosystem approach to land management. *Bioscience*, v. 40, n. 8, p. 558-562, 1990.

GLIESSMANN, S. R. *Agroecologia:* processos ecológicos em agricultura sustentável. Porto Alegre: Editora da UFRGS, 2000. 653 p.

JACKSON, W.; PIPER, J. The necessary marriage between ecology and agriculture. *Ecology*, v. 70, n. 6, p. 1591-1593, 1989.

JANSEN, A. J.; SPIES,T. A.; SWANSON, F. J.; OHMANN, J. L. Conserving biodiversity in managed forests – lessons from natural forests. *Bioscience*, v. 41, n. 6, p. 382-392, 1991.

LIKENS, G. E. An experimental approach for the study of ecosystems. *Journal of Ecology*, v. 73, p. 381-396, 1985.

LIMA, W. P. *Impacto ambiental do eucalipto*. São Paulo: EDUSP, 1993. 301 p.

LIMA, W. P. Tecnologia limpa no manejo florestal. *TecBahia*, v. 10, n. 3, p. 28-34, 1995.

LIMA, W. P.; POGGIANI, F.; VITAL, A. R. T. Impactos ambientais de plantações florestais sobre o regime hídrico e de nutrientes em bacias hidrográficas. In: CONGRESSO LATINO AMERICANO DE CIÊNCIA DO SOLO, 13., Águas de Lindóia. Anais publicado em CD-ROM. 1996.

LIMA, W. P. Indicadores hidrológicos do manejo sustentável de plantações de eucalipto. In: *IUFRO Conference on Silviculture and Improvement of Eucalypts*. Vol. IV. Salvador, Bahia, 1997. p. 12-29.

LIMA, W. P. Soil and water protection. *International Conference on Indicators for Sustainable Forest Management*. Australia: Natural Resources and Environment, 1998. p. 56-57.

LIMA, W. P.; ZAKIA, M. J. B. Integrated monitoring of hydrological indicators of sustainable management of forest plantations in Brazil. *International Conference on Indicators for Sustainable Forest Management*. Australia: Natural Resources and Environment, 1998. p. 119-121.

LIMA, W. P. A microbacia e o desenvolvimento sustentável. *Ação Ambiental*, Ano I, n. 3, p. 20-22, 1998/99.

LIMA, W. P.; CÂMARA, C. D. Ambiência: evolução científica e tecnológica. In: *III Simpósio Brasileiro de Pesquisa Florestal*. (Couto et al., Eds.). Viçosa: SIF, 1999. p. 19-42.

LIMA, W. P.; ZAKIA, M. J. B. Hidrologia de matas ciliares. In: RODRIGUES & LEITÃO FILHO (Ed.). *Matas ciliares:* conservação e recuperação. EDUSP/FAPESP, 2000. p. 33-44.

LIMA, W. P.; ZAKIA, M. J. B.; CÂMARA, C. D. Implicações da colheita florestal e do preparo do solo na erosão e assoreamento de bacias hidrográficas. In: GONÇALVES, J. L. M.; STAPE, J. L. (Eds.). *Conservação e cultivo de solos para plantações florestais*. São Paulo: IPEF, 2002. p. 373-391.

LIMA, W. P. Relações hidrológicas em matas ciliares. In: HENRY, R. (Ed.). *Ecótonos nas interfaces dos ecossistemas aquáticos*. RiMa Editora, 2003. p. 293-300.

LOTSPEICH, F. B. Watersheds as the basic ecosystem: this conceptual framework provides a basis for a natural classification system. *Water Resources Bulletin*, v. 16, n. 4, p. 581-586, 1980.

MOLDAN, B.; CERNY, J. (Eds.). *Biogeochemistry of small catchments* – a tool for environmental research. England: John Wiley, 1994. 418 p.

NICOLESCU, B. O *Manifesto da transdisciplinaridade*. Triom Editorial e Comercial Ltda., 1999. 153 p.

ODUM, E. P. The strategy of ecosystem development: an understanding of ecological succession provides a basis for resolving man's conflict with nature. *Science*, v. 164, p. 262-270, 1969.

O'KEEFE, T. Holistic (new) forestry: significant difference or just another gimmick? *Journal of Forestry*, p. 23-24, April 1990.

PAUL, E. A.; ROBERTSON, G. P. Ecology and the agricultural sciences: a false dichotomy? *Ecology*, v. 70, p. 1594-1597, 1989.

PERRY, D. A. The scientific basis of forestry. *Annual Review of Ecology and Systematics*, v. 29, p. 435-466, 1998.

PERRY, D. A.; MAGHEMBE, J. Ecosystem concepts and current trends in forest management: a time for reappraisal. *Forest Ecology and Management*, v. 26, p. 123-140, 1989.

PERRY, D. A.; AMARANTHUS, M. P.; BORCHERS, J. G.; BORCHERS, S. L.; BRAINERD, R. E. Bootstrapping in ecosystems. *Bioscience*, n. 39, p. 230-237, 1989.

POSTEL, S.; RYAN, J. C. Reforming forestry. In: *State of the World 1991*. New York: W.W. Norton & Co., 1991. p. 74-92.

PRABHU, R.; RUITENBEEK, H. J.; BOYLE, T. J. B.; COLFER, C. J. P. *Between voodooscience and adaptative management*: the role and research needs for indicators of sustainable forest management. IUFRO International Conference on Indicators for Sustainable Forest Management. Melbourne, Australia, 1998. 17p.

PRIGOGINE, I. O *fim das certezas* – tempo, caos e leis da natureza. Editora UNESP. 1996. 199 p.

WALKER, J.; REUTER, D. J. *Indicators of cathment health* – a technical perspective. Australia: CSIRO, 1996. 174 p.

WALLING, D. E. Water in the catchment ecosystem. In: *Water quality in catchment ecosystems*. New York: John Wiley, 1980. p. 1-47.

WESTMAN, W. E. Managing for biodiversity: unresolved science and policy questions. *Bioscience*, v. 4, p. 26-33, 1990.

WORLD COMISSION ON ENVIRONMENT AND DEVELOPMENT. *Our common future*. Oxfor University Press, 1987.

Capítulo II

Efeitos Hidrológicos do Manejo de Florestas Plantadas

Walter de Paula Lima

Introdução

As florestas plantadas sempre estiveram na mira de discussões acaloradas em vários países do mundo em função de seus possíveis efeitos sobre os recursos hídricos, principalmente no que diz respeito ao consumo de água. Tais discussões, longe de terminarem, atingiram atualmente uma dimensão nova e muito significativa. Primeiro em razão do total de área plantada, que atinge aproximadamente 50 milhões de hectares nas regiões tropicais do mundo, com taxa de novos plantios de cerca de 3 milhões de hectares por ano (Stape et al., 2004). Por outro lado, torna-se cada vez mais evidente o fato de que a disponibilidade natural de água constitui um dos mais importantes temas relacionados ao manejo dos recursos naturais no mundo todo (Zalewski, 2000; Wagner et al., 2002). Dessa forma, uma vez que o manejo florestal e a água são inseparáveis, tal fato demanda, cada vez mais, que o manejo das florestas plantadas incorpore a análise dos impactos hidrológicos potenciais de forma mais sistêmica.

As relações entre as florestas plantadas e seus efeitos sobre a água vêm sendo estudadas em vários países, por meio de diferentes modalidades e perspectivas de pesquisa, tanto no nível da árvore isolada quanto do talhão e da escala de microbacias experimentais. Tais trabalhos incluem, por exemplo, o estudo de aspectos fisiológicos do consumo de água (Whitehead & Kelliher, 1991; Roberts et al., 1992; Calder et al., 1992; Soares et al., 1997; Reis et al., 1997; Mielke et al., 1999; Almeida & Soares, 2003; Lima et al., 2003; Lane et al., 2004), do balanço hídrico de microbacias hidrográficas (Swank & Miner, 1968; Lesch & Scott, 1997; Scott & Lesch, 1997; Fahey & Jackson, 1997; Câmara & Lima, 1999; Vital et al., 1999; Sharda et al., 1998; Oki, 2002; Zhou et al., 2002; Sikka et al., 2003; Lane et al., 2004), do balanço hídrico do solo (Lima et al., 1990; Harding et al., 1992; Huber et al., 1998) e os impactos hidrológicos das práticas de manejo florestal (Lima, 1990; Dias Jr. et al., 1999, 2003; Stott et al., 2001; Pennington & Laffan, 2004; Fernandez et al., 2004). Por outro lado, a literatura especializada conta também com alguns trabalhos de revisão sobre o tema, como os de Hibbert (1967), Bosch & Hewlett (1982), Calder (1992), Lima (1993), Andreassian (2004) e Whitehead & Beadle (2004). O trabalho de Andreassian (2004) constitui uma perspectiva histórica consistente sobre a controvérsia relacionada aos impactos hidrológicos das florestas e do manejo florestal. Durante muito tempo esse debate permaneceu confinado a argumentos folclóricos e até mesmo românticos, que com certeza evoluiriam para um beco sem saída. Mas o autor sintetiza a evolução dos trabalhos em microbacias experimentais, que se iniciaram em 1850 na França e depois se expandiram para vários outros países, como o marco histórico do início da metodologia de microbacias pareadas no Estado do Colorado, em 1910 (Bates & Henry, 1928). Por outro lado, em termos de aspectos fisiológicos do consumo de água pelo eucalipto, por exemplo, talvez um dos pontos mais polêmicos dessas discussões, o excelente trabalho de revisão publicado recentemente por Whitehead & Beadle (2004) analisa praticamente todos os aspectos que devem ser levados em conta para a análise objetiva do consumo de água e em termos de taxas de transpiração, dinâmica dos estômatos, índice de área foliar, eficiência de uso da água, perdas por interceptação e balanço hídrico. Uma das principais conclusões obtidas é a de que o eucalipto não consome mais água por unidade de biomassa produzida que qualquer outra espécie vegetal.

Todavia, a despeito dessas recentes evidências, as campanhas antieucalipto e as dúvidas a respeito de seu impacto sobre a umidade do solo continuam muito comuns tanto no Brasil quanto em outros países (Aciar, 1992; Camino & Budowski, 1998; Cossalter & Pye-Smith, 2003). Não há dúvida de que essa situação paradoxal indica a necessidade de avaliar as relações entre as florestas plantadas e a água de forma diferente, pois pode ser o caso de que essas reclamações populares e campanhas não digam respeito somente à questão de quanta água o eucalipto consome, mas, sim, à maneira como o manejo das florestas plantadas está usando a água disponível e como fica a qualidade da água como conseqüência dessas práticas. Em outras palavras, a questão fundamental a ser abordada nessa relação deve envolver o consumo da água, mas deve incluir também muitas outras considerações, como a qualidade da água e do ecossistema aquático, a sedimentação, a hidrologia da microbacia, a permanência dos fluxos de base e o controle dos picos de vazão, assim como o princípio fundamental de eqüidade ao acesso à água (Nambiar & Brown, 1997; Lima, 2004). Essa nova percepção da sociedade sobre o uso racional dos recursos naturais, sem dúvida, está claramente implícita no conceito multidimensional do manejo florestal sustentável (Nambiar, 1999; Gayoso et al., 2001; Nardelli & Griffith, 2003; Wang, 2004).

Todavia, há também uma percepção de que as florestas plantadas em larga escala para o abastecimento industrial não devem fazer parte desse conceito de manejo florestal sustentável, com o argumento de que são na realidade culturas de árvores caracterizadas pela homogeneidade e pelo objetivo primário de produção de madeira, semelhante ao sistema convencional de produção agrícola (Saa & Vaglio, 1997). Esse argumento, além de não contribuir em nada para o equacionamento da dimensão ambiental, uma vez que a agricultura causa impactos hidrológicos significativos, tampouco encontra respaldo no conhecimento contemporâneo dos sistemas biológicos. De fato, como bem argumenta Perry (1998), as estratégias de manejo visando à produção de madeira e ao manejo florestal sustentável não são antagônicas. Muito pelo contrário, a manutenção da produtividade florestal ao longo do tempo depende crucialmente de sua integração com a manutenção dos aspectos ecológicos e hidrológicos ao longo da paisagem.

Assim, um aspecto importante para o entendimento das relações entre as florestas plantadas e a água é a questão da escala do uso da terra. Em outras palavras, a busca pelo manejo florestal sustentável das florestas plantadas tem de considerar sua característica inerente de múltiplas dimensões e escalas. Essa estratégia incorpora a noção da microbacia hidrográfica como unidade sistêmica da paisagem e como escala natural dos processos hidrológicos envolvidos no balanço hídrico, na qualidade da água, no regime de vazão e na saúde do ecossistema aquático. Ela possibilita também uma visão mais abrangente das relações entre o uso da terra, seja para a produção florestal, para a produção agrícola, a abertura de estradas, a urbanização, enfim, toda e qualquer alteração antrópica da paisagem, e a conservação dos recursos hídricos. Talvez assim a sociedade acabe percebendo que o problema da diminuição da água e da deterioração de sua qualidade não está apenas nas florestas plantadas, mas numa infinidade de outras ações antrópicas e de práticas inadequadas de manejo (Lima, 2004).

As Evidências

O clássico trabalho de revisão de Hibbert (1967) já afirmava claramente que o desmatamento aumenta a produção de água nas microbacias, assim como o reflorestamento a diminui. Mas esse autor foi muito cuidadoso em sua obra, alertando para o fato de que a análise dos inúmeros resultados disponíveis mostrava claramente que esses efeitos eram altamente variáveis de lugar para lugar e, em alguns casos, imprevizíveis.

Assim, levando em conta os trabalhos de revisão mais recentes, que incluíram maior número de resultados e de condições experimentais, o que se deve entender é que de fato há a possibilidade de que as florestas plantadas e o manejo florestal possam influenciar a quantidade de água na escala da microbacia. Como afirmado por Versfeld (1996), parece ser uma política sensata ter em conta que não se precisa de outras pesquisas para provar que as florestas consomem água ou que as florestas plantadas têm um consumo da mesma ordem de grandeza das florestas naturais. O necessário agora é direcionar os esforços para a busca de soluções para os conflitos que decorrem tanto do aumento da demanda pela água quanto do reconhecimento pela sociedade de outros usuários desse recurso natural escasso e que antes não eram levados em conta, como, por exemplo, a questão da vazão ecológica e da qualidade do ecossistema aquático.

Em relação à variabilidade dos resultados, Andreassian (2004) esclarece alguns dos pré-requisitos para a ocorrência de impactos significativos causados pela floresta sobre a quantidade de água na microbacia. Um desses requisitos seria o solo, principalmente em termos de profundidade. Em solos rasos, as diferenças de consumo de água entre a floresta e uma vegetação de menor porte, como as gramíneas, seriam restritas apenas às perdas por interceptação entre as duas coberturas vegetais. Outro requisito são as condições climáticas, principalmente em termos de regime de chuvas.

Quando a distribuição das chuvas ao longo do ano possibilita que a evapotranspiração ocorra sempre à taxa potencial, as condições de rugosidade aerodinâmica do dossel florestal podem aumentar o consumo de água, principalmente em decorrência da maior quantidade de energia advectiva disponível, em comparação com vegetações de menor porte. Há ainda o requisito fisiológico relacionado à espécie florestal, à eficiência de uso da água e às mudanças proporcionais dos componentes do balanço hídrico ao longo da idade do talhão.

Esses aspectos podem fornecer as bases para o entendimento de alguns resultados experimentais, como os de Swank & Miner (1968), que observaram redução no deflúvio anual de uma microbacia experimental que teve sua floresta natural substituída por uma floresta plantada de *Pinus strobus*, redução esta que atingiu cerca de 94 mm quando a plantação alcançou a idade de 10 anos.

Na Austrália, na bacia hidrográfica que abastece a cidade de Melbourne, um incêndio florestal queimou enormes áreas da floresta natural de *Eucalyptus regnans*. A germinação do banco de sementes foi vigorosa após esse episódio, permitindo regeneração de elevada quantidade de mudas por hectare. Esse crescimento vigoroso, que pode ser entendido como similar à substituição da floresta natural por floresta plantada, foi também acompanhado de redução significativa (300 a 400 mm) na produção anual de água nas microbacias experimentais instaladas na área. Vários trabalhos foram publicados a respeito dessa transformação. Kuczera (1987), por exemplo, acompanhando os dados do monitoramento ao longo do crescimento da nova floresta, apresentou uma hipótese a respeito da variação do consumo de água à medida que a floresta regenerada em alta densidade avançava em idade, conforme ilustrado na Figura 1. A figura mostra que na fase de crescimento rápido da nova floresta regenerada há uma sensível redução na produção de água na microbacia, a qual provavelmente atinge o máximo quando a floresta alcança idade de 15 anos, tendendo a diminuir com a maturação da floresta.

Mais recentemente, Vertessy et al. (2001), por meio de medição criteriosa do índice de áreas foliar e basal e de vários componentes do balanço hídrico em floresta de *Eucalyptus regnans* com diferentes idades (15, 30, 60, 120 e 240 anos), encontraram mudanças significativas nos componentes do balanço hídrico, cujos resultados globais podem ser observados na Figura 2. Observa-se nessa figura que, à medida que aumenta a idade do talhão, ocorre alteração na proporção e na preponderância dos componentes do balanço hídrico, o que resulta no aumento ou na diminuição do deflúvio da microbacia.

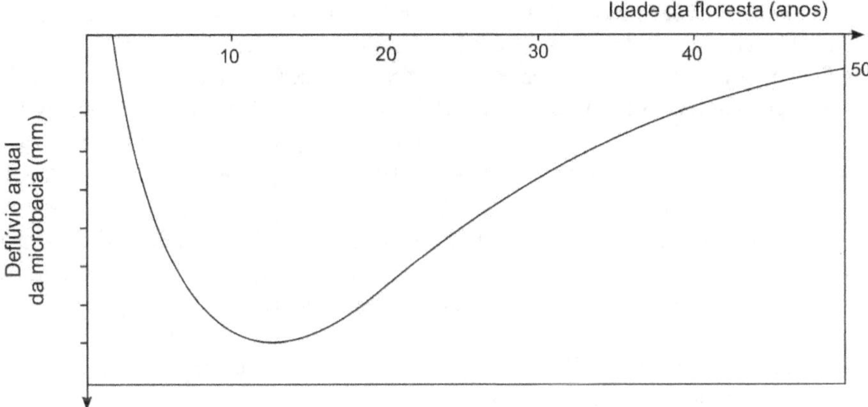

Figura 1 Variação do deflúvio anual da microbacia ao longo do crescimento vigoroso da floresta regenerada após incêndio que eliminou a floresta natural de *Eucalyptus regnans* localizada na bacia hidrográfica de abastecimento de água da cidade de Melbourne, na Austrália (Kuczera, 1987).

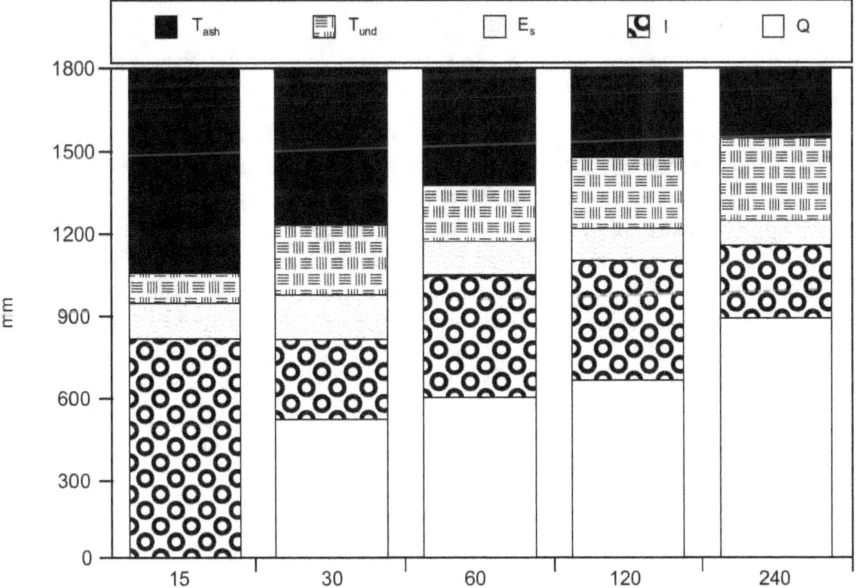

Figura 2 Componentes do balanço hídrico medidos em florestas de *Eucalyptus regnans* de diferentes idades. T_{ash} = transpiração média anual, T_{und} = transpiração média anual do sub-bosque, E_s = evaporação direta média do solo, I = perda média anual por interceptação e Q = deflúvio médio anual da microbacia (Vertessy et al., 2001).

Whitehead & Kelliher (1991) na Nova Zelândia, Lesch & Scott (1997) na África do Sul e Huber et al. (1998) no Chile também encontraram diferenças nos componentes do balanço hídrico e conseqüentemente na vazão da microbacia após a realização de desbastes em plantações de *Pinus radiata* e *Pinus patula*, *Eucalyptus grandis* e *Pseudotsuga menziesii*, respectivamente. Tais resultados indicam que pode haver espaço para atuar deliberadamente nesse possível efeito sobre a quantidade de água, por meio de práticas de manejo.

Na África do Sul, esse efeito das florestas plantadas sobre a quantidade de água vem sendo estudado há algum tempo. O país depende da madeira das florestas plantadas, as quais, por força da escassa disponibilidade natural de água, estão restritas apenas às regiões cuja precipitação anual excede 700 mm. Os efeitos da ampliação dessas plantações florestais nas regiões de maiores altitudes e de clima mais úmido logo começaram a ser questionados. Alguns trabalhos experimentais foram instalados, como, por exemplo, as microbacias experimentais de Mokobulaan (Scott & Lesch, 1997), e os resultados mostraram redução de cerca de 30% no deflúvio. Essa redução começou a ser significativa a partir do terceiro ano após a substituição da vegetação de campos naturais por plantações de *Eucalyptus grandis* numa microbacia experimental de 26,2 hectares e de *Pinus patula* em outra, com área de 34,6 hectares. A vazão de ambas as microbacias virtualmente parou quando o eucalipto atingiu 9 anos e o pinus, 12. Após o corte raso do eucalipto, com a idade de 16 anos, a vazão da microbacia retornou ao normal em 3 anos. Os autores esclarecem que nas duas microbacias o plantio foi feito inclusive nas áreas ripárias, o que não é representativo das práticas convencionais de manejo daquela região.

Em nosso país, alguns dos poucos trabalhos nessa linha também confirmam essas evidências experimentais. Lima et al. (1990), por exemplo, estudaram o cerrado e as plantações de *Eucalyptus grandis* e de *Pinus caribaea* no Vale do Jequitinhonha por meio do método do balanço hídrico do solo, cujos resultados se encontram resumidos na Figura 3. Fica evidente nessa figura: primeiro, a diferença entre os totais de água retirada do perfil do solo (transpiração anual) pelas duas plantações, em comparação ao cerrado, diferença esta inclusive muito próxima aos valores observados nos experimentos na África do Sul; segundo, o reflexo desses aumentos no total de água percolada para maiores profundidades do solo (recarga do aqüífero).

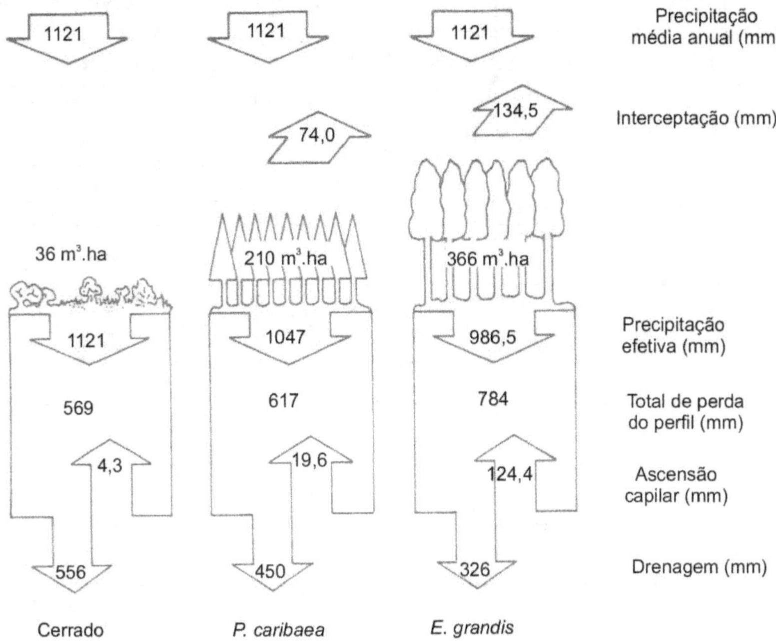

Figura 3 Representação esquemática dos resultados das medições dos componentes do balanço hídrico comparativo entre a vegetação natural de cerrado e florestas plantadas de *Eucalyptus grandis* e *Pinus caribaea*, ambas com 5 anos de idade, no Vale do Jequitinhonha, região norte de Minas Gerais (16º34'S, 42º54'W). Os valores representam médias anuais para um período experimental de dois anos. A precipitação foi medida em área aberta adjacente às parcelas. A umidade do solo foi medida gravimetricamente a cada 15 dias durante todo o período experimental, com três repetições em cada parcela e às profundidades de 30, 60, 90, 120 e 180 cm do perfil do solo. A percolação da água para além dos dois metros de profundidade foi monitorada por um par de tensiômetros instalados às profundidades de 160 e 180 cm em cada parcela e as leituras de cada tensiômetro foram feitas diariamente. Os valores das perdas por interceptação na figura não foram medidos localmente, mas representam estimativas baseadas em trabalhos sobre interceptação em plantações semelhantes às do estudo, apenas para ilustração da influência desse processo na avaliação do consumo de água (Lima et al., 1990).

Outro trabalho nessa linha foi realizado no Vale do Paraíba (Vital et al., 1999) e seus resultados são mostrados na Figura 4, na qual se pode observar que o deflúvio anual da microbacia diminuiu gradativamente, cessando por completo quando o eucalipto apresentava a idade de 7 anos. Como mostra a figura, a precipitação média anual também mostrou tendência à diminuição ao longo do período experimental, o que sem dúvida explica parte do comportamento do deflúvio. O trabalho envolveu também a medição simultânea de outra microbacia adjacente, com área de 6,5 hectares e também anteriormente com pastagem e reflorestada na mesma época, cuja floresta não foi cortada no mesmo período da primeira microbacia, para funcionar como microbacia-testemunha. A vazão dessa segunda microbacia também cessou à idade de 7 anos e, diferentemente da primeira, não aumentou o deflúvio entre 1994-95.

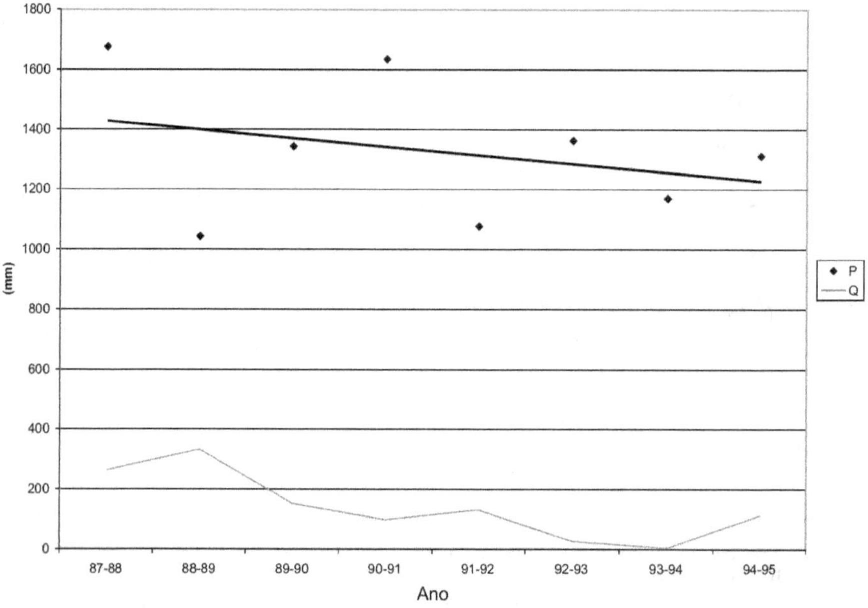

Figura 4   Valores médios anuais da precipitação (P) e do deflúvio (Q) em uma microbacia experimental de 7 hectares situada no Vale do Paraíba, SP (23º25'S, 45º54'W). O uso da terra prevalecente na região antes do reflorestamento era a pastagem, a qual foi substituída, na microbacia experimental, por floresta plantada de *Eucalyptus saligna* seedlings, cujo plantio foi em 1987, justamente no início dos trabalhos de medições do deflúvio na microbacia. A plantação de eucalipto foi cortada em corte raso em 1993, com a idade de 7 anos (Vital et al., 1999).

A microbacia da Estação Experimental de Itatinga, pertencente à Universidade de São Paulo e administrada pelo Departamento de Ciências Florestais da ESALQ, também mostrou resultado interessante a respeito dessa relação entre a floresta plantada e a quantidade de água na microbacia, conforme resumido na Figura 5 (Câmara & Lima, 1999). Pode-se observar na figura o aumento do deflúvio no primeiro ano após o corte raso, em comparação à curva dos valores médios para todo o período de monitoramento (1991 a 1997).

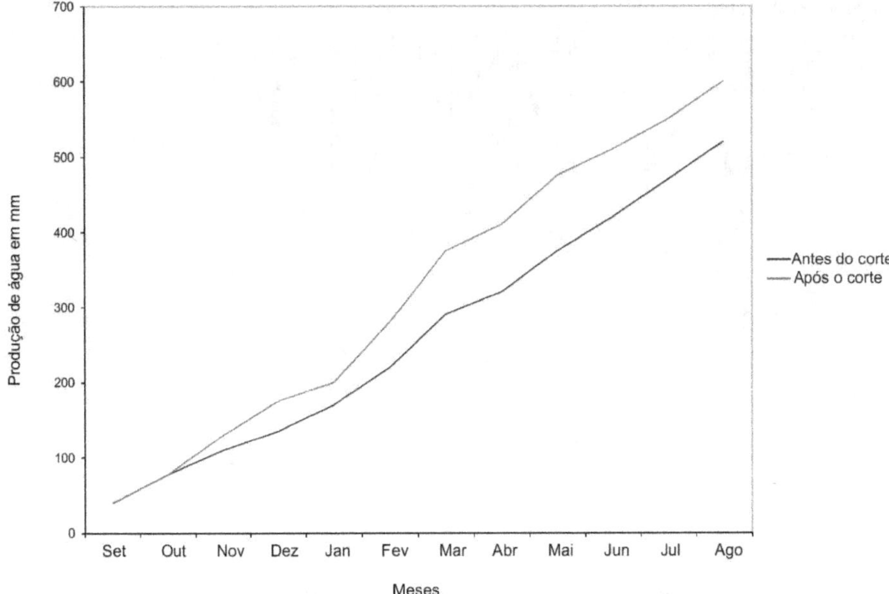

Figura 5 Valores médios acumulados do deflúvio mensal para a microbacia experimental com 68,2 ha, localizada em Itatinga, SP (23°02'S, 48°37'W). O período pré-corte compreende os valores mensais do deflúvio como média para todo o período de 1991 a 1997, quando a microbacia se encontrava com rebrota antiga (mais ou menos 17 anos) de uma floresta de *Eucalyptus saligna* plantada há mais de 50 anos. Essa rebrota antiga foi então cortada com corte raso em agosto de 1997 e, assim, a curva referente ao período depois do corte refere-se ao primeiro ano após a colheita florestal (Câmara & Lima, 1999).

Na região de florestas plantadas com Pinus no Estado do Paraná também foi observado comportamento semelhante após o corte raso em uma microbacia experimental (Oki, 2002). O gráfico da Figura 6 mostra a tendência ao aumento do deflúvio após o corte da floresta, cujos valores quantitativos comparativos desse aumento, em relação à microbacia-testemunha, que permaneceu inalterada, são resumidos na Tabela 1. Observa-se nessa tabela que mesmo a diminuição sensível da precipitação anual em 1999, que refletiu no deflúvio da microbacia-testemunha, manteve a tendência ao aumento na microbacia cortada.

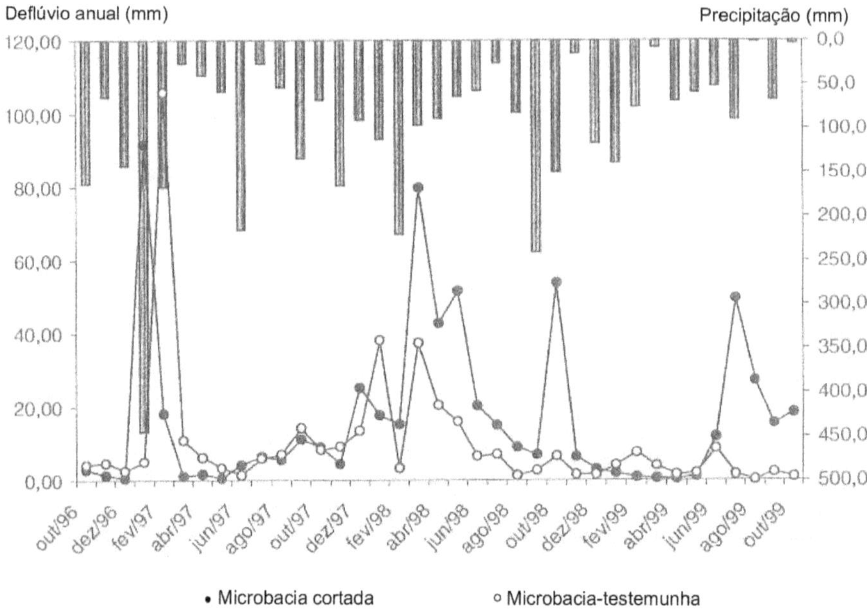

Figura 6   Valores médios mensais da precipitação e do deflúvio de duas microbacias experimentais pareadas localizadas no Estado do Paraná (24°04'S, 49°47'W). A microbacia que sofreu o tratamento apresenta área de 66,5 ha e se encontrava quase totalmente (95%) plantada com *Pinus taeda* de 26 anos de idade. A microbacia-testemunha possui área de 45,9 ha e também se encontrava quase inteiramente (90%) plantada com *Pinus taeda*. O corte raso da floresta iniciou-se em dezembro de 1997 e se prolongou até junho de 1998.

Tabela 1   Resumo quantitativo da tendência ao aumento do deflúvio mostrado na Figura 6.

Ano	Período	Precipitação anual (P) (mm)	Deflúvio			
			Corte raso		Testemunha	
			(mm)	(% de P)	(mm)	(% de P)
1997	Antes do corte	1532,9	144,3	9	170,2	11
1998	Depois do corte	1308,4	296,3	23	162,5	12
1999	Dois anos depois	846,7	189,2	22	40,7	5
			Médias	18		9,3

A literatura apresenta vários trabalhos a respeito dos possíveis impactos hidrológicos sobre a qualidade da água, principalmente em termos de atividades mais intensivas do manejo florestal, como é o caso da colheita. Esses trabalhos mostram que tais atividades podem causar aumentos significativos na concentração de sedimentos em suspensão no riacho, assim como perdas de solo e de nutrientes, o que pode ser prejudicial à qualidade tanto da água quanto do ecossistema aquático (Stott et al., 2001; Sikka et al., 2003; Dias Jr. et al., 2003; Fernandez et al., 2004; Pennington & Laffan, 2004).

Alguns resultados obtidos em nosso país também confirmam esses possíveis efeitos hidrológicos do manejo florestal. Para o trabalho referido na Figura 4, relativo às microbacias experimentais do Vale do Paraíba, a Tabela 2 apresenta um resumo da análise de amostras da água do riacho coletadas semanalmente ao longo de todo o período experimental, em termos de parâmetros monitorados (Vital et al., 1999). Pode-se observar na tabela que apenas a condutividade elétrica e a cor foram significativamente maiores após o corte raso, em termos médios anuais. Todavia, ao longo dos meses se observam valores mensais bastante diferentes entre os períodos.

Tabela 2 Valores médios mensais de condutividade elétrica, turbidez, cor e concentração de sedimentos em suspensão medidos na água do riacho da microbacia ao longo dos períodos de junho de 1987 a maio de 1994, correspondente ao período antes do corte, e de junho de 1994 a maio de 1995, referente ao primeiro ano após o corte raso efetuado na microbacia. Valores médios mensais se referem à média de quatro amostras semanais. No caso do período antes do corte, os valores mensais referem-se também às médias dos 7 anos consecutivos de monitoramento (adaptado de Vital et al., 1999).

Mês	Condutividade (μS/cm)		Turbidez (FTU)		Cor (PtCo)		Sedimentos (mg/L)	
	Antes	Depois	Antes	Depois	Antes	Depois	Antes	Depois
Jun.	67	109	5,9	7,8	70	138	12,6	14,9
Jul.	77	99	4,7	4,4	62	50	9,7	11,9
Ago.	75	110	6,2	5,4	53	50	9,4	12
Set.	74	96	6,2	11,7	72	98	7,5	10,5
Out.	77	103	5,5	18,8	68	163	13,8	18,9
Nov.	83	137	7,8	8,7	71	94	13,3	19,9
Dez.	87	130	7,2	8,6	88	125	13,9	24,2
Jan.	91	153	8,8	8,6	98	265	18,8	48,8
Fev.	96	123	10	8,2	127	217	20,6	33,6
Mar.	85	111	8,3	7,5	107	194	14,5	31,1
Abr.	75	101	7,6	12,3	95	180	11,1	18,2
Maio	75	94	6,9	10,1	91	142	11,9	15,7
Média	**80,2**	**113,8**	**7,1**	**9,3**	**83,5**	**143**	**13,1**	**21,6**
Desvio-padrão	**8,3**	**18,3**	**1,5**	**3,7**	**21,2**	**65,2**	**3,7**	**11,2**

Aumento semelhante na concentração de sedimentos em suspensão foi observado durante e após o corte raso da floresta de eucalipto na microbacia experimental de Itatinga, conforme ilustrado na Figura 7 (Câmara & Lima, 1999). Como no caso da microbacia do Vale do Paraíba, pode-se observar nessa figura que a concentração de sedimentos em suspensão ultrapassou o intervalo de confiança representativo das condições pré-corte na maioria dos meses.

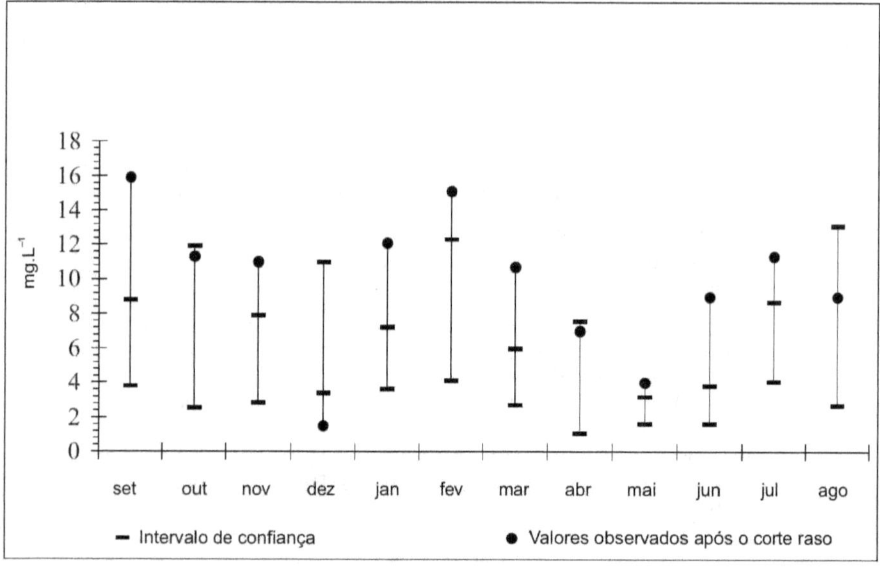

Figura 7 Intervalo de confiança estimado para os valores médios mensais da concentração de sedimentos em suspensão (t = 0,95), representativo do período de 7 anos antes do corte raso da floresta de *Eucalyptus saligna* na microbacia experimental de Itatinga, referida na Figura 5. Os valores medidos durante o primeiro ano após o corte raso são mostrados pelos pontos cheios, permitindo a comparação entre os períodos (Câmara & Lima, 1999).

As medições da qualidade da água realizadas no experimento das microbacias no Paraná também mostraram resultados similares, conforme ilustrado nas Figuras 8 e 9 (Oki, 2002). As figuras mostram aumento da concentração de potássio e de sedimentos em suspensão na água do riacho ocorrido durante o período de atividades de colheita na floresta.

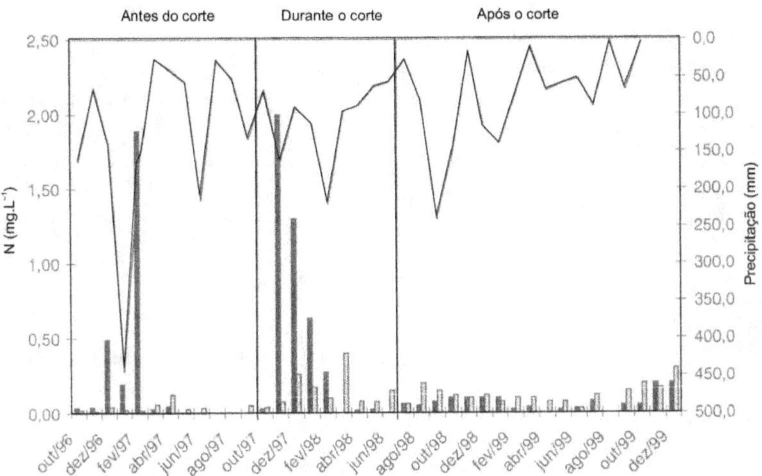

Figura 8 Valores médios mensais comparativos da concentração de nitrogênio amoniacal entre a microbacia que sofreu corte raso na floresta de *Pinus taeda* (colunas cheias) e a microbacia que permaneceu inalterada, como testemunha (colunas hachuradas) e os valores da precipitação mensal (linha cheia) referida na Figura 6. Os valores mensais referem-se à média de amostras semanais no riacho das microbacias.

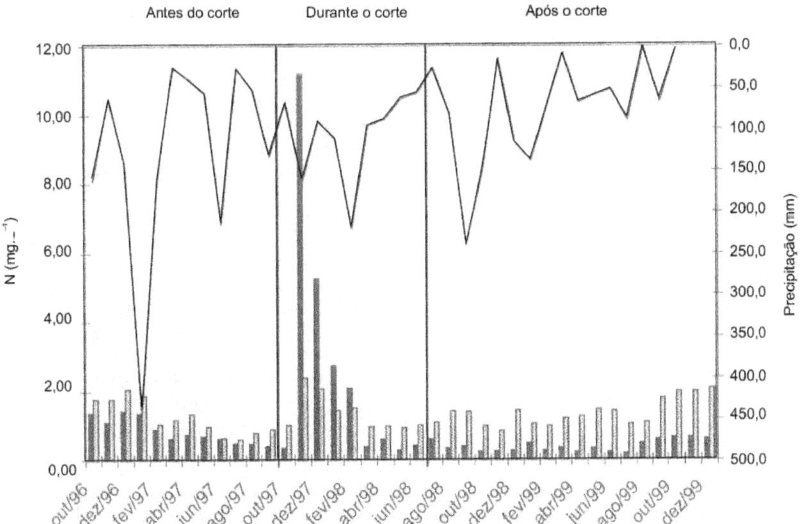

Figura 9 Valores médios mensais comparativos da concentração de potássio entre a microbacia que sofreu corte raso da floresta de *Pinus taeda* (colunas cheias) e a que permaneceu inalterada, como testemunha (colunas hachuradas), juntamente com os valores mensais da precipitação (curva cheia) referida na Figura 6. Os valores mensais referem-se à média de amostragens semanais no riacho das microbacias.

Discussão

Como mostrado no item anterior, o deflúvio da microbacia diminui como resultado do plantio e do crescimento da floresta plantada, assim como aumenta após seu corte raso. Essa diminuição também ocorre quando se refloresta uma microbacia anteriormente coberta com pastagem, da mesma maneira como tem sido observado em outros países, como Índia (Sharda et al., 1998), África do Sul (Scott & Lesch, 1997) e Nova Zelândia (Fahey & Jackson, 1997). A redução também foi observada na conversão da vegetação de cerrado em florestas plantadas de Eucalyptus e Pinus, similarmente ao observado em outros trabalhos, como os de Swank & Miner (1968), Putuhena & Cordery (2000) e Vertessy et al. (2001).

Conforme comentado, esse possível impacto das florestas plantadas sobre a quantidade de água nas microbacias pode ser mais ou menos severo, dependendo das condições hidrológicas regionais prevalecentes, assim como da disponibilidade natural de água, em termos de balanço entre a precipitação média e a demanda evapotranspirativa de água. Torna-se, dessa maneira, muito importante que esse possível efeito das florestas plantadas seja devidamente analizado e levado em conta no plano de manejo, considerando as diferentes escalas da sustentabilidade hidrológica. Da mesma forma, é essencial que esses possíveis efeitos sejam monitorados na escala da microbacia, com o objetivo básico de obter informações cruciais para o necessário ajuste das práticas de manejo. Herron et al. (2002), por exemplo, usando modelagem hidrológica puderam estabelecer previsões sobre possíveis efeitos cumulativos de mudanças climáticas sobre a redução da quantidade de água nas microbacias, concluindo que essa diminuição poderia ser ampliada no caso da ocorrência dessas mudanças climáticas, em termos de influências sobre o regime de chuvas.

Foi evidenciado que as práticas de manejo, principalmente em termos de atividades de colheita florestal, também podem causar impactos sobre algumas variáveis da qualidade da água das microbacias, como é o caso da concentração de sedimentos em suspensão. Como mostrado na Tabela 4, após o corte raso da floresta plantada, a concentração de sedimentos em suspensão no riacho praticamente dobrou, correspondendo a um aumento na carga anual de 20 kg/ha para 42 kg/ha. Resultados similares foram também encontrados em outros trabalhos em microbacias experimentais (Stott et al., 2001; Cummins & Farrel, 2003; Fernandez et al., 2004; Boothroyd et al., 2004).

Além desses impactos medidos na qualidade da água da microbacia, as atividades de colheita florestal também podem causar aumento na densidade aparente do solo, principalmente na camada superficial até 100 mm (Dias Jr. et al., 1999, 2003; Pennington & Laffan, 2004). Todavia, a alta variabilidade natural dessa propriedade do solo, assim como o fato de que ela não varia unidirecionalmente, torna muito difícil empregar essa medição local como bom indicador da sustentabilidade. Por outro lado, o aumento da densidade aparente pode contribuir para a diminuição da infiltração e o conseqüente crescimento da ocorrência de escoamento superficial hortoniano ao longo das áreas compactadas, afetando a hidrologia da microbacia.

Câmara (2004) analisou dados de monitoramento de microbacias experimentais contendo florestas plantadas e localizadas em diferentes condições de solo e de clima no Brasil. Como era esperado, uma das conclusões desse trabalho foi o fato de ser muito difícil poder considerar indicadores hidrológicos que servissem igualmente para o monitoramento de todas as condições estudadas. Ao contrário, o comportamento da microbacia e suas respostas às práticas de manejo estão fortemente relacionadas às condições hidrológicas regionais, conforme sugerido em outros trabalhos (Andreassian, 2004; McDonnel & Woods, 2004). A despeito desse fato e considerando as diferenças regionais, Câmara (2004) conseguiu propor uma lista refinada de indicadores potenciais, como resultado de análises de correlações em uma lista maior de indicadores rotineiramente monitorados nas microbacias. Essa lista, inclusive, foi organizada pela autora de acordo com três critérios considerados relevantes para a análise das relações entre o manejo de florestas plantadas e a água: indicadores mais relacionados à manutenção da hidrologia da microbacia, à biogeoquímica da microbacia e à manutenção da qualidade do ecossistema aquático. Para o terceiro critério, Câmara (2004) estudou a dinâmica dos macroinvertebrados bentônicos nos riachos das microbacias durante dois anos consecutivos. Os resultados obtidos em relação a esse componente biológico do riacho, além de sua importância por si mesmo, também revelaram que ele pode ser afetado pelas mudanças de uso da terra, fato que reforça a necessidade de considerar o meio ambiente, neste caso, a qualidade do ecossistema aquático, também como usuário legítimo dos recursos hídricos.

A microbacia, dessa forma, proporciona uma modalidade de avaliação das relações entre o manejo de florestas plantadas e a água numa escala sistêmica da paisagem. Baseada em sua funcionalidade e também nas interações biofísicas entre as práticas de manejo e os possíveis impactos sobre a água, movidos pelo próprio ciclo hidrológico, a microbacia possibilita também uma base estrutural consistente para a implementação de uma estratégia sistêmica de manejo das florestas plantadas. Essa estratégia, por sua vez, está baseada primeiro no princípio de produção florestal sustentável, que é o objetivo primário das florestas plantadas. Segundo, no fato de essa produção sustentável depender crucialmente da preservação da integridade do ecossistema. Portanto, essa estratégia aponta para a necessidade da reestruturação das práticas convencionais de manejo, com o objetivo de adaptá-lo às condições regionais prevalecentes, bem como aos processos ecológicos e às potencialidades da paisagem. Ela evidencia também a necessidade de monitoramento nas diferentes escalas da sustentabilidade, representando, portanto, uma fundamental mudança conceitual de manejo baseado na unidade de manejo florestal para manejo baseado no ecossistema, o que sem dúvida agrega valor e possibilita inovações tecnológicas e novas estratégias de manejo, as quais incorporam a questão da água, envolvendo pelo menos as seguintes premissas: a) as decisões de manejo são baseadas na capacidade natural de suporte da paisagem; b) o manejo incorpora a manutenção da hidrologia da microbacia e conseqüentemente da conservação da água; c) o plano de manejo é continuamente melhorado com base nos resultados do monitoramento; d) possibilita maior flexibilidade e interatividade; e) incorpora o aspecto crucial das escalas de sustentabilidade; e f) proporciona transparência às decisões de manejo.

Todavia, a despeito dessas evidências, a necessidade da incorporação das florestas plantadas em políticas de manejo integrado das microbacias ainda não se encontra totalmente consolidada, tanto no Brasil como em outros países da América Latina. As conseqüências aparecem reiteradas vezes, na forma de pressões ambientalistas, de dúvidas e reclamações de proprietários rurais e mesmo de artigos e opiniões na imprensa, sempre reiterando a noção falsa de que as florestas plantadas são necessariamente incompatíveis com a conservação ambiental e com a manutenção dos recursos hídricos. Integrar, portanto, os objetivos de manutenção e conservação da água no plano de manejo das florestas plantadas, em termos de hidrologia da microbacia, balanço hídrico, regime de vazão (fluxo de base e pico de vazão) e qualidade da água e do ecossistema aquático parece ser a resposta mais adequada a essas inquietudes (Twery & Hornbeck, 2001).

Conclusão

A conservação dos recursos hídricos, em termos da permanência da hidrologia das microbacias, da quantidade de água e da qualidade da água e do ecossistema aquático, depende da manutenção de mecanismos naturais desenvolvidos ao longo dos processos evolucionários de formação da paisagem, os quais são coletivamente referidos como serviços do ecossistema. As mudanças de uso da terra podem alterar ou destruir esses mecanismos de várias maneiras: desmatamento, expansão não planejada de fronteiras agrícolas, construção de estradas, urbanização e vários outros processos de alteração antrópica da paisagem, os quais podem afetar a hidrologia das microbacias e os ciclos naturais da água e dos nutrientes. Além disso, as práticas de uso da terra, como o preparo do solo, o plantio, a adubação e a colheita, podem afetar negativamente as propriedades hidrológicas dos solos, os quais, em médio e longo prazos, podem contribuir para a degradação da hidrologia das microbacias, afetando dessa maneira os usuários da água a jusante.

A consideração dessas relações de causa e efeito entre as práticas de uso da terra e a conservação da água, como é o caso dos possíveis impactos hidrológicos do manejo das florestas plantadas, acabou por se tornar parte de algumas mudanças fundamentais ocorridas no foco do manejo florestal, embutidas no conceito de manejo sustentável. Como tal, essa consideração necessita do entendimento e da restauração desses serviços ambientais ao longo da paisagem, bem como da implementação e da melhoria contínua das práticas de manejo baseadas nas informações coletadas no monitoramento de indicadores hidrológicos apropriados.

Para atender a essas demandas contemporâneas, incorporar a perspectiva da microbacia hidrográfica como unidade básica de planejamento do manejo florestal pode constituir um modo consistente de equacionamento das complexidades envolvidas nessa nova estratégia. Primeiro, pelo fato de que essa estratégia realça a importância das áreas ripárias e da integridade do ecossistema ripário, que são fundamentais, na escala da microbacia, para a conservação da água. Segundo, por facilitar o entendimento da questão das escalas de sustentabilidade dos recursos hídricos, reforçando a necessidade de analisar essas relações entre o manejo florestal e a água em todas as escalas. E terceiro, por se constituir em procedimento experimental consistente para a identificação e a validação de indicadores hidrológicos apropriados para o monitoramento da busca do manejo sustentável das florestas plantadas, em termos de conservação da água.

Agradecimentos

Grande parte dos resultados experimentais mostrados neste trabalho faz parte do programa cooperativo de pesquisa do Instituto de Pesquisas e Estudos Florestais (IPEF), denominado Programa de Monitoramento e Modelagem de Microbacias (PROMAB), em colaboração com o Departamento de Ciências Florestais da ESALQ/USP, assim como de várias empresas florestais associadas ao IPEF. Este programa recentemente contou também com o apoio inestimável do CNPq, por meio do Processo CNPq/CTHidro 550270/02-7.

Bibliografia

ACIAR. *Eucalypts*: curse or cure? Australian Centre for International Agricultural Research. Canbera, 1992, 6 p.

ALMEIDA, A. C.; SOARES, J. V. Comparação entre uso de água em plantações de *Eucalyptus grandis* e floresta ombrófila densa (Mata Atlântica) na costa leste do Brasil. *Revista Árvore*, v. 27, n. 2, p. 159-170, 2003.

ANDREASSIAN, V. Water and forests: from historical controversy to scientific debate. *Journal of Hydrology*, v. 291, p. 1-27, 2004.

BATES, C. G.; HENRY, A. J. Forest and streamflow experiment at Wagon Wheel Gap, Colorado. *Monthly Weather Review*, Supplement, v. 30, p. 1-79, 1928.

BOOTHROYD, I. K. G.; QUINN, J. M., LANGER, E. R.; COSTLEY, K. J.; STEWARD, G. Riparian buffers mitigate effects of pine plantation logging on New Zealand streams. *Forest Ecology and Management*, v. 194, p. 199-213, 2004.

BOSCH, J. M.; HEWLETT, J. D. A review of catchment experiments to determine the effect of vegetation changes on water yield and evapotranspiration. *Journal of Hydrology*, v. 55, p. 3-23, 1982.

CALDER, I. R. Water use of Eucalypts – a review. In: CALDER, I. R.; HALL, R. L.; ADLARD, P. G. (Eds.). *Growth and water use of forest plantations*. Chichester: John-Wiley, 1992. p. 167-179.

CALDER, I. R.; HALL, R. L.; ADLARD, P. G. *Growth and water use of forest plantations*. Chichester: John-Wiley, 1992. 381 p.

CÂMARA, C. D. *Critérios e indicadores para o monitoramento hidrológico em florestas plantadas*. 2004. 140 f. Tese (Doutorado) – Escola de Engenharia de São Carlos, USP, São Carlos.

CÂMARA, C. D.; LIMA, W. P. Corte raso de uma plantação de *Eucalyptus saligna* de 50 anos: impactos sobre o balanço hídrico e a qualidade da água em uma microbacia experimental. *Scientia Forestalis*, v. 56, p. 41-58, 1999.

CAMINO, R.; BUDOWSKI, G. Impactos ambientales de las plantaciones forestales y medidas correctivas de caráter silvicultura. *Revista Forestal Centroamericana*, v. 22, p. 6-12, 1998.

COSSALTER, C.; PYE-SMITH, C. *Fast-wood forestry* – miths and realities. Jakarta: CIFOR, 2003. 50 p.

CUMMINS, T.; FARREL, E. P. Biogeochemical impacts of clearfelling and reforestation on blanket-peatland streams: II – major íons and dissolved organic carbon. *Forest Ecology and Management*, v. 180, p. 557-570, 2003.

DIAS, Jr. M. S.; FERREIRA, M. M.; FONSECA, S.; SILVA, A. R.; FERREIRA, D. F. Avaliação quantitativa da sustentabilidade estrutural dos solos em sistemas florestais na região de Aracruz, ES. *Revista Árvore*, v. 23, p. 371-380, 1999.

DIAS Jr., M. S.; LEITE, F. P.; WINTER, M. E.; PIRES, J. V. G. Avaliação quantitativa da sustentabilidade estrutural de um Latossolo Vermelho-Amarelo cultivado com eucalipto na região de Peçanha, MG. *Revista Árvore*, v. 27, p. 343-349, 2003.

FAHEY, B.; JACKSON, R. Hydrological impacts of converting native forests and grasslands to pine plantation, South Island, New Zealand. *Agricultural and Forest Meteorology*, v. 84, p. 69-82, 1997.

FERNANDEZ, C.; VEGA, J. A.; GRAS, J. M.; FONTURBEL, T.; CUINAS, P.; DAMBRINE, E.; ALONSO, M. Soil erosion after *Eucalyptus globulus* clearcutting: differences between logging slash disposal treatments. *Forest Ecology and Management*, v. 195, p. 85-95, 2004.

GAYOSO, J.; ACUNA, M.; MUNOZ, R. *Gestión sustenable de ecosistemas forestales*: caso prédio San Pablo de Trégua, Chile. *Bosque*, v. 22, p. 75-84, 2001.

HARDING, R. J.; HALL, R. L.; SWAMINATH, M. H.; SRINIVASA MURTHY, K. V. The soil moisture regimes beneath forest and an agricultural crop in southern India – measurements and modeling. In: CALDER, I. R. et al. (Ed.). *Growth and water use of forest plantations*. West Sussex: John-Wiley, 1992. p. 244-269.

HERRON, N.; DAVIS, R.; JONES, R. The effects of large-scale afforestation and climate change on water allocation in the Macquarie River catchment, NSW, Australia. *Journal of Environmental Management*, v. 65, p. 369-381, 2002.

HIBBERT, A. R. Forest treatment effects on water yield. In: SOPPER & LULL (Ed.). *International Symposium on Forest Hydrology*. Pergamon Press, 1967. p. 527-543.

HUBER, A.; BARRIGA, P.; TRECAMAN, R. Efecto de la densidad de plantaciones de *Eucalyptus nitens* sobre el balance hídrico en la zona de Collipulli, IX Region (Chile). *Bosque*, v. 9, p. 61-69, 1998.

KUCZERA, G. Prediction of water yield reductions following a bushfire in ash-mixed species eucalytp forest. *Journal of Hydrology*, v. 94, p. 215-236, 1987.

LANE, P. N. J.; MORRIS, J.; NINGNAN, Z.; GUANGYI, Z.; GUOYI, Z.; DAPING, X. Water balance of tropical eucalypt plantations in south-eastern China. *Agricultural and Forest Meteorology*, v. 124, p. 253-267, 2004.

LESCH, W.; SCOTT, D. F. The response in water yield to the thinning of *Pinus radiata*, *Pinus patula* and *Eucalyptus grandis* plantations. *Forest Ecology and Management*, v. 99, p. 295-307, 1997.

LIMA, W. P. Overland flow and soil and nutrient losses from *Eucalyptus* plantations. *IPEF International*, v. 1, p. 35-44, 1990.

LIMA, W. P. *Impacto ambiental do eucalipto*. EDUSP, 1993. 301p.

LIMA, W. P. O eucalipto seca o solo? *Boletim Informativo da Sociedade Brasileira de Ciência do Solo*, v. 29, p. 13- 17, 2004.

LIMA, W. P.; ZAKIA, M. J. B.; LIBARDI, P. L.; SOUZA FILHO, A. P. Comparative evapotranspiration of Eucalyptus, Pine and natural cerrado vegetation measured by the soil water balance method. *IPEF International*, v. 1, p. 5-11, 1990.

LIMA, W. P.; JARVIS, P.; RIZOPOULOU, S. Stomatal responses of *Eucalyptus* species to elevated CO_2 concentration and drought stress. *Scientia Agricola*, v. 60, p. 231-238, 2003.

McDONNELL, J. J.; WOODS, R. On the need for catchment classification. *Journal of Hydrology*, v. 299, p. 2-3, 2004.

MIELKE, M. S.; OLIVA, M. A.; BARROS, N. F.; PENCHEL, R. M.; MARTINEZ, C. A.; ALMEIDA, A. C. Stomatal control of transpiration in the canopy of a clonal *Eucalyptus grandis* plantation. *Trees*, v. 13, p. 152-160, 1999.

NAMBIAR, E. K. S. Productivity and sustainability of plantation forests. *Bosque*, v. 20, p. 9-21, 1999.

NAMBIAR, E. K. S.; BROWN, A. G. Towards sustained productivity of tropical plantations: science and practice. In: NAMBIAR, E. K. S.; BROWN, A. G. (Eds.). *Management of soil, nutrients and water in tropical plantation forests*. ACIAR/CSIRO/CIFOR, 1997. p. 527-554.

NARDELLI, A. M. B.; GRIFFITH, J. J. Mapeamento conceitual da visão de sustentabilidade de diferentes atores do setor florestal brasileiro. *Revista Árvore*, v. 27, p. 241-256, 2003.

OKI, V. K. *Impactos da colheita de Pinus taeda sobre o balanço hídrico, a qualidade da água e a ciclagem de nutrientes em microbacias*. 2002. 71 f. Dissertação (Mestrado) – ESALQ/USP, Piracicaba.

PENNINGTON, P. I.; LAFFAN, M. Evaluation of the use of pre- and post-harvest bulk density measurements in wet *Eucalyptus oblique* forest in Southern Tasmania. *Ecological Indicators*, v. 4, p. 39-54, 2004.

PERRY, D. A. The scientific basis of forestry. *Annual Review of Ecology and Systematics*, v. 29, p. 435-466, 1998.

PUTUHENA, W. M.; CORDERY, I. Some hydrological effects of changing forest cover from eucalypts to *Pinus radiata*. *Agricultural and Forest Meteorology*, v. 100, p. 59-72, 2000.

REIS, G. G.; REIS, M. G. F.; GOMES, R. T.; SILVA, J. F. Potencial hídrico e condutância estomática de *Eucalyptus camaldulensis*, *E. pellita* e *E. urophylla* no sudeste do Brasil. In: *IUFRO Conference on Silviculture and Improvements of Eucalyptus*. Salvador, Brazil, 1997. p. 196-200.

ROBERTS, J. M.; ROSIER, P. T. W.; SRINIVASA MURTHY, K. V. Physiological studies in young Eucalyptus stands in southern India and their use in estimating forest transpiration. In: Calder, I. R. et al. (Ed.). *Growth and water use of forest plantations*. West Sussex: John-Wiley, 1992. p. 226-243.

SAA, H. J.; VAGLIO, E. A. Plantar árboles no es reforestar – la confusión de términos genera serios errores. *Revista Forestal Centroamericana*, v. 21, p. 6-10, 1997.

SCOTT, D. F.; LESCH, W. Streamflow responses to afforestation with *Eucalyptus grandis* and *Pinus radiate* and to felling in the Mokobulaan experimental catchments, South Africa. *Journal of Hydrology*, v. 199, p. 360-377, 1997.

SHARDA, V. N.; SAMRAJ, P.; SAMRA, J. S.; LAKSHMANAN, V. Hydrological behaviour of first generation coppiced bluegun plantations in the Nilgiris sub-watersheds. *Journal of Hydrology*, v. 211, p. 50-60, 1998.

SIKKA, A. K.; SAMRA, J. S.; SHARDA, V. N.; SAMRAJ, P.; LAKSHMANAN, V. Low flow and high flow responses to converting natural grassland into bluegum (*Eucalyptus globules*) in Nilgiris watersheds of South India. *Journal of Hydrology*, v. 270, p. 12-26, 2003.

SOARES, J. V.; ALMEIDA, A. C.; PENCHEL, R. M. Balanço hídrico de plantações de eucalipto a partir da estimativa de transpiração pelo método de Penman-Monteith. In: *IUFRO Conference on Silviculture and Improvements of Eucalypts*. Salvador, Brazil, 1997. p. 80-88.

STAPE, J. L.; BINKLEY, D.; RYAN, M. G. Eucalyptus production and the supply, use and efficiency of use of water, light and nitrogen across a geographic gradient in Brazil. *Forest Ecology and Management*, v. 193, p. 17-31, 2004.

STOTT, T.; LEES, G.; MARKS, S.; SAWYER, A. Environmentally sensitive plot-scale timber harvesting: impacts on suspended sediment, bedload and bank erosion dynamics. *Journal of Environmental Management*, v. 63, p. 3-25, 2001.

SWANK, W. T.; MINER, N. H. Conversion of hardwood-covered watersheds to White Pine reduces water yield. *Water Resources Research*, v. 4, p. 947-954, 1968.

TWERY, M. J.; HORNBECK, J. W. Incorporating water goals into forest management decisions at a local level. *Forest Ecology and Management*, v. 143, p. 87-93, 2001.

VERSFELD, D. B. Forestry and water resources – policy development for equitable solutions. *South African Forestry Journal*, v. 176, p. 55-59, 1996.

VERTESSY, R. A.; WATSON, F. G. R.; O'SULLIVAN, S. K. Factors determining relations between stand age and catchment water balance in mountain ash forests. *Forest Ecology and Management*, v. 143, p. 13-26, 2001.

VITAL, A. R. T.; LIMA, W. P.; CAMARGO, F. R. A. Efeitos do corte raso de uma plantação de Eucalyptus sobre o balanço hídrico, a qualidade da água e as perdas de solo e de nutrientes em uma microbacia no Vale do Paraíba, SP. *Scientia Forestalis*, v. 55, p. 5-16, 1999.

WAGNER, W.; GAWEL, J.; FURUMAI, H.; SOUZA, M. P.; TEIXEIRA, D.; RIOS, L.; OHGAKI, S.; ZEHNDER, J. B.; HEMOND, H. F. Sustainable watershed management: an international multi-watershed case study. *Ambio*, v. 31, p. 2-13, 2002.

WANG, S. One hundred faces of sustainable forest management. *Forest Policy and Economics*, v. 6, p. 205-213, 2004.

WHITEHEAD, D.; BEADLE, C. L. Physiological regulation of productivity and water use in *Eucalyptus*: a review. *Forest Ecology and Management*, v. 193, p. 113-140, 2004.

WHITEHEAD, D.; KELLIHER, F. M. A canopy water balance model for a *Pinus radiate* stand before and after thinning. *Agricultural and Forest Meteorology*, v. 55, p. 109-126, 1991.

ZALEWSKI, M. Ecohydrology – the scientific background to use ecosystem properties as management tools toward sustainability of water resources. *Ecological Engineering*, v. 16, p. 1-8, 2000.

ZHOU, G. Y.; MORRIS, J. D.; YAN, J. H.; YU, Z. Y.; PENG, S. L. Hydrological impacts of reafforestation with eucalypts and indigenous species: a case study in southern China. *Forest Ecology and Management*, v. 167, p. 209-222, 2002.

Capítulo III

A Busca do Manejo Sustentável de Florestas Plantadas

Walter de Paula Lima

Introdução

Nos últimos 20 anos os avanços no conhecimento do funcionamento dos sistemas biológicos, assim como o fortalecimento institucional das questões ambientais, resultante das evidências acumuladas sobre os impactos associados ao uso dos recursos naturais, mudaram radicalmente o enfoque do manejo florestal. Evidentemente, o objetivo primário de maximização da produção florestal permanece, como não poderia deixar de ser, mas, além dos aspectos básicos envolvidos nessa produção, relacionados aos avanços nos processos silviculturais, no melhoramento genético e na ecofisiologia da produção florestal, o manejo florestal contemporâneo tem de levar em conta aspectos relacionados à saúde do solo e da microbacia hidrográfica, à hidrologia, à biodiversidade, à ecologia da paisagem, além de outros. Todavia, um ponto de extrema importância nesta ampliação de enfoque é não se restringir à preocupação em diminuir os impactos ambientais, o que já seria razão suficiente para essa mudança. O mais importante, porém, é que todos esses aspectos estão interligados e inter-relacionados, uma vez que de sua manutenção depende a manutenção da produtividade florestal ao longo das sucessivas rotações.

Perry (1998) coloca bem o sentido dessa mudança paradigmática fazendo um paralelo entre duas estratégias de manejo: uma que considera os talhões florestais como "commodities" produtoras de celulose e que, portanto, devem ser apenas bens cultivados, como normalmente se faz na agricultura com a soja, a cana-de-açúcar, etc. Pode-se chamar esta estratégia de "silvicultura intensiva de árvores". A outra alternativa considera plantações florestais como sistemas de múltiplos componentes, interdependentes e interativos, isso implica que não deve haver separação formal entre o objetivo da produção florestal e as conseqüentes interações ecológicas, ambientais e sociais desse processo. Essa alternativa leva em conta a integridade do ecossistema, ou seja, trata-se de uma abordagem ecossistêmica de manejo. Como argumentado no Capítulo I, essa estratégia pode ser chamada de "manejo de florestas plantadas".

Todavia, não se tratam de duas estratégias excludentes. Como já afirmado, não há como dispensar melhorias contínuas nas práticas silviculturais e de melhoramento genético, tampouco a clássica visão econômica embutida na primeira alternativa. Mesmo considerando o enfoque empírico que, em geral, prevaleceu ao longo do desenvolvimento da silvicultura de plantações florestais em nosso país, os resultados em termos de ganhos de produtividade são eloqüentes. É chegado, contudo, o momento em que essas ações devem ser cada vez mais baseadas em modelos sistêmicos de manejo da produtividade florestal, que considerem, por exemplo, não a reposição periódica dos nutrientes exportados do solo em cada colheita, mas, sim, a manutenção da qualidade e do potencial produtivo do solo ao longo do tempo, o que é bem diferente. Pela mesma razão, não se pode simplificar esse sistema pela eliminação das incertezas e pelo aumento do controle externo da complexidade das interações ecológicas envolvidas, bem como das fontes externas de variabilidade, já que a manutenção da qualidade ambiental e dos serviços proporcionados pelo ecossistema são, também, parte importante da manutenção da produtividade florestal.

Por outro lado, em decorrência das transformações sociais e culturais que, de certa forma, acompanham essa mudança conceitual, parece estar havendo consenso de que os problemas ambientais, em razão de suas características inerentes de complexidade e incertezas, não podem ser resolvidos separadamente de suas interações com vários outros valores da sociedade, como ética, eqüidade, justiça social, juízo de valores, assim como valores estéticos e, até mesmo, religiosos. Dessa forma, todos esses temas passam a integrar as decisões de manejo, o que as tornam complexas e, aparentemente, insolúveis, pelo menos do ponto de vista da abordagem rotineira da tecnocracia (Ludwig, 2001).

De qualquer maneira, a questão central que permeia todas essas considerações pode ser resumida na busca do manejo florestal sustentável. Desde a reunião da UNCED no Rio de Janeiro em 1992, o setor florestal empenha-se em definir e em estabelecer o manejo florestal sustentável, mas esse conceito parece ser exatamente um dos chamados "problemas perversos", os quais apresentam pluralidade de perspectivas legítimas, mas não têm formulação clara, regras ou solução definitiva (Neave, 1995; Goodland, 1995; Perry, 1998; Bass, 2001; Ludwig, 2001; Failing & Gregory, 2003; Wang, 2004). Portanto, não há uma receita universal e tampouco haverá um dia, mesmo em nível regional ou local.

Diante dessa dificuldade, não é de se estranhar que apareçam, como vem acontecendo, diversas alternativas de ação, uma vez que a produção florestal tem que continuar. Nos planos global e nacional destacam-se, por exemplo, os vários acordos e protocolos internacionais já consolidados que produziram o consenso de que o manejo florestal sustentável deve ter início com o estabelecimento de critérios e indicadores de sustentabilidade, como é o caso, por exemplo, da chamada Declaração de Santiago de 1995 e de vários outros protocolos (Granholm et al., 1996; Bueren & Blom, 1997). Os critérios expressam princípios consensuais de manejo florestal sustentável e os indicadores servem para avaliar se esses objetivos estão sendo alcançados.

No plano local, ou do empreendimento florestal, o processo de Certificação Florestal também está baseado no estabelecimento consensual de princípios (regras ou elementos essenciais do manejo) e critérios (mecanismo de avaliação da obediência aos princípios). De qualquer maneira, também prevalece a característica de que os indicadores têm basicamente a função de avaliar se os objetivos previamente estabelecidos foram seguidos durante a implementação do manejo. Ou seja, trata-se de avaliar a qualidade do manejo florestal. Embora o processo tenha sido estabelecido com foco eminentemente de mercado, não resta dúvida de que o mesmo evoluiu e contribui para o fortalecimento da preocupação com a sustentabilidade. Outra questão central sobre a alternativa da Certificação Florestal é saber se ela é capaz de agregar algum diferencial à estratégia de Silvicultura Intensiva de Árvores (Perry, 1998; Rametsteiner & Simula, 2003; Tattari et al., 2003).

Na escala da unidade de manejo, o chamado Manejo Adaptativo (Walters, 1986) parece ser a alternativa mais lógica de implementação na busca do manejo florestal sustentável, a despeito de que sua implementação pode tornar nebulosa a interface entre o que é pesquisa florestal e o que são práticas de manejo (Perry, 1998; Havens & Aumen, 2000), o que implica que o monitoramento (ver Figura 1) deve estar sempre alicerçado nos princípios da experimentação, com estabelecimento de hipóteses, controle de qualidade na coleta dos dados e análise estatística dos resultados, pois:

- ocorre em escala micro, ou seja, na unidade de manejo florestal onde as práticas de manejo são implementadas;

- o manejo florestal sustentável é um metaconceito, o qual traz implícito uma mudança de paradigma e, portanto, sua busca deve significar constante aprendizado institucional;

- assume as incertezas e complexidades dos sistemas naturais cujos conhecimentos pelo homem serão sempre incompletos e que a interação antrópica com o ecossistema vai estar sempre evoluindo. Trata-se, portanto, de uma estratégia integrada de manejo (Gunderson, 2000);

- o plano de manejo adaptativo é retroalimentado continuamente a partir das informações de indicadores de resultados, ou seja, a partir da análise de como ficou a qualidade ambiental após aplicação das práticas de manejo. Como colocou Gillis (1990), "no manejo sustentável é mais importante o que fica no campo do que o material que é produzido".

Esse caráter dinâmico do manejo adaptativo pode ser estruturado de acordo com o fluxograma mostrado na Figura 1.

Conforme mostra a Figura 1, além da análise prévia dos critérios econômicos, ecológicos e sociais e da utilização de práticas sustentáveis de manejo, dois outros componentes-chave também devem ser integrantes do plano de manejo sustentável: os indicadores e o monitoramento.

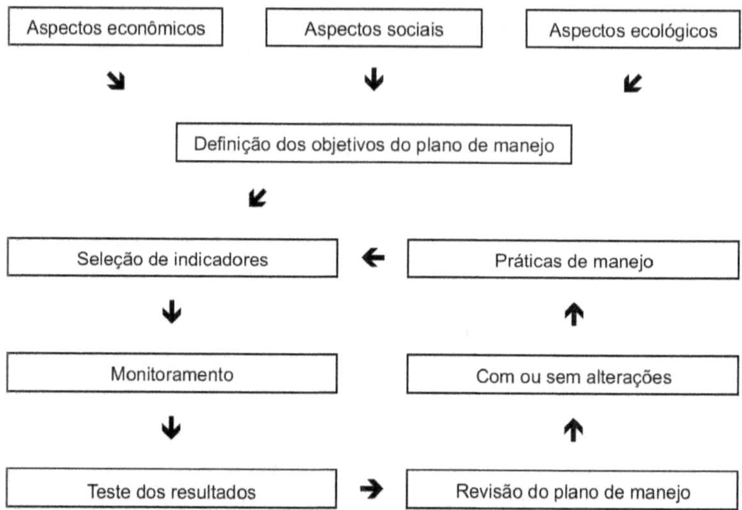

Figura 1   Base estrutural para implementação de plano de manejo adaptativo na busca do manejo florestal sustentável (adaptado de Di Stefano, 2001).

Indicadores Ambientais de Manejo Florestal Sustentável

Os indicadores de sustentabilidade devem ser considerados ferramentas básicas para a busca do manejo florestal sustentável, no sentido de que possibilitam, pelo processo de monitoramento, a obtenção de informações seguras para a implementação do manejo adaptativo. O monitoramento ambiental, dessa forma, é parte integrante do manejo florestal sustentável. Como resultado, os indicadores devem representar uma ou mais variáveis ou elementos do ecossistema, cuja relação com a sustentabilidade já tenha sido estabelecida experimentalmente. Trata-se, portanto, de uma conotação fundamentalmente diferente daquela que é inerente aos indicadores de procedimentos, ou de entrada, normalmente utilizados no controle de qualidade. Em termos de eficiência como ferramenta de informação para a implementação do manejo adaptativo, na busca da sustentabilidade, há vantagens para a seleção de indicadores de resultados, ou de saída, pois, por serem baseados na definição de metas, permitem avaliação do desempenho, incentivam melhoria das práticas de manejo e permitem comparação entre diferentes situações (Prabhu et al., 2001). Fica claro, também, que a seleção dos indicadores deve começar pela própria estrutura conceitual do manejo florestal sustentável, de acordo com o estabelecido nos protocolos internacionais (Varma et al., 2000), assim como também deve-se levar em conta a imperiosa necessidade de adaptação dessa estrutura aos contextos social e ecológico locais.

O principal objetivo de estabelecer indicadores é o monitoramento das práticas de manejo na busca da sustentabilidade. Nesse sentido, os indicadores ideais devem ter as seguintes características:

- proporcionar imagem representativa das condições ambientais;
- ser simples e de fácil medição e interpretação;
- ser capaz de indicar tendências;
- ser reativo às mudanças ambientais e às práticas de manejo;
- possibilitar comparação;
- ter um padrão ou limite preestabelecido com o qual se possa comparar as respostas, bem como verificar a significância dos valores medidos.

Em tese, o uso de indicadores para avaliar se o manejo florestal encontra-se na direção da sustentabilidade é bastante simples, a julgar, por exemplo, pelo papel que desempenham os indicadores econômicos na avaliação rotineira da economia de um país. Na realidade, no caso da sustentabilidade do manejo florestal, as implicações mostram-se muito mais complexas e o desenvolvimento de indicadores adequados se transformou em uma tarefa das mais difíceis, que ainda vai demandar muita pesquisa e experimentação. Todavia, não há dúvidas de que estarão disponíveis num futuro próximo.

Uma das críticas ao uso de indicadores é que o processo de monitoramento, em geral, não apresenta robustez estatística em termos de repetições, estabelecimento de hipóteses, etc. De fato, os dados coletados no processo de monitoramento a partir de indicadores selecionados deveriam ser utilizados para testar a hipótese de que as práticas de manejo não têm efeito significativo sobre o nível dessas variáveis, ou seja, não apresentam efeito deletério sobre o ambiente. Nesse sentido, uma alternativa interessante seria implementar o monitoramento simultaneamente em uma área testemunha, onde não ocorrem práticas de manejo, a fim de possibilitar a comparação dos resultados (Di Stefano, 2001). Todavia, como já mencionado, trata-se de avaliar um sistema complexo, no qual as incertezas são inerentes. Assim, alguns efeitos ambientais do manejo florestal são imediatos, enquanto outros podem demorar anos para se manifestar. Por isso, não se pode depender exclusivamente dos resultados convencionais da estatística, que às vezes acaba sendo uma substituta para o pensamento crítico (Perry, 1998).

Outra crítica diz respeito ao próprio embasamento conceitual do uso de indicadores, que absolutamente não seriam adequados para representar sistemas complexos e, assim, representariam outra tentativa de solução do problema pela clássica modalidade reducionista (Prabhu et al., 2001). O trabalho recente de Failing & Gregory (2003) constitui uma análise muito apropriada desse aspecto, ao considerarem os vários erros em que se pode incorrer apenas na questão do monitoramento da biodiversidade, que em si mesmo é também um metaconceito e portanto traz incertezas associadas, inclusive, com a própria definição de biodiversidade (Noss, 1990). Um desses erros, por exemplo, seria o estabelecimento de indicadores que não consideram a definição dos fins. Ou seja, a biodiversidade ao longo da paisagem no manejo florestal pode desempenhar vários fins: preservar os serviços ambientais, a hidrologia e a resiliência; preservar e melhorar valores sócio-econômicos, como o potencial uso medicinal da flora. Cada um desses objetivos deve estar associado a um ou mais indicadores apropriados. Outro erro seria a confusão entre meios e fins, como, por exemplo, achar que o que é necessário é a preservação de alguma biodiversidade no manejo florestal, sem perceber que o fim em si mesmo são as implicações dessa ação para o manejo, na busca da sustentabilidade.

Há, ainda, dificuldade em desenvolver indicadores compostos, na forma de índices, que, se por um lado, podem realmente ser uma simplificação temerária da complexidade biológica, por outro, têm dado bons resultados em algumas situações, como é o caso do Índice de Integridade Biótica, bastante utilizado no monitoramento de ecossistemas aquáticos (Andreasen et al., 2001; Hill et al., 2003). A integridade ecológica é conceito-chave da sustentabilidade, na qual pesa o fato de ser de difícil medição. De forma semelhante, Andreasen et al. (2001) propõem o desenvolvimento de índice similar, ao qual deram o nome de Indicador Terrestre de Integridade Ecológica, com a função de avaliar a capacidade da paisagem de produzir bens de forma sustentável, funcionando tanto para proporcionar uma visão do estado ou da condição do ecossistema como para monitorar as tendências, indicando, nesse caso, tanto direção quanto magnitude das mudanças. Apesar das dificuldades de chegar a tal índice, parece que nada é mais crucial para a integridade e a saúde do ecossistema do que o funcionamento contínuo dos processos biogeoquímicos, hidrológicos, ecológicos e evolucionários. Dessa forma, o monitoramento de processos, tais como produtividade, ciclagem de nutrientes, balanço hídrico, etc., permite inferir sobre essa integridade, principalmente se eles podem ser aferidos de forma prática e de baixo custo numa escala ecossistêmica adequada, como a microbacia, por exemplo. Mesmo que se consiga chegar a um indicador dessa natureza, fica claro, desde já, que o mesmo, como já argumentado, não se aplicaria universalmente, mas apenas numa dada ecorregião onde tenha sido desenvolvido. Ainda, seu uso deveria estar associado ao monitoramento simultâneo, quer seja de área adjacente não perturbada, que indicaria a direção da sustentabilidade, quer seja de área totalmente degradada, que representaria a direção oposta, para fins de comparação com os resultados obtidos na área de manejo florestal.

A questão dos custos do monitoramento também deve ser levada em conta, visto que o sucesso da manutenção de programa de monitoramento a longo prazo, por meio de indicadores adequadamente selecionados, vai depender da percepção de que as informações que estão sendo alcançadas justificam o custo do programa (Caughlan & Oakley, 2001).

Finalmente, não se pode esquecer da questão da escala no uso de indicadores e do monitoramento (Haila, 2002; Walmsley, 2002; Steinhardt & Volk, 2002). O conceito de manejo florestal sustentável é, por natureza, de múltiplas dimensões (econômica, ecológica, social, cultural, política, etc.) e de múltiplas escalas, conforme ilustrado na

Figura 2. Assim, é essencial que a avaliação do manejo sustentável seja realizado em cada uma dessas escalas, com os indicadores apropriados a cada caso.

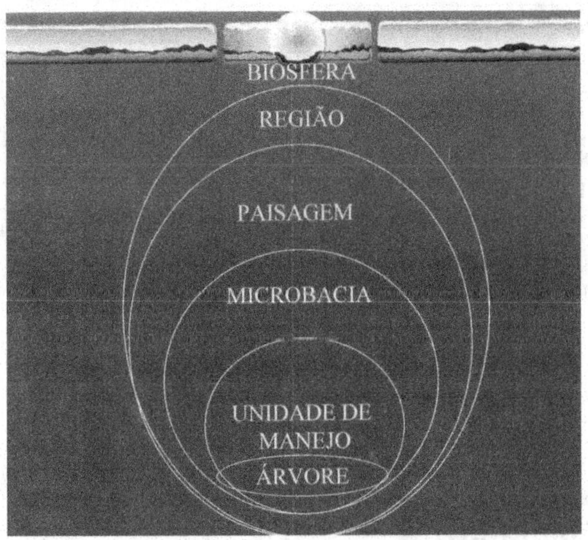

Figura 2   Representação esquemática das várias escalas da sustentabilidade ambiental.

Assim, de acordo com a Figura 2, um primeiro nível do manejo sustentável de florestas plantadas é a escolha adequada das espécies, em termos de potencial, de adequação às condições locais de solo e clima e de interação com o meio, conforme cabalmente demonstrado em várias tentativas fracassadas de formação de povoamentos florestais. Necessitando, assim, de indicadores apropriados para essa escala.

A escala seguinte é da unidade de manejo, em que a análise da sustentabilidade já considera indicadores relacionados a uma série de fatores, como, por exemplo, o solo, a água, as microbacias, as áreas de preservação permanente, as estradas e a biodiversidade.

A próxima escala é da microbacia, que constitui a primeira manifestação ecossistêmica da paisagem. A microbacia é a escala da água, que, por sua vez, é um dos pilares-chave da sustentabilidade. Essa escala possibilita, dessa forma, entendimento holístico do funcionamento da paisagem, proporcionando, ainda, um procedimento sistêmico de caracterização dos processos físicos e biológicos que operam nessa escala, assim como interações entre o manejo florestal e esses processos. Portanto, o monitoramento da microbacia possibilita obter respostas sistêmicas das práticas de manejo, em termos de processos relacionados à quantidade e à qualidade da água e ao regime de vazão, bem como daqueles relacionados à biogeoquímica, o que permite inferir sobre a manutenção do potencial produtivo do solo ao longo do tempo. Além de indicadores adequados para o monitoramento desses processos, a análise na escala da microbacia oferece outros indicadores importantes de sustentabilidade, principalmente em termos das condições do ecossistema ripário e de sua relação com aspectos fisionômicos e estruturais da diversidade biológica que ocupa as áreas ripárias da microbacia, contribuindo, também, para a conectividade da paisagem e, no conjunto, relacionando-se com outro importante atributo da sustentabilidade: a resiliência, ou seja, a capacidade da microbacia de suportar mudanças sem atingir a irreversibilidade (ver Capítulos IV e V).

A escala seguinte é a da paisagem e os indicadores apropriados para ela devem ter relações com padrões e processos evolucionários que governam a manifestação natural do mosaico da paisagem (Bell, 2001).

Depois vem a escala da região, definida em termos de ecorregião, ou seja, de similaridades de clima, geologia, fisiografia, solos, vegetação e estrutura social e cultural. Como argumentado, talvez um dia chegue-se a indicadores ou a índices específicos para cada ecorregião (Robertson & Saad, 2003).

E, finalmente, o objetivo maior da sustentabilidade, a manutenção da biosfera. Indicadores nessa escala dizem respeito, por exemplo, à questão da contribuição para ciclos globais de carbono.

Implementando o Conceito de Manejo Sustentável de Florestas Plantadas

Conforme exposto, os indicadores de sustentabilidade ainda levarão algum tempo para serem desenvolvidos e testados, o que implica necessidade de pesquisas e de monitoramento de longo prazo para a obtenção de informações que possibilitem caminhar nessa direção. Por outro lado, a produção florestal é necessária para atender à crescente demanda da sociedade e a estratégia de manejo adaptativo parece ser suficientemente clara e robusta para contribuir para ambos os objetivos, ou seja, monitoramento e produção florestal. Agrega-se a essas considerações o fato de que, se não sabemos exatamente o que é o manejo sustentável, pelo menos, já é possível identificar e evitar práticas de manejo que, com certeza, não são sustentáveis (Smith & Thwaites, 1998).

A expressão Manejo Florestal Sustentável, utilizada a partir da Reunião da UNCED no Rio de Janeiro em 1992, tem conotação de produção florestal aliada à "manutenção do potencial do ecossistema solo e do ecossistema aquático de produzir bens e serviços ambientais em perpetuidade" (Perry, 1998). Então, pode-se inferir dessa conotação que são pelo menos quatro os componentes críticos do manejo sustentável, a saber:

- solos, em termos de qualidade e potencial produtivo;
- água, envolvendo balanço hídrico, regime de vazão e qualidade;
- diversidade biológica ao longo da paisagem;
- resiliência, ou seja, resistência a perturbações.

O solo e a água são considerados os mais importantes recursos biofísicos para o manejo florestal e a manutenção de ambos, conforme detalhado anteriormente, constitui, sem dúvida, um dos pilares da sustentabilidade. Nesse sentido, para a busca do manejo florestal sustentável, a avaliação e o monitoramento do potencial de degradação do solo e da água são mais cruciais do que a própria avaliação da produtividade florestal (Thwaites & Pain, 1997).

A direção errada de manejo do solo, ou seja, a degradação do solo pelas práticas de manejo parece ter sido suficientemente estudada, sendo, por exemplo, consenso de que práticas de manejo como preparo intensivo do solo, curto período da rotação florestal, além de outras, não são condizentes com a manutenção do potencial produtivo do solo (Lima & Zakia, 1998; Zwolinski, 1990; Grigal, 2000; Fox, 2000; Croke et al., 2001; Gonçalves, 2002). Portanto, torna-se necessário não apenas evitar essas práticas, ou diminuir seus impactos, mas também desenvolver indicadores para monitoramento da sustentabilidade do solo. Genericamente, engloba-se essa perspectiva na manutenção da saúde do solo, sendo esta sinônimo de conjunto de valores relacionados à estrutura, matéria orgânica, biologia e fertilidade do solo (Richardson et al., 1999; Chaer, 2001; Khana & Fabião, 2002; Schloter et al., 2003). Essas condições refletem o potencial produtivo ou a capacidade de suporte do solo ao longo do tempo. Nesse sentido, a produtividade florestal, mantida ao longo das sucessivas rotações e definida como taxa de crescimento das árvores num dado sítio, que é inclusive de fácil medição, não constitui um bom indicador da manutenção da saúde do solo, por causa dos efeitos associados das práticas de manejo e das técnicas silviculturais empregadas. Portanto, em razão do efeito associado de adubação, controle de invasores, preparo do solo, doenças, melhoramento genético e interação genótipo x ambiente, a produtividade florestal pode ser mantida ou até melhorada, mesmo se a saúde do solo estiver diminuindo com o tempo (Richardson et al., 1999). A produtividade florestal é mantida pelas seguintes características da saúde do solo: boa retenção de água, fertilidade adequada, boa drenagem e aeração, boas condições de matéria orgânica e microbiologia e boa estrutura. Como consequência, práticas inadequadas de manejo que deterioram qualquer uma dessas características afetam a sustentabilidade (Fox, 2000; Grigal, 2000; Chaer, 2001). Outro detalhe importante é que todas essas características são eminentemente interativas, o que implica que a definição de indicadores da qualidade do solo deve sempre estar associada às especificidades locais (Lima, 1998).

A água, como já afirmado, constitui outro pilar importante da sustentabilidade, e a preocupação com a proteção dos valores da microbacia associados à manutenção da quantidade e da qualidade da água deve fazer parte da busca do manejo florestal sustentável. Todavia, convém lembrar que a floresta e o manejo florestal desempenham enorme papel no ciclo hidrológico, o que permite concluir que a floresta e a água são inseparáveis, ou seja, não há como manejar um sem alterar o outro. Essas relações de causa-e-efeito talvez não sejam marcantes, ou mesmo mensuráveis, na escala das grandes bacias hidrográficas, pelo efeito diluidor natural da enorme rede de drenagem (Robinson et al., 2003). Mas na escala das microbacias, inúmeros resultados atestam claramente as relações entre o manejo florestal e os recursos hídricos (Likens, 1984; Lima, 1993; Bosch & Hewlett, 1982; Stott et al., 2001; Vowell, 2001; Lovett et al., 2002; Herron et al., 2002; Caissie et al., 2002; Baker, 2003; Sikka et al., 2003; Cummins & Farrell, 2003), que, em geral, podem ser resumidas de acordo com os seguintes efeitos hidrológicos:

- a colheita florestal, em geral, causa aumento na produção de água da microbacia, mas o valor absoluto não é sempre o mesmo em todas as situações;

- a colheita modifica, também, o regime de vazão, principalmente por aumentar o pico da chuva, o que é um efeito ambiental crítico por causa do aumento associado das perdas de solo e de nutrientes;

- o reflorestamento de microbacia antes revestida por vegetação de menor porte, como, por exemplo, pastagem, causa diminuição na produção de água;

- as estradas e carreadores florestais constituem outro sério problema hidrológico. Além do aumento das perdas de sedimentos e da possibilidade de impactos sérios em áreas críticas da microbacia, como as zonas ripárias, as estradas construídas nas encostas íngremes podem transformar o escoamento subsuperficial em escoamento superficial, o que acarretaria nova fonte de erosão e assoreamento (Tinker et al., 1998; Lugo & Gucinski, 2000; Girvetz & Shilling, 2003).

Esses e outros impactos hidrológicos do manejo florestal podem ser evitados, diminuídos e, também, monitorados na escala da microbacia por meio de indicadores adequados. Além disso, os possíveis conflitos de uso da água disponível na região, em função dos impactos do manejo florestal sobre a quantidade de água na microbacia, devem ser analisados com indicadores de outras escalas, conforme já discutido.

Sem dúvida, a diversidade biológica e a resiliência, assim como o solo e a água, constituem fatores-chave para a sustentabilidade. A diversidade biológica é definida como "a variabilidade dos organismos, incluindo a diversidade dentro e entre as espécies de um ecossistema" e, nessa conceituação, pelo menos os seguintes componentes da diversidade biológica devem ser considerados no contexto da busca do manejo sustentável de florestas plantadas (Lindenmayer, 1999; Hartley, 2002; Carmus et al., 2003):

- diversidade genética, relativa à variação genética de uma população ou espécie;

- diversidade de espécies, significando a riqueza de espécies em determinada área ou comunidade;

- diversidade estrutural, relacionada ao arranjo estrutural dos talhões florestais ao longo da paisagem, tanto horizontal como verticalmente;

- diversidade funcional, diz respeito à variação das características funcionais da vegetação.

As ações dirigidas para incluir uma ou mais dessas características no contexto das florestas plantadas podem ser aplicadas em várias escalas espaciais, como no próprio talhão, ao longo da paisagem, na escala da microbacia e regionalmente. No conjunto, essa melhoria na diversidade ao longo da paisagem, além de seu valor intrínseco, contribui para o aumento da resiliência do ecossistema. De particular importância, nesse sentido, é o planejamento adequado dessa preocupação para com a diversidade biológica na escala da microbacia, visando principalmente a proteger as zonas ripárias e cabeceiras de drenagem, incluindo a dinâmica temporal dessas áreas, que faz parte da manutenção da integridade do ecossistema ripário. E essa integridade é fundamental para a manutenção da saúde da microbacia hidrográfica, em termos de resiliência, quantidade da água, regime de vazão e qualidade da água (Silver et al., 1996; Verry & Dolloff, 2000; Ilhardt et al., 2000; Lima, 2003) (ver Capítulo V).

Quanto à preocupação com a manutenção da resiliência, sua relação com a busca da sustentabilidade é quase intuitiva, uma vez que a resiliência pode ser definida como "quantidade de mudanças que um sistema pode absorver sem mudar seu estado" (Gunderson, 2000). Assim, a questão central aqui é a irreversibilidade, ou seja, até que ponto se pode perder em estrutura sem afetar a integridade do ecossistema e, conseqüentemente, de seus serviços ambientais. É diferente de estabilidade, que é uma medida da "persistência de um sistema em dada condição de equilíbrio" (Gunderson, 2000). Como já colocado, a resiliência depende fundamentalmente da diversidade de grupos funcionais. Ao perder resiliência, o sistema torna-se mais vulnerável a perturbações, que em outra situação poderiam ser absorvidas sem que ocorressem mudanças em funções, padrões e controles. No caso da degradação dos recursos hídricos, tão evidente em muitas regiões do nosso país, sem dúvida a perda gradativa da resiliência do ecossistema ripário das microbacias foi um dos grandes fatores responsáveis. Para a busca da sustentabilidade, é necessário reverter esse quadro, procurando agregar resiliência aos ecossistemas ripários, o que pode ser conseguido por meio de práticas sustentáveis de manejo que incluam, pelo menos (Lima, 2003):

- identificação dos limites das zonas ripárias das microbacias, idealmente incluindo sua dinâmica temporal;

- minimizar travessias dos cursos d'água para minimizar impactos ambientais;

- locar o traçado das estradas e carreadores longe das zonas ripárias;

- manejo adequado das Áreas de Preservação Permanente, no sentido de que a integridade dessas áreas depende, também, das práticas de manejo ao seu redor.

Conclusão

Em resumo, o desafio é grande, mas não há outro caminho. Como colocou Antonio Machado, "não há caminho, o caminho se faz ao andar". E pelo exposto, parece que a busca do manejo sustentável de florestas plantadas encaixa-se bem nessa lógica. Nesse sentido, o argumento utilizado por Nicolescu (1999), em seu Manifesto da Transdisciplinaridade, também parece guardar muita relação com essa característica essencialmente dinâmica do conceito de manejo sustentável, ao expressar: "Há relação direta entre lógica e meio ambiente. Ora, o meio ambiente, assim como o saber e a compreensão, mudam com o tempo. Portanto, a lógica só pode ter um fundamento empírico". Assim, como já afirmado, será sempre um aprendizado institucional. Felizmente, não se trata de uma caminhada às escuras. Principalmente no que diz respeito à questão ambiental, há todo um passado (às vezes não muito distante) de ações e práticas danosas de manejo dos recursos naturais, cujos resultados estão por toda a parte para quem quiser ver. Por outro lado, há um conjunto enorme de informações acumuladas a partir da experimentação científica que se constituem em evidências consistentes da relação causa-efeito entre o manejo florestal e os impactos ambientais. Tudo isto serve, sem dúvida, para mostrar a direção. E quanto à definição de indicadores ambientais, já é possível contar com um conjunto deles consensualmente válidos, conforme discutido em outros capítulos deste livro.

Bibliografia

ANDREASEN, J. K. et al. Considerations for the development of a terrestrial index of ecological integrity. *Ecological Indicators*, v. 1, p. 21-35, 2001.

BAKER, A. Land use and water quality. *Hydrological Processes*, v. 17, p. 2499-2501, 2003.

BASS, S. Policy inflation, capacity constraints: a challenging environment in which to define sustainable forest management. p. 19-38. In: RAISON, R. J.; BROWN, A. G.; FLIN, D. W. (Eds.). *Criteria and indicators for sustainable forest management*. CABI Publishing/IUFRO, 2001.

BELL, S. Landscape pattern, perception and visualization in the visual management of forests. *Landscape and Urban Planning*, v. 54, p. 201-211, 2001.

BOSCH, J. M.; HEWLETT, J. D. A review of catchment experiments to determine the effects of vegetation changes on water yield and evapotranspiration. *Journal of Hydrology*, v. 55, p. 3-23, 1982.

BUEREN, E. M. L.; BLOM, E. M. *Hierarchical framework for the formulation of sustainable forest management standards*. Netherlands: The Tropenbos Foundation, 1997. 82 p.

CAISSIE, D. et al. Comparison of streamflow between pre and post timber harvesting in Catamaran Brook (Canada). *Journal of Hydrology*, v. 258, p. 232-248, 2002.

CARMUS, J. M. et al. Planted forests and biodiversity. *IUFRO Occasional Paper*, v. 15, p. 33-49, 2003.

CAUGHLAN, L.; OAKLEY, K. L. Cost considerations for long-term ecological monitoring. *Ecological Indicators*, v. 1, p. 123-134, 2001.

CHAER, G. M. Modelo para determinação de índice de qualidade do solo baseado em indicadores físicos, químicos e microbiológicos. 2001. 90 f. Dissertação (Mestrado) – Universidade Federal de Viçosa, Viçosa.

CROKE, J.; HAIRSINE, P.; FOGARTY, P. Soil recovery from track construction and harvesting changes in surface infiltration, erosion and delivery rates with time. *Forest Ecology and Management*, v. 143, p. 3-12, 2001.

CUMMINS, T.; FARREL, E. P. Biogeochemical impacts of clearfelling and reforestation on blanket-peatland streams. II. Major ions and dissolved organic carbon. *Forest Ecology and Management*, v. 180, p. 557-570, 2003.

DI STEFANO, J. Power analysis and sustainable forest management. *Forest Ecology and Management*, v. 154, p. 141-153, 2001.

FAILING, L.; GREGORY, R. Ten common mistakes in designing biodiversity indicators for forest policy. *Journal of Environmental Management*, v. 68, p. 121-132, 2003.

FOX, T. R. Sustained productivity in intensively managed forest plantations. *Forest Ecology and Management*, v. 138, p. 187-202, 2000.

GILLIS, A. M. The new forestry: an ecosystem approach to land management. *BioScience*, v. 40, p. 558-562, 1990.

GIRVETZ, E.; SHILLING, F. Decision support for road system analysis and modification on the Tahoe National Forest. *Environmental Management*, v. 32, n. 2, p. 218-233, 2003.

GONÇALVES, J. L. M. Conservação do solo. p. 47-130. In: GONÇALVES, J. L. M.; STAPE, J. L. (Eds.). *Conservação e cultivo de solos para plantações florestais*. Piracicaba: IPEF, 2002.

GOODLAND, R. The concept of environmental sustainability. *Annual Review of Ecology and Systematics*, v. 26, p. 1-24, 1995.

GRANHOLM, H.; VAHANEN, T.; SAHLBERG, S. *Intergovernmental seminar on criteria and indicators for sustainable forest management*. Finland: Ministry of Agriculture and Forestry, 1996. 131 p. (Background document).

GRIGAL, D. F. Effects of extensive forest management on soil productivity. *Forest Ecology and Management*, v. 138, p. 167-185, 2000.

GUNDERSON, L. H. Ecological resilience: in theory and application. *Annual Review of Ecology and Systematics*, v. 31, p. 425-439, 2000.

HAILA, Y. Scaling environmental issues: problems and paradoxes. *Landscape and Urban Planning*, v. 61, p. 59-69, 2002.

HARTLEY, M. J. Rationale and methods for conserving biodiversity in plantation forests. *Forest Ecology and Management*, v. 155, p. 81-95, 2002.

HAVENS, K. E.; AUMEN, N. G. Hypothesis-driven experimental research is necessary for natural resources management. *Environmental Management*, v. 25, p. 1-7, 2000.

HERRON, N.; DAVIS, R.; JONES, R. The effects of large-scale afforestation and climate change on water allocation in the Macquarie River catchment, NSW, Australia. *Journal of Environmental Management*, v. 65, p. 369-381, 2002.

HILL, B. H. et al. Assessment of streams of the eastern United States using a periphyton index of biotic integrity. *Ecological Indicators*, v. 2, p. 325-338, 2003.

ILHARDT, B. L.; VERRY, E. S.; PALIK, B. J. Defining riparian areas. In: VERRY, E. S.; HORNBECK, J. W.; DOLLOFF, C. A. (Eds.). *Riparian management in forests of the continental eastern United States*. New York: Lewis Publishers, 2000. p. 26-66.

KHANNA, P. K.; FABIÃO, M. M. Sustainability of forest soils. *Forest Ecology and Management*, v. 171, p. 1-2, 2002.

LIKENS, G. E. Beyond the shoreline: a watershed-ecosystem approach. *Verh. Internat. Verein Limnologie*, v. 22, p. 1-22, 1984.

LIMA, W. P. *Impacto ambiental do eucalipto*. São Paulo: Edusp, 1993. 301 p.

LIMA, W. P. Relações hidrológicas em matas ciliares. p. 293-300. In: HENRY, R. (Org.). *Ecótonos nas interfaces dos ecossistemas aquáticos*. São Carlos: RiMa, 2003.

LIMA, W. P. Soil and water protection. In: INTERNATIONAL CONFERENCE ON INDICATORS FOR SUSTAINABLE FOREST MANAGEMENT – NATURAL RESOURCES AND ENVIRONMENT, 1998, Australia. *Anais...* Australia, 1998. p. 56-57.

LIMA, W. P.; ZAKIA, M. J. B. Integrated monitoring of hydrological indicators of sustainable management of forest plantations in Brazil. In: INTERNATIONAL CONFERENCE ON INDICATORS FOR SUSTAINABLE FOREST MANAGEMENT – NATURAL RESOURCES AND ENVIRONMENT, 1998, Australia. *Anais...* Australia, 1998. p. 119-121.

LINDENMAYER, D. B. Future decisions for biodiversity conservation in managed forests: indicator species, impact studies and monitoring programs. *Forest Ecology and Management*, v. 115, p. 277-287, 1999.

LOVETT, G. M.; WEATHERS, K. C.; ARTHUR, M. A. Control of nitrogen loss from forested watersheds by soil carbon: nitrogen ratio and tree species composition. *Ecosystems*, v. 5, p. 712-718, 2002.

LUDWIG, D. The era of management is over. *Ecosystems*, v. 4, p. 758-764, 2001.

LUGO, A. E.; GUCINSKI, H. Function, effects and management of forest roads. *Forest Ecology and Management*, v. 133, p. 249-262, 2000.

NEAVE, D. J. Sustainable forestry: how do we get there? *The Forestry Chronicle*, v. 71, p. 355-357, 1995.

NICOLESCU, B. *O manifesto da transdisciplinaridade*. São Paulo: Triom, 1999. 153 p.

NOSS, R. F. Indicators for monitoring biodiversity: a hyerarchical approach. *Conservation Biology*, v. 4, p. 355-364, 1990.

PERRY, D. A. The scientific basis of forestry. *Annual Review of Ecology and Systematics*, v. 29, p. 435-466, 1998.

PRABHU, R. et al. Between voodoo science and adaptive management: the role and research needs for indicators of sustainable forest management. In: RAISON, R. J.; BROWN, A. G.; FLIN, D. W. (Eds.). *Criteria and indicators for sustainable forest management*. CABI Publishing/ IUFRO, 2001. p. 39-66.

RAMETSTEINER, E.; SIMULA, M. Forest certification: an instrument to promote sustainable forest management? *Journal of Environmental Management*, v. 67, p. 87-98, 2003.

RICHARDSON, B.; SKINNER, M. F.; WEST, G. The role of forest productivity in defining the sustainability of plantation forests in New Zealand. *Forest Ecology and Management*, v. 122, p. 125-137, 1999.

ROBERTSON, D. M.; SAAD, D. A. Environmental water-quality zones for streams: a regional classification scheme. *Environmental Management*, v. 31, p. 581-602, 2003.

ROBINSON, M. et al. Studies of the impact of forests on peak flows and baseflows: a European perspective. *Forest Ecology and Management*, v. 186, p. 85-97, 2003.

SCHLOTER, M.; DILLY, O.; MUNCH, J. C. Indicators for evaluating soil quality. *Agriculture, Ecosystem and Environment*, v. 98, p. 255-262, 2003.

SIKKA, A. K. et al. Low flow and high flow responses to converting natural grassland into bluegum (*Eucalyptus globules*) in Nilgiris watersheds of South India. *Journal of Hydrology*, v. 270, p. 12-26, 2003.

SILVER, W. L.; BROWN, S.; LUGO, A. E. Biodiversity and biogeochemical cycles. *Ecological Studies*, v. 122, p. 5067, 1996.

SMITH, C.; THWAITES, T. ForesTIM: evaluating plantation forest land management by identifying unsustainable practices. *Australian Forestry*, v. 61, p. 89-102, 1998.

STEINHARDT, U.; VOLK, M. An investigation of water and matter balance on the meso-landscape scale: a hierarchical approach for landscape research. *Landscape Ecology*, v. 17, p. 1-12, 2002.

STOTT, T.; LEEKS, G.; MARKS, S.; SAWYER, A. Environmentally sensitive plot-scale timber harvesting: impacts on suspende sediment, bedload and bank erosion dynamics. *Journal of Environmental Management*, v. 63, p. 3-25, 2001.

TATTARI, S.; SCHULTZ, T.; KUUSSAARI, M. Use of belief network modellng to assess the impact of buffer zones on water protection and biodiversity. *Agriculture, Ecosystems and Environment*, v. 96, p. 119-132, 2003.

THWAITES, T.; PAIN, T. W. Soil assessment for sustainable plantations in Australia and New Zealand: a policy necessity. In: AUSTRALIAN AND NEW ZEALAND FORESTRY CONFERENCE, 1997, Canberra. *Anais...* Canberra: ACT/The Institute of Foresters of Australia, 1997.

TINKER, D. B. et al. Watershed analysis of forest fragmentation by clearcuts and roads in a Wyomming forest. *Landscape Ecology*, v. 13, p. 149-165, 1998.

VARMA, V. K.; FERGUSON, I.; WILD, I. Decision support system for the sustainable forest management. *Forest Ecology and Management*, v. 128, p. 49-55, 2000.

VERRY, E. S.; DOLLOFF, C. A. The challenge of managing for healthy riparian areas. In: VERRY, E. S.; HORNBECK, J. W.; DOLLOFF, C. A. (Eds.). *Riparian management in forests of the continental eastern United States*. New York: Lewis Publishers, 2000. p. 1-22.

VOWELL, J. L. Using stream bioassessment to monitor best management practice effectiveness. *Forest Ecology and Management*, v. 143, p. 237-244, 2001.

WALMSLEY, J. J. Framework for measuring sustainable development in catchment systems. *Environmental Management*, v. 29, p. 195-206, 2002.

WALTERS, C. *Adaptive management of renewable resources*. New York: MacMillan, 1986. 374 p.

WANG, S. One hundred faces of sustainable forest management. *Forest Policy and Economics*, v. 6, p. 205-213, 2004.

ZWOLINSKI, J. B. Intensive silviculture and yield stability in tree plantations: an ecological perscpective. *South African Forestry Journal*, v. 155, p. 33-36, 1990.

Capítulo IV

CONCEITUAÇÃO DE MICROBACIAS

Maria do Carmo Calijuri
Anna Paola Michelano Bubel

Introdução

Os principais problemas da conservação da água estão relacionados a sua qualidade e quantidade. Além de insumo básico e essencial à vida em todas as suas formas, a água representa bem de consumo para quase todas as atividades humanas. Em decorrência de sua importância, tanto em relação a seus usos diversos quanto à manutenção de sua qualidade e quantidade, os recursos hídricos são considerados um bem comum, que deve ser gerido de forma integrada, garantindo, assim, aproveitamento otimizado com um mínimo de conflitos.

Apesar de as reservas de água em rios e lagos representarem uma pequena fração (aproximadamente 1/40) das reservas subterrâneas, a maioria dos aproveitamentos apóia-se em águas superficiais. Tal preferência deve-se, em parte, aos grandes caudais e à velocidade dos rios, comparados aos observados em aqüíferos subterrâneos (Chaudhry, 2000).

Com a crescente urbanização, o consumo per capita tende a aumentar. Mas a urbanização e a industrialização não são as únicas causas da diminuição e da poluição das águas. O manejo inadequado do solo para agricultura e pecuária, os usos de fertilizantes e pesticidas, o desflorestamento e, conseqüentemente, a erosão, as enchentes e a diminuição das reservas de água no subsolo são problemas relacionados à conservação da água e devem ser mencionados.

Na década de 1960, Vollenweider (1969) introduziu o conceito de manejo de bacias hidrográficas para controle da eutrofização. Os trabalhos posteriores, de Hynes (1975) e Likens (1984), são importantes bases conceituais na descrição das interações quantitativas entre as bacias hidrográficas e os sistemas aquáticos nelas inseridos. A pressão sobre os recursos hídricos torna essencial a implantação de ações de monitoramento, pesquisa e gerenciamento, possibilitando, então, transferência contínua da base científica para a aplicação. A pesquisa científica demonstrou que os ecossistemas são dinâmicos, alterando-se continuamente sob o impacto das atividades humanas, sendo necessário um esforço concentrado das investigações científicas para produzir projetos e desenvolver programas de manejo.

Uma bacia hidrográfica coleta a precipitação que cai sobre sua superfície e conduz parte dessa água para o rio através do escoamento superficial e do fluxo de água subterrânea. Os solos e a vegetação influenciam na velocidade com que essa água alcança o rio. A litologia determina a textura do solo que, por sua vez, controla a capacidade de estocar água para comunidades vegetais. A estrutura geológica define a morfologia da bacia e, com isso, controla os processos de erosão e lixiviação, além do potencial de produtividade da área. Tempo é um fator decisivo no intemperismo das rochas e na erosão que determina escarpas e, conseqüentemente, o gradiente do rio. A natureza do substrato do rio é fortemente influenciada pela paisagem e pelo estágio dos processos erosivos. O rio é, portanto, produto integrado à bacia hidrográfica.

Dificuldade freqüentemente notada no estudo de microbacia é como definir sua área, o que não é fácil na maioria dos ecossistemas. Mas o importante é selecionar processos essenciais que controlem e permitam interações e conectividade da microbacia com os sistemas adjacentes.

Visando, portanto, a garantir a qualidade da água para múltiplos usos, este capítulo aborda as principais teorias ecológicas aplicadas a rios e, além da ordem dos canais, a predominância de processos nos sistemas fluviais para definição da microbacia hidrográfica. Ressalta, ainda, a fragilidade e a conectividade das microbacias com sistemas a jusante e a importância fundamental da microbacia nas práticas de manejo que suportam a sustentabilidade dos recursos hídricos.

Teorias Ecológicas para Sistemas Lóticos

Os rios são os sistemas mais característicos das águas epicontinentais e sua comunidade habita o que é, essencialmente, um sistema de transporte. Os rios podem ser considerados caminhos e os lagos, cidades, e não há dúvida de que os caminhos são mais antigos e historicamente mais importantes que as cidades (Margalef, 1991). As bacias fluviais são unidades naturais no estudo dos ecossistemas, tanto aquáticos epicontinentais, considerando também as águas subterrâneas, como ecossistemas terrestres.

Um rio ou um trecho de rio não é um sistema isolado. Na verdade, os rios constituem ecossistemas abertos e lineares, cujas características variam ao longo do tempo e do espaço (Welcomme, 1980). Os sistemas fluviais importam e exportam, dinamicamente, nutrientes, energia e água.

Segundo Margalef (1983), um sistema fluvial consiste de seguimentos que convergem e se organizam em um sistema de transporte com cada vez menos canais, com efeito de estabilização química, biológica e hidrológica, águas abaixo. O efeito químico ocorre pela mistura dos afluentes cujas águas podem ser diferentes; o biológico, pela seleção contínua exercida sobre o aporte de representantes de populações não idênticas; e o hidrológico, por reunião, em um canal, de fluxos procedentes de bacias distintas, cuja contribuição em água não varia de maneira sincronizada.

No início do século XX, a maioria dos estudos de rios foi direcionada por conceitos utilizados em Limnologia que se concentravam na descrição da história de vida e padrões de distribuição da biota lótica (Cummins et al., 1984; Minshall, 1988). Em meados desse século, foi dada ênfase para a descrição e a medida da produção biológica e do fluxo de energia, além de trabalhos com hidrodinâmica e geomorfologia que sugeriam que os fatores físicos do rio eram previsíveis ao longo de seu contínuo (eixo longitudinal).

Na década de 1980, os conceitos físicos e biológicos da organização de rios combinaram-se em uma abordagem holística que considera sistemas lóticos como combinações interdependentes das paisagens aquática e terrestre. Há duas hipóteses primárias de como os sistemas lóticos funcionam: o conceito de Contínuo Fluvial com seus corolários e o conceito dos Pulsos de Inundação. Além desses, foi proposto, em 1999, o Conceito do Domínio de Processos e, em 2001, o da Descontinuidade de Ligação.

A proposição do Contínuo Fluvial (River Continuum Concept – RCC), de Vannote et al. (1980), iniciou nova etapa nos estudos de ecossistemas lóticos que objetivava, principalmente, trabalhos de caráter preditivos em substituição aos descritivos. Segundo esse conceito, os rios são sistemas que apresentam uma série de gradientes físicos formando um contínuo ao longo de seus cursos, aos quais a comunidade biótica estaria associada. Dessa maneira, haveria forte dependência dos processos "rio abaixo" em relação aos processos ocorridos "rio acima". Ao longo do curso do rio ocorreria passagem de sistema predominantemente heterotrófico para sistema autotrófico. Esse contínuo seria proveniente de processos geomórficos, da gênese do curso de água, que trabalham em escala geológica e visam ao aproveitamento total e uniforme da energia da corrente.

O RCC assume que a energia para produção biológica apresenta três fontes: inputs de matéria orgânica da vegetação terrestre (inputs alóctones), produção primária no rio (produção autóctone) e transporte de matéria orgânica de montante. A importância dessas três fontes varia ao longo do contínuo. O eixo longitudinal é medido segundo a ordem dos canais. O rio de primeira ordem não tem tributário. No encontro de dois rios de primeira ordem há formação de um de segunda ordem; no encontro de dois rios de segunda ordem há formação de um de terceira ordem e assim por diante. No RCC, rios de primeira a terceira ordem são considerados pequenos; de quarta a sexta ordem são médios e superiores à sexta ordem são rios grandes.

No conceito do Contínuo Fluvial, o rio é dividido em três regiões geomórficas distintas:

- a primeira, chamada nascente ou cabeceira, é formada por cursos de ordens 1 a 3 e apresenta ambiente relativamente estável em razão do input de água subterrânea. É influenciada pela floresta, pois o dossel diminui a disponibilidade de luz para fotossíntese, reduzindo a produção autotrófica na água. Essa região apresenta razão produção/respiração inferior a 1 ($P/R<1$) e é altamente dependente das contribuições terrestres de material orgânico. O substrato é composto por pedras e cascalhos e a temperatura da água apresenta baixa variação sazonal. Na comunidade biótica predominam invertebrados retalhadores, que se alimentam de partículas maiores, e coletores, ou filtradores, que filtram partículas mais finas da coluna de água (Figura 1);

- a segunda, chamada médio curso ou região intermediária, é constituída por cursos de ordens 4 a 6 e é caracterizada por ser de transferência. Nessa região, menos dependente da contribuição direta dos ecossistemas terrestres e mais da produção de algas e macrófitas aquáticas, com produção maior que respiração ($P/R > 1$), a sedimentação pode ser igual à remoção de nutrientes e de matéria do substrato. A variação da temperatura e das condições hidráulicas propicia alta diversidade biológica e a produção autóctone torna-se a principal fonte de energia. Os grupos de invertebrados predominantes são os microconsumidores, que se alimentam da comunidade microbiana aderida ao substrato, e os filtradores (Figura 1);

- a terceira, chamada baixo curso, é formada por rios com ordens superiores a 6, em que o grande volume de água causa efeito tampão, reduzindo as variações na temperatura e no fluxo. Aqui, a produção primária é reduzida em decorrência da elevada turbidez e a respiração excede a produção, razão $P/R < 1$. Nessa região ocorre deposição constante de sedimento no delta ou estuário. Como a principal fonte de energia é a matéria orgânica particulada transportada a jusante, os coletores (filtradores) constituem o grupo de invertebrados predominante (Figura 1).

Há, ainda, dois corolários para o RCC. O primeiro, o conceito de Espiral de Nutriente segundo Elwood et al. (1983), preconiza o RCC e afirma que os recursos não fluem continuamente a jusante, mas são estocados, periodicamente, em organismos e detritos. Para Newbold (1996), no modelo da Espiral de Nutriente (Nutrient Spiralling), os organismos e as transformações bioquímicas são os responsáveis pelo processamento de nutrientes nos sistemas lóticos, onde o fluxo adiciona um vetor longitudinal à ciclagem, a qual adquire formato espiral. Os recursos são liberados quando a decomposição se completa, podendo ser transformados em nova produção biológica. Essas combinações de reciclagem biológica e transporte a jusante trazem a idéia de uma espiral e dão um componente espacial e temporal à disponibilidade de recursos em rios. Rios de ordens menores, que tendem a conservar ou estocar recursos, apresentam alta atividade biológica e grande retenção de matéria orgânica por meio de represamentos naturais e retenção de fragmentos de madeira, galhos, etc. De acordo com Minshall et al. (1983), os rios maiores, com baixa atividade biológica e retenção menor, tendem a exportar matéria orgânica.

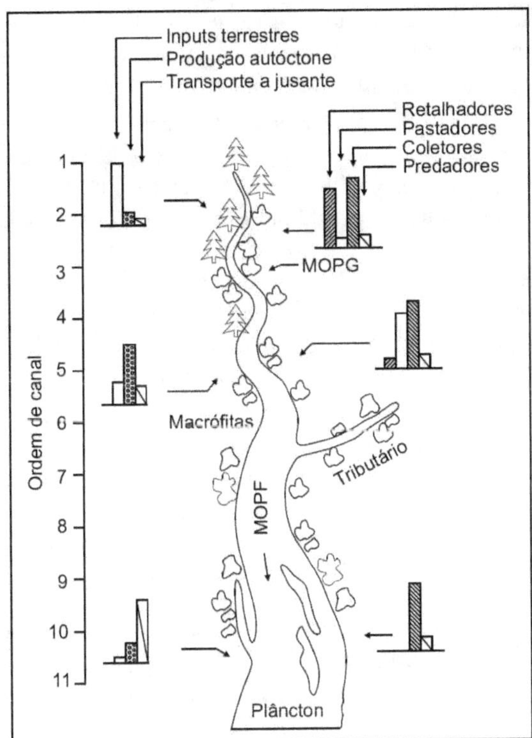

Figura 1 Diagrama do conceito do Contínuo Fluvial (RCC) mostrando a vegetação ripária e as regiões geomórficas, considerando a ordem dos canais. As barras à esquerda indicam a importância das fontes de energia e à direita, a abundância relativa de invertebrados bentônicos com diferentes hábitos alimentares. MOPG e MOPF são, respectivamente, matéria orgânica particulada grosseira e fina. Modificado de Vannote et al. (1980).

O segundo corolário para RCC é o conceito da Descontinuidade Serial (The Serial Discontinuity Concept) proposto por Ward & Stanford (1983), em que o represamento rompe o gradiente do rio em relação às condições ambientais produzindo mudanças longitudinais. De acordo com esse conceito, represamentos em um rio provocam mudanças, tanto a montante quanto a jusante, nos processos bióticos e abióticos, sendo que a direção e a extensão do deslocamento dependem da variável de interesse em relação à posição do represamento ao longo do Contínuo Fluvial. Essas alterações podem ser avaliadas por meio da "distância da descontinuidade". Posteriormente, o conceito teve sua abrangência ampliada por Ward & Stanford (1995), de modo a considerar as interações entre o rio e sua planície de inundação.

Diversas críticas recaíram sobre o conceito do Contínuo Fluvial (Vanotte et al., 1980). Statzner & Higler (1985) colocaram que: (1) o RCC foi desenvolvido para sistemas não perturbados; (2) rios de altas altitudes e latitudes, em regiões xéricas ou encaixados, podem desviar desse modelo; (3) o RCC ignora o efeito da entrada de tributários; e, finalmente, (4) o RCC não considera diferenças espaciais do efeito de processos geomórficos nas estruturas das comunidades aquáticas e ripárias.

Para Sabater et al. (1989), a compreensão do funcionamento de rios que recebem entradas pontuais de efluentes domésticos ou industriais pode ser auxiliada pelo conceito da Descontinuidade Serial proposto por Ward & Stanford (1983) que, originalmente, explicava mudanças no padrão longitudinal esperado (como colocado pela teoria do Contínuo Fluvial) a partir de modificações geradas a jusante de um reservatório. Os autores (op. cit.) definiram dois parâmetros importantes: distância da descontinuidade, que é a distância, medida em unidades de comprimento, até onde ocorre mudança no padrão longitudinal, e intensidade, que é a mudança da variável medida após o represamento, ou seja, a diferença entre o sistema antes e depois do represamento.

O segundo conceito é o dos Pulsos de Inundação, que se aplica para rios maiores, com planícies de inundação, em regiões tropicais e temperadas. Segundo esse conceito, o fator hidrológico mais importante em grandes rios é o pulso de inundação anual, que estende o rio através da planície de inundação. Para Junk et al. (1989), que propuseram esse conceito (The Flood Pulse Concept), as interações laterais, entre o canal e as planícies de inundação, devem ser destacadas nas regiões do baixo curso de grandes rios ou em rios de planície. O funcionamento de sistemas com essas características é determinado, principalmente, por pulsos de inundação e não por processos contínuos longitudinais, como sugerido pelo RCC. Nessa teoria, os autores sugerem que os pulsos de cheias são as forças controladoras dos sistemas. É proposto, nesse conceito, que em grandes sistemas fluviais não alterados, a maior parte da biomassa animal é originada nas lagoas de inundação e não no canal principal dos rios. O efeito do pulso de cheia é primariamente hidrológico, e a posição da lagoa marginal na rede de drenagem tem pouca importância em relação à biota. Essa teoria foi desenvolvida para grandes bacias de drenagem que não sofreram atuação antrópica, o que dificulta o trabalho na maioria das bacias existentes no mundo.

Em 1999, Montgomery propôs o Conceito do Domínio de Processos (Process Domain Concept – PDC) como alternativa para o RCC, por considerar a influência dos processos geomórficos na variabilidade espacial e temporal que ocorre nos sistemas aquáticos. O PDC enfatiza que a influência da variabilidade espacial e temporal dos processos geomórficos sobre os sistemas biológicos é controlada pelo tamanho, freqüência e duração da perturbação do habitat. Para o autor, a combinação de clima, geologia e topografia determina a área de formação dos sistemas, influenciando os processos que ali irão ocorrer. As características dos habitats podem ser mais similares em uma mesma unidade litotrófica e diferentes na bacia hidrográfica que contenha duas unidades litotróficas.

Recentemente, os geomorfólogos começaram a mostrar interesse especial sobre a questão do funcionamento dos rios. O conceito de Domínio de Processos, proposto por Montgomery (1999), faz parte do conceito de Descontinuidade de Ligação proposto por Rice et al. (2001). Estes últimos autores sugeriram que entradas de tributários ou outras fontes laterais de sedimentos causam variações na diversidade de habitats nos canais dos rios, afetando a distribuição das comunidades, especialmente as de macroinvertebrados e, conseqüentemente, a dinâmica de materiais.

Os processos físicos influenciam na abundância de espécies e na estrutura da comunidade em sistemas lóticos por meio da variabilidade das características do habitat em quatro dimensões: longitudinal (no contínuo do rio), lateral (canal – planície de inundação), vertical (canal – água subterrânea) e temporal (Ward, 1989).

A geometria fluvial divide o rio em trechos e reflete a inter-relação de fatores controlados por elementos externos (vazão, carga sedimentar e diâmetro dos sedimentos) e internos (largura, profundidade e rugosidade do leito). Esses fatores desempenham importante papel na dinâmica de materiais do sistema lótico, uma vez que definem a relação entre transporte, deposição e erosão no canal do rio. O arraste contínuo de partículas e materiais é importante no estudo dos rios. A água, em ação erosiva, levanta e transporta materiais do leito que podem ser mantidos em suspensão pela turbulência, dependendo de seus pesos. A sedimentação é constante e as partículas distribuem-se no leito (as mais pesadas nas áreas de maior capacidade de transporte e as mais leves, nas de menor energia). Segundo Margalef (1983), os materiais dissolvidos, como matéria orgânica e fósforo, são os que percorrem maiores distâncias. A deposição diferencial de partículas de diferentes tamanhos gera variação de tipos de "fundos", o que contribui na distribuição e organização das comunidades do ecossistema. A segmentação dos canais dos rios define regiões de diferentes competências (razão entre a secção transversal e a velocidade do fluxo) e capacidades (volume de carga transportada), alternando-se, assim, as relações entre a carga suspensa, a de fundo e a dissolvida.

A dinâmica dos processos fluviais é importante não só no canal principal do rio, mas também na formação da complexidade de habitats do sistema lótico, uma vez que influencia na formação de ilhas, lagoas marginais e áreas alagadas. Isso pode ser observado especialmente nos trechos finais de grandes rios que apresentam a planície de inundação desenvolvida. De acordo com Petts & Calow (1996), as planícies de inundação são áreas adjacentes ao canal do rio constituídas de mosaico dinâmico de habitats dependentes dos processos fluviais, principalmente da inundação, da qual depende fortemente a comunidade biótica associada a esse sistema.

O clima também é fator importante na organização dos sistemas lóticos, pois dele derivam diversas funções de força, como, por exemplo, duração e intensidade das precipitações e radiação solar, variações na temperatura, e direção e intensidade dos ventos.

Petts et al. (1992) mencionaram que para a prática da conservação dos rios devem ser consideradas três dimensões (longitudinal, lateral e vertical), acrescentando, ainda, suas dimensões temporal e conceitual. A dimensão temporal é importante e significativa, pois a morfologia do canal e as comunidades aquáticas podem se alterar naturalmente ao longo do tempo e mudanças abruptas induzidas pelo homem, como represamento e lançamento de esgoto, alteram processos a montante e a jusante. A dimensão conceitual é endereçada a questões filosóficas, políticas e práticas, levantando questões a respeito de como avaliar, o que conservar e quais as prioridades na conservação.

Os estudos em ecossistemas lóticos visam a entender os processos que governam o movimento e as transformações de energia e materiais dentro dos diferentes sistemas. As teorias ecológicas, por sua vez, tentam construir estrutura sintética para descrever o ecossistema lótico da nascente à foz e ajustar as variações entre áreas com diferentes cenários. Como retratar a realidade de um rio é difícil, talvez generalizar essas teorias seja desvantajoso em situações específicas. Apesar disso, as teorias ecológicas devem ser consideradas, pois são conceitos estruturais úteis, de caráter holístico, com intenção de explicar a organização espacial dos rios e descrever ecologicamente como funcionam as variáveis ao longo do ecossistema lótico (Allan, 1995). Assim, um estudo de ecologia fluvial deve integrar conceitos de bacia hidrográfica, diversidade/dinâmica, resiliência/vulnerabilidade, continuidade, sistema lótico e várzea.

Microbacia como Unidade de Estudo para Sustentabilidade dos Recursos Hídricos

O canal principal de um rio recebe fluxo de tributários com diferenças químicas, físicas e biológicas. Esses tributários são redes que, juntas, expressam a totalidade dos compartimentos que drenam. Portanto, o rio deve ser visto como parte de uma rede de drenagem, além de elo para entender o comportamento de outros elementos do sistema, como a geologia, geomorfologia, hidrologia, clima e vegetação (Davies & Walker, 1986).

Surge, assim, o conceito de bacia hidrográfica como unidade geomorfológica fundamental, que expressa processos que operam no ambiente por meio de suas formas. Ela define a área de captação do escoamento superficial que alimenta um sistema aquático. Desta maneira, qualquer ponto da superfície terrestre faz parte de uma bacia hidrográfica e, portanto, não pode ser considerado de forma pontual, mas como parte de um todo.

Cada bacia é formada por um conjunto de microbacias e, segundo o conceito de microbacias sobrepostas, a eficácia do manejo da qualidade da água será maior à medida que enfocarmos as bacias de escalas menores para as maiores. Likens et al. (1977) defenderam a utilização de microbacias como ecossistemas para estudar ciclagem de nutrientes, comportamento hidrológico, intemperismo das rochas e outros processos naturais.

Todo rio começa em algum lugar. Esse "algum lugar" é sua cabeceira, a rede de pequenos rios, rios de cabeceira, que cobrem a paisagem de toda bacia hidrográfica. A saúde dos grandes rios depende, sobretudo, de uma microbacia intacta. Isso decorre da redução de sedimento e nutrientes, controle do fluxo e, conseqüentemente, prevenção do excesso de erosão e manutenção da biodiversidade. Essa rede de drenagem primária é determinante no metabolismo dos grandes sistemas lóticos.

Estudos recentes indicam que os processos erosivos atuam como agentes da criação de habitats e heterogeneidade morfológica da cabeceira aos grandes rios. Conseqüentemente, a geometria da rede, que organiza a distribuição dos canais, interagindo com as perturbações na bacia hidrográfica, são pontos importantes nos paradigmas emergentes em Ecologia de Ribeirões, que focaliza heterogeneidade física como fontes de produtividade biológica e diversidade.

Segundo Gomi et al. (2002), a rede da bacia hidrográfica pode ser dividida em dois sistemas com base nas características dos processos: sistemas de cabeceira (microbacias) e sistemas a jusante (sistema de rede ou bacia hidrográfica). As diferenças estruturais e a natureza contínua e descontínua dos processos são críticas para distinguir os sistemas de cabeceira dos de jusante. Os processos que ocorrem dos sistemas de cabeceira (microbacias) para jusante são, freqüentemente, descontínuos em razão das mudanças na largura do vale, ângulo de junção dos tributários, tamanho do substrato e gradiente de canal (Rice et al., 2001).

Embora os processos hidrológicos, geomórficos e biológicos em microbacias tenham sido abordados nos últimos 50 anos, a importância deles na bacia hidrográfica e suas interações com sistemas de jusante permanecem pobremente entendidos. De acordo com Meyer & Wallace (2001), microbacias são áreas críticas para dinâmica de nutrientes e habitats para macroinvertebrados, peixes e anfíbios na bacia hidrográfica. Em decorrência de seu isolamento geográfico, as microbacias suportam espécies isoladas geneticamente, ou seja, representam componente importante da biodiversidade em bacias hidrográficas.

No conceito do Contínuo Fluvial (Vannote et al., 1980), os rios de cabeceira foram definidos como canais de 1ª e 2ª, baseados na classificação de canais proposta por Strahler (1957). Mas, segundo Gomi et al. (2002), os problemas dessa classificação são: (1) as ordens dos canais dependem da escala dos mapas; (2) as ordens dos canais são modificadas pela topografia da escala da bacia; (3) as ordens dos canais não são apropriadas para explicar processos hidrológicos, geomórficos e biológicos, tão importantes nas microbacias.

Embora haja algumas sugestões para o limite mínimo de uma microbacia, parece ser consenso entre pesquisadores que esse limite deve se basear nos processos que ocorrem, pois eles modificam, principalmente, a estrutura e a distribuição das comunidades biológicas nos sistemas aquáticos. Portanto, além de canais de 1ª, 2ª e, em alguns casos, 3ª ordem, uma microbacia deve ser definida com base na freqüência e na intensidade dos processos hidrológicos, geomórficos e biológicos.

Os processos hidrológicos em microbacias são caracterizados, principalmente, por precipitação, geração e regime de fluxo, volume da zona hiporreica e química da água. Normalmente, as maiores freqüências de chuvas e acumulação de neve ocorrem nas microbacias em razão de suas localizações em regiões de maiores altitudes na bacia hidrográfica. A geração do fluxo é, principalmente em épocas de seca, dependente do lençol freático e a flutuação temporal relativa dos picos de fluxo em microbacias é maior do que em grandes bacias hidrográficas. A temperatura e a química da água estão relacionadas ao dossel mais fechado, à porosidade do solo, às fraturas no leito rochoso, à litologia e às diferenças na capacidade da zona hiporreica em estocar água. Nas bacias hidrográficas maiores, os solos saturados, as planícies de inundação, a contribuição dos tributários e as trocas com uma zona hiporreica de maior volume descrevem as diferenças dos processos hidrológicos.

Morfologia, movimento dos sedimentos, tipo de leito e elementos abundantes nos sedimentos caracterizam os processos geomórficos predominantes. As microbacias, localizadas em altitudes médias superiores às bacias maiores, geralmente, apresentam escarpas e estão confinadas em vales, nos quais os movimentos do sedimento são esporádicos. Os leitos, geralmente em cascatas, são formados por detritos advindos da região mais alta ou por rochas. Nesses ambientes predominam fragmentos de madeira e seixos.

Os processos biológicos podem ser avaliados por meio de input de energia, quantidade de matéria orgânica, fonte de nutrientes, grupo de organismos funcionais dominantes e perturbações. O input de material alóctone, a matéria orgânica particulada grosseira predominando sobre a matéria orgânica particulada fina (MOPG > MOPF), a contribuição de carbono orgânico dissolvido (COD) do lençol freático e por lixiviação, a contribuição de nutrientes do lençol freático e da vegetação ripária e a dominância de organismos retalhadores e filtradores são características de microbacias. Como perturbações nesses ambientes temos, predominantemente, deslizamentos de terras e períodos de seca prolongados.

Os processos autóctones, as contribuições de carbono orgânico dissolvido (COD) e de nutrientes dos tributários, das planícies de inundação e da zona hiporreica, a maior quantidade de matéria orgânica particulada fina (MOPG < MOPF) e o predomínio de organismos coletores e predadores descrevem as grandes bacias. Aqui, as perturbações são, principalmente, os pulsos de inundação e o movimento dos sedimentos. Nesses ambientes, o transporte de sedimentos é mais regular.

A natureza dinâmica dos processos geomórficos e hidrológicos afetam a comunidade aquática por meio das perturbações. Perturbação pode ser definida como "qualquer evento, relativamente discreto no tempo, que desorganiza a estrutura do ecossistema, da comunidade ou da população alterando a disponibilidade de recursos, substrato ou o ambiente físico" (White & Pickett, 1985).

A perturbação envolve estímulo, visto que as tentativas formais de reconhecer e quantificar uma perturbação ecológica residem, exclusivamente, na resposta ao estímulo. A magnitude e a freqüência da mudança ambiental e da perturbação/resposta devem ser quantificadas. A imposição de força externa pode resultar em diferentes respostas da comunidade, dependo, sobretudo, da resiliência do sistema mostrada pelo estágio de desenvolvimento alcançado e das interações internas já estabelecidas no instante em que a força foi aplicada. As perturbações podem ser reconhecidas por decréscimo na biomassa e, provavelmente, por aumento na disponibilidade de recursos. A disposição ou potencial da comunidade para enfrentar uma perturbação repousa nos processos de diversidade do potencial genético, plasticidade comportamental e fisiológica.

Os ambientes variam com o tempo e essas flutuações são extremamente significativas para a manutenção da diversidade. A diversidade raramente será alta em ambientes fortemente seletivos, como: sistemas com fluxos elevados ou em ambientes caracterizados por valores extremos de acidez, alcalinidade, turbidez, oligotrofia ou constância física. Na ausência de perturbação do *status quo*, a dinâmica do equilíbrio predispõe supressão total da diversidade. A imaturidade é atributo identificável de sistemas e a perturbação contribui para sua produtividade, estrutura de espécies, biomassa e organização.

Os sistemas aquáticos reagem a mudanças internas e externas, em escalas espacial e temporal e, por isso, não podem ser preservados como obra-de-arte. A estabilidade nesses sistemas ecológicos deve ser definida, em termos dinâmicos, em uma sucessão com alternância de momentos instáveis e estáveis. Um ecossistema em equilíbrio tem um mecanismo de feedback homeostático, com variação da resiliência, o que permite que seu funcionamento não seja destruído mesmo quando ele é estressado.

A conectividade entre as microbacias e os sistemas a jusante varia espacial e temporalmente em razão da topografia e da ocorrência dos movimentos de massa. Tanto as perturbações naturais, que incluem ações/reações da energia fluvial (processos de erosão e deposição) e heterogeneidade térmica, como os gradientes ambientais, que ocorrem nas dimensões laterais e longitudinais através dos ecótonos, contribuem para heterogeneidade espaço-temporal e facilitam as trocas de matéria e energia (conectividade). Um feedback positivo é mostrado na Figura 2. Ele enfatiza a heterogeneidade espaço-temporal tanto como contribuinte quanto como resultado da conectividade. Movimentos e migração contribuem para altos níveis de diversidade no ciclo anual. Peixes que dependem das cheias exibem padrões regulares de migração entre o canal do rio e a planície de inundação para desova e alimentação. Alguns invertebrados mostram deslocamentos entre o canal e a planície de inundação como parte de seus ciclos de vida. Espécies de plantas e animais terrestres colonizam as superfícies das planícies durante a seca, mas são substituídas por espécies aquáticas no período de inundação.

Impactos antrópicos na paisagem ribeirinha, como barragens, dragagem e canalização, rompem os regimes de perturbações naturais, interceptando gradientes ambientais e cortando interações. Para manejar um sistema fluvial é necessário: (1) restabelecer os gradientes nas dimensões longitudinal, lateral e vertical considerando-se as escalas, (2) restabelecer a conectividade ecológica entre os elementos da paisagem e (3) reconstituir uma "aparente" dinâmica natural. Segundo Ward (1998), o sucesso pode ser avaliado pela biodiversidade alcançada.

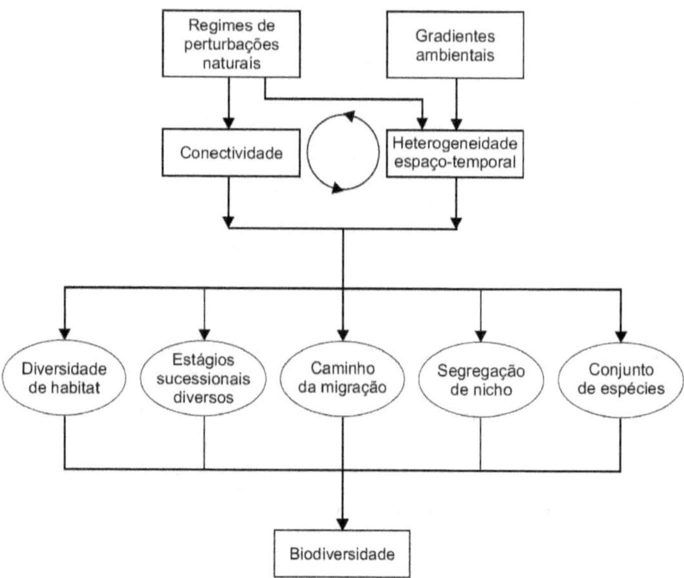

Figura 2   Heterogeneidade espaço-temporal como contribuinte e resultado da conectividade. Interações que definem a biodiversidade na paisagem ribeirinha (Ward, 1998).

Diversidade e variabilidade resultam em incertezas que confundem o desenvolvimento de instrumentos preditivos acurados. O manejo do uso da terra, de qualquer forma, inevitavelmente diminuirá a variedade de processos que ocorrem naturalmente, adicionará novos ou alterará taxas e magnitudes de processos importantes. Estratégias simplistas de proteção favorecidas por muitos sistemas reguladores exacerbam a sustentabilidade do ecossistema por minimizar variabilidade e diversidade. O manejo de microbacias deve incluir estratégias que contemplem zonas de perturbação, de conservação e de refúgio em um mosaico do padrão da paisagem que pode mudar no tempo em resposta à sensibilidade e/ou estabilidade do ecossistema.

Muitas definições de fragilidade e estabilidade de ecossistemas têm sido propostas, mas todas convergem para a complexidade do significado. Fragilidade pode ser considerada como propriedade inerente de um ecossistema, independentemente de estar ou não exposto a perturbações. Essa fragilidade é impossível de ser quantificada. A fragilidade observável é aquela manifestada como resultado de perturbações naturais ou antrópicas.

Basicamente, a fragilidade e a estabilidade de um ecossistema relacionam o grau de mudança em abundância e composição de espécies após perturbação. Altas taxas de renovação de espécies ou flutuações de populações caracterizam ecossistemas frágeis e vice-versa. A diversidade dos processos ecológicos relacionados a essas mudanças torna a fragilidade de ecossistemas um critério de avaliação-chave em manejo de conservação. Nesse contexto inserem-se as microbacias hidrográficas.

As microbacias são pequenas áreas ameaçadas por perturbações devastadoras, como avalanches, deslizamentos e outras catástrofes similares. Elas têm perdido considerável biodiversidade, tanto por perturbações naturais como antrópicas. Portanto, para protegê-las deve-se considerar suas áreas com dimensões suficientes para permitir a interação dinâmica e o transporte entre os mosaicos da paisagem. Vale ressaltar que, segundo Rahel (1990), a fragilidade de um sistema ecológico depende sobretudo da escala de observação. Quatro escalas são importantes: temporal, espacial, nível de resolução taxonômica e resolução numérica (se a análise de dados considera abundância absoluta e relativa ou, simplesmente, presença ou ausência).

Em toda essa discussão, o que interessa não é se um sistema pode ser classificado como estável ou frágil. A questão mais importante é quanto determinado ecossistema muda após uma perturbação. Nesse sentido, manejar uma microbacia dentro dos seus limites de variabilidade natural é um caminho apropriado de mantê-la diversa, resiliente, produtiva e saudável. Isso somente será possível com o conhecimento aprofundado dos processos (hidrológicos, geomórficos e biológicos) que mantêm seu funcionamento como parte integrante e essencial da bacia hidrográfica. Assim, garantiremos manejo integrado e sustentabilidade dos recursos hídricos.

Considerações Finais

O propósito deste capítulo foi conceituar microbacia hidrográfica utilizando as teorias ecológicas aplicadas a sistemas lóticos, uma vez que os rios refletem, em escala espacial e temporal, a totalidade dos processos hidrológicos, geomórficos e biológicos dos compartimentos que drenam. Eles integram a conectividade ecológica dos elementos da paisagem em um equilíbrio dinâmico, demonstrado pela biodiversidade e pela resiliência.

A microbacia hidrográfica com canais de 1ª, 2ª e, em alguns casos, 3ª ordem, deve ser definida com base na dinâmica dos processos hidrológicos, geomórficos e biológicos. As microbacias são áreas frágeis e freqüentemente ameaçadas por perturbações, nas quais as escalas espacial, temporal e observacional são fundamentais. Estudos multidisciplinares envolvendo hidrólogos, geomorfólogos, ecólogos terrestres e aquáticos são necessários para elucidar as relações entre os componentes físicos e biológicos da microbacia, garantindo, assim, a sustentabilidade dos recursos hídricos.

Bibliografia

ALLAN, J. D. Stream ecology: structure and function of running waters. *Bioscience*, v. 47, p. 769-784, 1995.

CHAUDHRY, F. H. Aproveitamento de recursos hídricos. In: CASTELLANO, E. G.; CHAUDHRY, F. H. (Eds.). *Desenvolvimento sustentado*: problemas e estratégias. São Carlos: Projeto REENGE, EESC-USP, 2000. p. 27-37.

CUMMINS, K. W. et al. Stream ecosystem theory. *Verh. Int. Ver. Limnol.*, v. 22, p. 1818-827, 1984.

DAVIES, B. R.; WALKER, K. F. River systems as ecological units. An introduction to the Ecology of River Systems. In: DAVIES, B. R.; WALKER, K. F. (Eds.). *Ecology of river systems*. Netherlands: Dr. W. Junk Publishers, 1986.

ELWOOD, J. W. et al. Resource spiraling: an operational paradigm for analyzing lotic ecosystem. In: FONTAINE, D.; BARTELL, S. M. (Eds.). *Dynamics of lotic ecosystem*. Ann Arbor: Ann Arbor Science, 1983. p. 3- 27.

GOMI, T.; SIDLE, R. C.; RICHARDSON, J. S. Understanding processes and downstream linkages of headwater systems. *BioScience*, v. 52, n. 10, p. 905-916, 2002.

HYNES, H. B. N. The stream and its valley. *Verh. Internat. Verein. Limnol.*, v. 19, p. 1-15, 1975.

JUNK, W. J.; BAYLEY, P. B.; SPARKS, R. E. The flood pulse concept in river-floodplain systems. In: DODGE, D. P. (Ed.). Proceedings of International Large River Symposium. *Can. Spec. Publ. Fish. Aquat. Sci.*, v. 106, p. 110- 127, 1989.

LIKENS, G. E. Beyond the shoreline: a watershed ecosystem approach. *Verh. Internat. Verein. Limnol.*, v. 22, p. 1-22, 1984.

LIKENS, G. E. et al. *Biogeochemistry of a forested watershed*. New York: Springer-Verlag, 1977. 146 p.

MARGALEF, R. *Limnología*. Barcelona: Omega, 1983. 1100 p.

MARGALEF, R. *Teoría de los sistemas ecológicos*. Barcelona: Ed. Universidad de Barcelona, 1991. 290 p.

MEYER, J. L.; WALLACE, J. B. Lost linkages and lotic ecology: rediscovering small streams. In: HUNTLY, M. C.; LEVIN, N. J. (Eds.). *Ecology*: achievement and challenge. Oxford: Blackwell Scientific, 2001. p. 295-317.

MINSHALL, G. W. et al. Interbiome comparison of stream ecosystem dynamics. *Ecol. Monogr.*, v. 53, p. 1-25, 1983.

MINSHALL, G. W. Stream ecosystem theory: a global perspective. *J. North Am. Benth. Soc.*, v. 7, p. 263-288, 1988.

MONTGOMERY, D. R. Process domains and the river continuum. *J. Am. Wat. Resour. Assoc.*, v. 35, n. 2, p. 397-410, 1999.

NEWBOLD, J. D. Cycles and spiral of nutrients. In: PETTS, G.; CALOW, P. (Eds.). *River flow and channel forms*. London: Blackwell Science, 1996. p. 130-159.

PETTS, G. E. et al. *River conservation and management*. Chichester, 1992.

PETTS, G. E.; CALOW, P. *River flows and channel forms*. London: Blackwell Science, 1996.

RAHEL, F. G. The hierarchical nature of community persistence: a problem of scale. *American Naturalist*, v. 136, p. 328-344, 1990.

RICE, S. P.; GREENWOOD, M. T.; JOYCE, C. B. Tributaries, sediment sources, and the longitudinal organization of macroinvertebrate fauna along river systems. *Can. J. Aquat. Sci.*, v. 58, p. 824-840, 2001.

SABATER, F.; ARMENGOL, J.; SABATER, S. Measuring discontinuities in the Ter River. *Regulated Rivers: Research and Management*, v. 3, p. 133-142, 1989.

STATZNER, B.; HIGLER, B. Questions and comments on the river continuum concept. *Can. J. Fish. Aquat. Sci.*, v. 42, p. 1038-1044, 1985.

STRAHLER, A. N. Quantitative analysis of watershed geomorphology. *Transactions, American Geophysical Union*, v. 38, p. 913-920, 1957.

VANNOTE, R. L. et al. The river continuum concept. *Can. J. Fish. Aquat. Sci.*, v. 37, p. 130-137, 1980.

VOLLENWEIDER, R. A. *A manual on methods for measuring primary production in aquatic environments*. Oxford: Blackwell Scientific Publications, 1969. 213 p.

WARD, J. V. Riverine landscapes: biodiversity patterns, disturbance regimes, and aquatic conservation. *Biological Conservation*, v. 83, n. 3, p. 269-278, 1998.

WARD, J. V. The four-dimensional nature of lotic ecosystems. *J. North Am. Benth. Soc.*, v. 8, p. 2-8, 1989.

WARD, J. V.; STANFORD, J. A. The serial discontinuity concept in lotic ecosystems. In: FONTAINE, T. D.; BARTHELL, S. M. (Eds.). *Dynamics of lotic ecosystems*. Ann Arbor: Ann Arbor Scien. Publ., 1983. p. 347-356.

WARD, J. V.; STANFORD, J. A. The serial discontinuity concept: extending the model to floodplain rivers. *Regul. Riv.*, v. 11, 10 p., 1995.

WELCOMME, R. L. Cuencas fluviales. *FAO Doc. Tec. Pesca*, v. 202, 62 p., 1980.

WHITE, P. S.; PICKETT, S. T. A. Natural disturbance and patch dynamics: an introduction. In: PICKETT, S. T. A.; WHITE, P. S. (Eds.). *The ecology of natural disturbance and patch dynamics*. New York: Academic Press, 1985. p. 3-9.

Capítulo V

SAÚDE AMBIENTAL DA MICROBACIA

Walter de Paula Lima
Maria José Brito Zakia

Introdução

A manutenção dos recursos hídricos, tema que preocupa o homem há muito tempo, assume atualmente caráter prioritário e vital, dada a escassez de água já sentida em várias regiões do mundo, assim como projeções, nada animadoras, de crescentes usos conflituosos da água. Na natureza, a permanência dos recursos hídricos, em termos de regime de vazão e de quantidade e qualidade da água que emana das microbacias hidrográficas, decorre de mecanismos naturais de controle desenvolvidos ao longo de processos evolutivos da paisagem, os quais constituem os serviços proporcionados pelo ecossistema. Um desses mecanismos, por exemplo, é a reconhecida relação íntima existente entre a floresta e a água na escala da microbacia hidrográfica, principalmente nas regiões de cabeceiras de drenagem, onde estão as nascentes e os nascedouros dos rios. Todavia, essa condição natural de equilíbrio entre esses dois recursos naturais vem sendo constantemente alterada pelo homem por meio de várias ações, como desmatamento, expansão da agricultura, abertura de estradas, urbanização e vários outros processos de transformação antrópica da paisagem, os quais alteram os ciclos biogeoquímico e hidrológico.

Levando em conta a atual população global, assim como as projeções de crescimento dessa população, não restam dúvidas de que os impactos ambientais dessas transformações proporcionalmente maiores começam a ameaçar a sustentabilidade dos recursos hídricos. Em que pese o aumento tanto da preocupação quanto do montante de recursos financeiros destinados à conservação ambiental durante as décadas de 1980 e 1990, as condições dos ecossistemas e das microbacias continuam a se degradar. Dessa forma, pode-se afirmar que, dentre os grandes desafios que a humanidade enfrenta atualmente, a recuperação, a conservação e o manejo sustentável dos recursos hídricos são os mais críticos.

Diante desse quadro, apresentam-se duas questões cruciais para o entendimento de possíveis linhas pró-ativas de ação: a) até que ponto a estrutura e os processos naturais do ecossistema podem ser alterados sem que haja comprometimento de sua integridade ou sustentabilidade?; b) poderá a tecnologia oferecer substitutos para os serviços do ecossistema? Em razão da complexidade natural dos sistemas ecológicos, torna-se muito difícil encontrar respostas simplistas para essas questões, mas ambas podem ser facilmente inferidas a partir de vários exemplos reais, como o desaparecimento de riachos e córregos e a dificuldade patente de controlar processos hidrológicos em microbacias altamente urbanizadas. Assim, parece claro que o processo de degradação das microbacias pode atingir a irreversibilidade e que também há limites para a substituição dos serviços naturais pela tecnologia (Paul & Meyer, 2001; Riley, 2003).

O papel das microbacias na conservação, restauração e manejo dos recursos hídricos vem sendo reconhecido mais intensamente nos últimos anos e o manejo de microbacias hidrográficas, como estratégia holística de uso dos recursos naturais renováveis de maneira a salvaguardar o solo e a água, é tido como um dos mais importantes, tanto para a sustentabilidade das microbacias como das bacias de maior escala e dos rios, mas, principalmente, para a busca do desenvolvimento sustentável (Lima, 1999). Já na década de 1970, Odum (1971) afirmava que a microbacia hidrográfica é como um todo, não apenas um determinado curso d'água, e que deve ser considerada como a menor unidade ecossistêmica. Ou seja, a microbacia proporciona uma maneira sistêmica de entender os processos da paisagem. Constituindo manifestação bem definida de sistema natural aberto, principalmente em termos da integração dos ciclos naturais de energia, nutrientes e, destacadamente, da água, a microbacia apresenta uma definição espacial do ecossistema muito singular e conveniente, dentro da qual é possível o estudo detalhado das interações entre a utilização da terra e a quantidade e qualidade da água produzida pela microbacia (Likens, 1985; Gregory & Walling, 1973; Naiman, 1992). Todavia, em que pese esse conhecimento mais detalhado do funcionamento hidrológico das microbacias, assim como o reconhecimento de seu valor ecológico, a importância de estabelecer uma política sustentável de manejo dessas áreas ainda não se encontra totalmente compreendida. E essa falha fundamental tem resultado em conflitos inevitáveis, sendo um deles a falsa noção de que o uso dos recursos naturais, como o manejo de florestas plantadas, por exemplo, seria incompatível com a conservação ambiental.

Dessa forma, com a restauração, conservação e manutenção dos recursos hídricos, bem como com o estabelecimento de uma política consistente de manejo sustentável com base na estratégia de manejo das microbacias hidrográficas, procura-se passar das condições existentes, de contínua degradação, para condições ambientalmente mais desejáveis. Mas o que seriam essas condições desejáveis? As noções de integridade e de saúde da microbacia talvez sejam úteis para esse entendimento. A integridade reflete as condições decorrentes dos processos de evolução natural do ecossistema, ou seja, é resultado da integração natural da microbacia com a paisagem ao longo do processo evolutivo. Fornece, dessa forma, base ou referência para comparar as mudanças ocorridas ou que estão ocorrendo em função das transformações antrópicas da paisagem. Por outro lado, a saúde da microbacia deve ser entendida como condição viável, estado sustentável de equilíbrio dinâmico que seja compatível com a necessidade de utilizar recursos naturais para produzir bens demandados pela sociedade. Assim, parece claro que essa noção de saúde ambiental da microbacia, principalmente em relação aos fatores que operam no sentido de sua manutenção ao longo do tempo, é de fundamental importância na busca do manejo sustentável. Além desse objetivo implícito, que viabilizaria a produção de bens e serviços para a sociedade, ela integra, também, outro objetivo importante do manejo sustentável: a manutenção da qualidade ambiental.

Funcionamento Hidrológico das Microbacias

A Hidrologia Florestal pode ser entendida como o ramo do conhecimento que se preocupa com o manejo da microbacia hidrográfica. Nesse sentido, tendo a água como enfoque central, essa definição implica uma visão integrada, ou sistêmica, do manejo dos recursos naturais (Montgomery et al., 1995).

O conhecimento, ainda incompleto (Kirchner, 2003), dos mecanismos pelos quais a microbacia reage à ocorrência de chuva por meio do escoamento direto é uma das grandes contribuições das pesquisas em microbacias experimentais. De fato, desde os trabalhos pioneiros de Horton (1940), prevaleceu a teoria de que essa reação da microbacia à chuva era basicamente restrita ao escoamento superficial que ocorre toda vez que a intensidade da chuva excede a capacidade de infiltração do solo. Mais ainda, segundo essa teoria, o escoamento superficial assim gerado, atualmente referido como escoamento superficial hortoniano, provinha de todas as partes da microbacia (Chorley, 1978). Na realidade, o modelo de Horton não é eficiente para quantificar o escoamento direto em microbacias florestadas de clima úmido (Betson, 1964; Lima & Zakia, 2000). As constatações pioneiras dessa característica diferenciada das microbacias tiveram início com os trabalhos de Hewlett & Hibbert (1967), os quais desenvolveram um modelo para definir as porções do terreno da microbacia que participam da geração do escoamento direto, referidas como "áreas variáveis de afluência". Chorley (1978) e Dunne (1978) constituíram, na seqüência, grandes contribuições para teorizar o funcionamento e a dinâmica dessas áreas variáveis de contribuição. Outra grande contribuição para o avanço nesses conhecimentos e para o início dos métodos de modelagem e mapeamento dessas áreas parciais de contribuição na microbacia, a partir de fatores topográficos e de condutividade hidráulica dos solos, foi o trabalho de O'Loughlin (1986). O assunto vem sendo bastante estudado e já apresenta razoável volume de publicações (por exemplo os trabalhos de: Hewlett, 1974; Lee & Delleur, 1976; Kirkby, 1978; Anderson & Burt, 1978; Topalidis & Curtis, 1982; Pearce et al., 1986; Sklash et al., 1986; Anderson & Burt, 1990; Band et al., 1993; Bonell, 1993; Verry, 2000; Hansen, 2001; Gomi et al., 2002; Kirchner, 2003).

A resposta da microbacia a um evento de chuva, ou seja, como a microbacia reage durante a ocorrência de chuva, em termos da quantidade, da distribuição temporal e da qualidade da água do escoamento direto, constitui-se em uma das principais características para entender, desenvolver e implementar práticas de manejo sustentável. Possibilita, também, ilustrar um pouco mais a questão dos conceitos de integridade e saúde da microbacia. Nem toda precipitação que cai em uma microbacia é transformada imediatamente em deflúvio, o qual, no final, será composto de vários processos hidrológicos de superfície e de sub-superfície, com diferentes tempos de residência, dependendo das condições intrínsecas da microbacia (geologia, solos, declividade, etc.), bem como do uso da terra, ou seja, de suas condições hidrológicas e ecológicas. Por exemplo, Hewlett (1982) apresenta um esquema ilustrativo de como se comportam, em termos médios aproximados, microbacias adequadamente protegidas por florestas não perturbadas e em condições de clima temperado, conforme mostrado na Figura 1. Pode-se inferir por meio dessa figura a função hidrológica desempenhada pela adequada proteção florestal da microbacia, em termos de controle dos processos de superfície (escoamento superficial), bem como da manutenção dos processos de recarga e armazenamento da água do solo e do lençol freático.

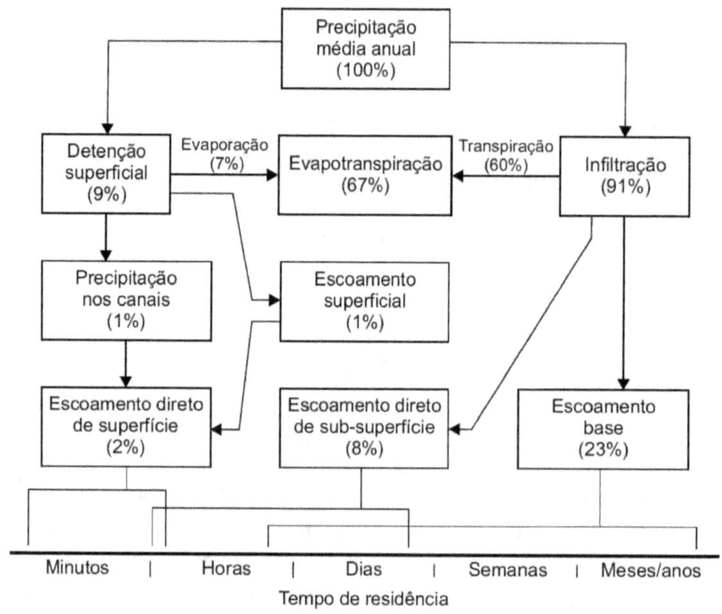

Figura 1 Distribuição porcentual anual aproximada dos processos hidrológicos que compõem a resposta hidrológica, com respectiva distribuição temporal, de microbacias adequadamente protegidas por florestas naturais não perturbadas e em condições de clima temperado (adaptado de Hewlett, 1982).

A distribuição porcentual mostrada na Figura 1 depende, também, das condições antecendentes de umidade da microbacia. Nesse sentido, Gregory & Walling (1973) apresentam um esquema bastante esclarecedor dessa condição ao elaborarem uma figura ilustrativa do conceito de microbacia hidrográfica (Figura 2).

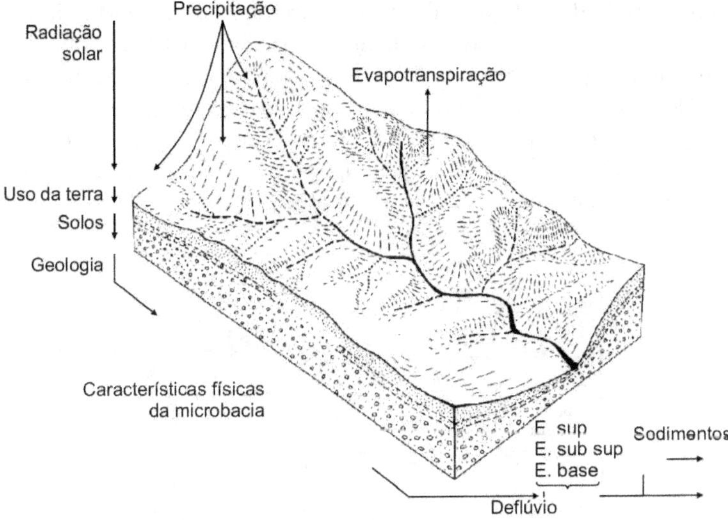

Figura 2   Representação esquemática de microbacia, mostrando os fatores físicos (clima, solos, geologia e características físicas), assim como o fator "uso da terra" (manejo) e, muito apropriadamente, a dinâmica temporal da rede de drenagem, representadas pelas linhas pontilhadas, em função da umidade antecedente da microbacia (adaptado de Gregory & Walling, 1973).

Dois aspectos bastante importantes que os autores inseriram na Figura 2 são, também, fundamentais para o entendimento e a manutenção da saúde da microbacia. Ambos estão intimamente ligados ao conceito de microbacias (Gomi et al., 2002) e têm relação com a busca do manejo sustentável, no sentido da preocupação de manutenção da qualidade ambiental quanto aos recursos hídricos. O primeiro diz respeito à relação de causa-e-efeito entre o uso da terra (alteração da paisagem) e a resposta da microbacia. O segundo trata da dinâmica temporal das áreas de contribuição do processo de geração do escoamento direto. Nas microbacias, a resposta hidrológica à chuva (escoamento direto) é gerado, primariamente, pelo escoamento superficial de áreas saturadas (zonas ripárias) e, em função disso, uma questão crucial que suscita a análise dessas interações é saber se a área de preservação permanente das cabeceiras de drenagem, do ponto de vista jurídico, deveriam incluir ou não essa dinâmica temporal. Do ponto de vista prático, ou seja, de manutenção da saúde da microbacia, não há dúvida de que deveria (Figura 3).

Assim, quando a microbacia já se encontra saturada, uma proporção cada vez maior da precipitação contribui para o escoamento direto, aumentando o pico de vazão. Todavia, a não ser para esses casos, a variável "uso da terra", ou seja, a alteração das condições de adequada proteção florestal para condições de uso intensivo podem alterar drasticamente os processos hidrológicos mostrados na Figura 1, aumentando o escoamento superficial e, conseqüentemente, a erosão e as perdas de nutrientes, dando início ao processo de degradação. Portanto, manter a saúde da microbacia significa, primeiro, entender esses mecanismos, inclusive sua dinâmica temporal, e, segundo, entender os fatores que governam, ou que controlam, essa reação hidrológica da microbacia, do ponto de vista estrutural e funcional, e procurar inseri-los no contexto do manejo, pois isso é fundamental para a manutenção da resiliência da microbacia, ou seja, sua resistência às alterações de sua superfície causadas pelo manejo (Aubertin & Patric, 1974; Naiman et al., 1992; Gomi et al., 2002).

Figura 3   Foto de área de plantio florestal recente, ilustrando o processo de expansão da cabeceira de drenagem da microbacia. A foto foi tirada do carreador de contorno dos 50 metros de proteção da nascente, que normalmente se situa na parte inferior da foto. Todavia, a cabeceira de drenagem é dinâmica, o que pode resultar em impactos hidrológicos.

Indicadores da Saúde da Microbacia

A saúde da microbacia pode ser avaliada em relação à sua capacidade de sustentar, concomitantemente com o uso dos recursos naturais pelo homem, como é o caso da produção florestal por meio do manejo de florestas plantadas, pelo menos os seguintes atributos ou indicadores (Moldan & Cerny, 1994; Walker & Reuter, 1996; Lima, 1998, 1999):

- perpetuação de seu funcionamento hidrológico (quantidade de água, regime de vazão e qualidade da água);

- perpetuação do potencial produtivo do solo ao longo do tempo (biogeoquímica da microbacia);

- biodiversidade na escala da microbacia (zonas ripárias, mata ciliar, ecossistema ripário, conectividade).

De forma integrada, esses três conjuntos de indicadores podem ser visualizados, na escala da microbacia, de acordo com o esquema mostrado na Figura 4.

Na realidade, essa separação é meramente didática, uma vez que os três conjuntos de indicadores são interdependentes e interativos. A biodiversidade, por exemplo, é ao mesmo tempo fator-chave para a renovar a qualidade do solo e peça fundamental, na escala da microbacia, para garantir a integridade do ecossistema ripário, por sua vez essencial para a manutenção da resiliência da microbacia e da qualidade da água.

O monitoramento da saúde da microbacia hidrográfica, levando em conta esses três conjuntos de atributos, pode fornecer indicações sistêmicas a respeito de mudanças desejáveis ou indesejáveis que estejam ocorrendo na microbacia como conseqüência das práticas de manejo. Assim, as práticas de manejo sintonizadas com essa estratégia de manutenção da saúde da microbacia concorrem para a sustentabilidade dos recursos hídricos e a manutenção da qualidade ambiental. Um programa de monitoramento ambiental em microbacias deve, basicamente, permitir a retroalimentação consistente do manejo adaptativo e, dessa forma, levar em conta as seguintes características fundamentais (Montgomery et al., 1995):

- basear-se em hipóteses e objetivos claros e consistentes;

- utilizar indicadores apropriados;

- basear-se nas relações causa-e-efeito entre ações de manejo e impactos hidrológicos;

- basear-se em um esquema de amostragens adequadas para detectar mudanças e, inclusive, a possibilidade de que alguns impactos possam se propagar no espaço e no tempo;

- acumular banco de dados interativos, que permitam a contínua incorporação das informações rotineiras de manejo.

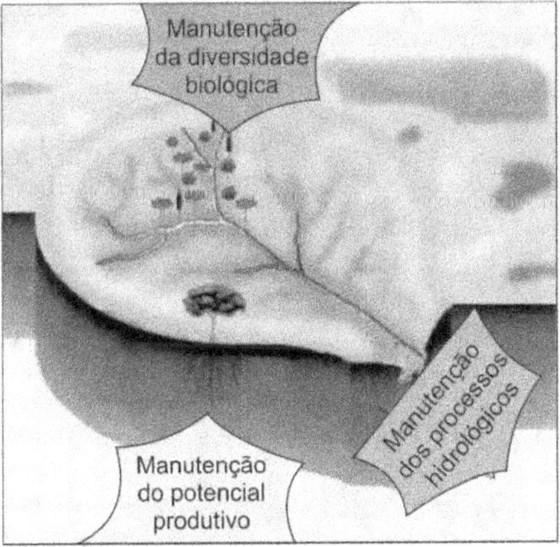

Figura 4   Esquema ilustrativo dos fatores-chave que governam a manutenção da saúde da microbacia hidrográfica: a perpetuação de seu funcionamento hidrológico (quantidade de água, regime de vazão e qualidade da água), a manutenção do potencial produtivo do solo ao longo do tempo (biogeoquímica da microbacia) e a biodiversidade na escala da microbacia (zonas ripárias, mata ciliar, ecossistema ripário, conectividade).

Walmsley (2002) relata os resultados de um recente levantamento internacional sobre a questão de monitoramento em microbacias, pelo qual 19 instituições em alguns países do mundo foram solicitadas a informar se já haviam desenvolvido indicadores de sustentabilidade em escala de microbacia. Apenas cinco respostas foram afirmativas e, destas, somente uma estava efetivamente relacionada a indicadores de sustentabilidade. Assim, em que pese a noção consensual da necessidade do desenvolvimento desses indicadores, eles ainda exigirão algum tempo até tornarem-se efetivamente consistentes.

A questão da escala também é de fundamental importância. A Agenda 21, em seu Capítulo 40, estabelece que "os indicadores de desenvolvimento sustentável devem ser desenvolvidos com o objetivo de proporcionar base sólida para as tomadas de decisão em todas as escalas". Manejo sustentável, como já afirmado, significa que há necessidade de considerar as interações físicas e biológicas que ocorrem em diferentes escalas, desde a menor, que é a escala da espécie a ser plantada, até a maior de toda a região. Talvez, a título de esclarecimento, seja interessante discutir mais detalhadamente essa questão de escalas, pelo fato de que a microbacia em si já constitui uma escala sistêmica de monitoramento. Acontece que a bacia pode estar sofrendo um processo de degradação, não pelas práticas de manejo, mas, sim, por fatores que operam em diferentes escalas. Assim, é fundamental que o plano de manejo leve em conta a análise de indicadores em todas as escalas da sustentabilidade. Para efeito de esclarecimento, pode-se considerar os seguintes níveis de avaliação:

- região: constitui a escala em que estão envolvidas questões macros, relacionadas, por exemplo, à biodiversidade, ao balanço hídrico regional, assim como aos aspectos sociais;

- paisagem: envolve aspectos relacionados à ecologia de paisagem, à biodiversidade, à conectividade, etc.;

- microbacia: essa escala permite análise sistêmica das práticas de manejo;

- unidade de manejo florestal: onde o manejo é implementado, envolvendo indicadores relacionados à ocupação dos espaços produtivos, à proteção do solo e da água, etc.

A microbacia, dessa forma, constitui uma escala duplamente interessante do ponto de vista da busca do manejo sustentável. Primeiro, ela é em si uma escala ecossistêmica de aferição do manejo, de monitoramento de seus impactos ambientais e de avaliação da permanência da qualidade ambiental. Segundo, possibilita uma escala sistêmica intermediária de ligação e de interação entre os objetivos esperados na escala macro, representada pelo Código Florestal e pela legislação ambiental, que são imposições restritivas e/ou orientadoras do plano de manejo, e as metas ambientais estabelecidas no plano de manejo, que explicitam os objetivos da busca do manejo sustentável, conforme ilustrado no Quadro 1.

Quadro 1   Ilustração da questão da escala e do uso da microbacia como unidade ecossistêmcia de aferição, tanto da eficácia das disposições legais, normas e política ambiental e de desenvolvimento sustentável, quanto da implementação das práticas de manejo, com o objetivo de nortear a busca do manejo sustentável de florestas plantadas (Lima, 1998).

Escala macro (paisagem/região/país)	Escala meso (microbacia)	Escala micro (unidade de manejo)
Política florestal Legislação ambiental Código florestal Desenvolvimento sustentável ⇨	Indicadores hidrológicos de manejo florestal sustentável Saúde da microbacia ⇔	Plano de manejo Práticas de manejo Condições do solo Uso socialmente aceitável dos recursos naturais ⇦

Para completar o esclarecimento dessa questão de escalas, indicadores e monitoramento, fica evidente que o monitoramento ambiental na microbacia possibilita uma avaliação sistêmica das práticas de manejo na escala chamada meso do Quadro 1. Mas a sustentabilidade tem várias escalas e é necessário monitorar todas elas por meio de indicadores apropriados para cada caso. Na escala micro do Quadro 1, por exemplo, há indicadores de manutenção da qualidade ou saúde do solo cujos fatores normalmente apresentam alta especificidade e interatividade, devendo, portanto, ser monitorados localmente. Por outro lado, o processo gradativo de perda da qualidade hidrológica do solo, por exemplo, pela diminuição contínua da infiltração, pode ser monitorado na escala sistêmica da microbacia pela análise do regime do escoamento direto, pelo pico de vazão ou, ainda, pelo aumento da concentração de sedimentos em suspensão associado ao aumento da erosão. Todavia, o monitoramento ambiental em escala de microbacia, que tem, basicamente, o objetivo de retroalimentar as práticas de manejo, pode ser mascarado por ações ou por fatores que se situam na escala macro, ou seja, numa escala anterior à própria implementação do manejo. Por exemplo, o traçado inadequado do sistema viário, que não considerou a manutenção dos valores da microbacia hidrográfica, em termos de proteção dos cursos d'água e de impactos diretos sobre as zonas ripárias, pode já ter comprometido a saúde da microbacia. Os resultados do monitoramento dos impactos das práticas de manejo, nessa situação, serão confundidos com esses efeitos anteriores, não sendo possível saber o que realmente causou os impactos. Em outras palavras, não adianta monitorar somente em uma escala de sustentabilidade.

Portanto, pelo menos do ponto de vista dessas questões mais básicas da busca do manejo sustentável, já é possível identificar alguns indicadores consistentes e importantes, tanto para planejamento macro do manejo, em termos de viabilidade e zoneamento ecológico, os quais dizem respeito, por exemplo, à disponibilidade de água e aos aspectos sociais, quanto para planejamento de escala meso, que diz respeito à inserção do projeto no contexto da paisagem, levando em conta valores da microbacia hidrográfica. Por outro lado, do ponto de vista das relações de causa-e-efeito entre práticas de manejo e impactos ambientais associados, também já é possível identificar, em escala de microbacia, alguns indicadores já comprovados em diversos trabalhos experimentais (Swank & Johnson, 1994), assim como também há diversas contribuições importantes para a definição de indicadores na escala da unidade de manejo, como é o caso da saúde do solo, por exemplo (Chaer, 2001). O resumo ilustrativo desses indicadores, quanto às respectivas escalas, pode ser analisado no Quadro 2 (Lima & Zakia, 1998).

Quadro 2   Escalas e indicadores de manutenção da saúde da microbacia hidrográfica visando a contribuir para a busca do manejo sustentável de florestas plantadas (Lima & Zakia, 1998).

Impacto ambiental	Causas prováveis	Indicadores
Escala macro		
Uso conflituoso da água	Desmatamento/reflorestamento	Balanço hídrico regional
Desfiguração da paisagem	Substituição de ecossistemas naturais	Zoneamento ecológico
Escala meso		
Degradação das microbacias	Destruição das zonas ripárias	Análise das condições das zonas ripárias das microbacias
	Sistema viário inadequado	Planejamento hidrológico das estradas e carreadores
	Compactação do solo	Taxa de infiltração
	Erosão	Práticas de conservação do solo
Escala micro		
Quantidade de água e regime de vazão	Colheita florestal	Medição da vazão
Eutrofização dos cursos d'água	Erosão e sedimentação	Turbidez, concentração de sedimentos em suspensão
Perdas de nutrientes	Erosão, colheita, preparo do solo	Condutividade, biogeoquímica
Material orgânico	Decomposição de resíduos florestais na água	Oxigênio dissolvido, cor

Implementando o Conceito de Saúde da Microbacia no Manejo Sustentável

A microbacia hidrográfica, portanto, proporciona uma maneira holística de entender a paisagem, por várias razões. Trata-se, como já afirmado, de manifestação de um ecossistema com relações funcionais e interligações biofísicas entre montante e jusante bem definidas pelo próprio ciclo hidrológico. Assim, ela possibilita uma base estrutural adequada para a implementação de uma estratégia ecossistêmica de manejo florestal, na busca da sustentabilidade (Montgomery et al., 1995; Steiner et al., 2000). O manejo ecossistêmico, que também não deixa de ser um conceito, deve ser baseado e implementado a partir da obtenção e da interpretação de dados e informações de suas implicações ecológicas e econômicas em uma escala compatível de análise. Ou seja, fundamenta-se no princípio da produção florestal sustentável concomitante com a preservação da integridade do ecossistema. Dessa forma, um de seus pressupostos consiste na reestruturação das práticas convencionais de manejo, adequando-as às condições, aos processos e ao potencial da paisagem, assim como na incorporação e avaliação de seus impactos ambientais. Representa, também, mudança fundamental de planejamento baseado na unidade de manejo para planejamento baseado numa unidade ecossistêmica. Enfim, representa uma estratégia pró-ativa que procura atacar as causas e não apenas os sintomas da degradação ambiental. Dessa forma, é fundamental definir essas condições, potencialidades e limitações intrínsecas, além de estabelecer métodos adequados para monitoramento dos impactos ambientais, a fim de eliminá-los ou minimizá-los.

A microbacia, portanto, consiste na unidade fundamental de planejamento, por ser uma unidade ecológica e geomorfológica natural, além de proporcionar estrutura básica de avaliação processual dos impactos das práticas de manejo, fornecendo informações relevantes para o contínuo redirecionamento do plano de manejo, e apresentar, também, racionalidade econômica. De fato, o que poderiam ser consideradas externalidades ambientais na estratégia de manejo baseada em uma propriedade isolada, passam a ser naturalmente internalizadas quando a microbacia é manejada como um todo. Por outro lado, por causa de suas relações e interligações biofísicas, a microbacia permite incorporar implicações do manejo no contexto sócio-cultural, uma vez que os impactos ambientais refletidos na microbacia afetam a todos que nela estão, forçando mudanças no sistema social (Steiner et al., 2000). Em resumo, considerar a microbacia como unidade fundamental para estabelecer o plano de manejo, na busca da susten-tabilidade, permite: a) tomar decisões baseadas na capacidade natural de suporte da paisagem; b) proteger a saúde da microbacia hidrográfica e, conseqüentemente, dos recursos hídricos e a qualidade ambiental; c) retroalimentar e redirecionar o manejo a partir das informações do monitoramento; d) flexibilidade e interatividade; e) basear-se em unidades ecológicas; f) considerar naturalmente as várias escalas da sustenta-bilidade; e g) proporcionar transparência às ações de manejo (Montgomery et al., 1995; Zalewski, 2000).

Todavia, não se deve esquecer que a microbacia, apesar de todas essas considerações alvissareiras, não constitui panacéia para resolver todos os problemas da busca do manejo sustentável. Embora constituindo-se em manifestação clara de unidade ecossistêmica, torna-se impossível, por essa mesma razão, explicitar e, muito menos, compreender todos os detalhes da complexidade envolvida (Gomi et al., 2002; Kirchner, 2003). Em outras palavras, não há livro de receitas e nunca deverá haver um, pelo fato de que a paisagem é dinâmica e cada microbacia é única, daí a necessidade de monitoramento.

Implementar a estratégia da microbacia como unidade de planejamento visando à busca do manejo sustentável de florestas plantadas envolve, pelo menos (Montgomery et al., 1995; Steiner et al., 2000):

- Conhecer o funcionamento da paisagem: informações sobre a distribuição espacial e temporal dos processos ecológicos, a fim de identificar áreas críticas; onde se localizam as microbacias da propriedade? Como elas se encontram? Quais delas vêm de fora para dentro? Quais delas nascem dentro da propriedade? Qual a vazão ecológica (a demanda ambiental de água)?

- Conhecer o passado: um dos princípios do manejo ecossistêmico é que o estresse pode aumentar se os fatores sob os quais o ecossistema evoluiu forem modificados. Assim, sem esse conhecimento prévio pode ser difícil entender o comportamento de um riacho.

- Conhecer as condições atuais: incluindo vegetação, tendências de uso da terra, características físicas e o contexto da área em relação às unidades de gerenciamento hídrico e aos comitês de bacias hidrográficas, inclusive para proporcionar a base de estruturação do monitoramento.

Monitorar as Ações

Uma maneira integrada de estruturar e implementar essas ações e interações entre diferentes escalas é estabelecer bases estruturais físicas. Walmsley (2002) descreve uma dessas bases estruturais, desenvolvida pela Organização para a Cooperação e o Desenvolvimento Econômico (OECD), que relaciona causas, pressões, condições, impactos e respostas, cuja essência é apresentada no Quadro 3.

Conforme implícito nessas considerações e na base estrutural mostrada no Quadro 3, fica claro que não basta apenas implementar um programa de monitoramento na microbacia. Os indicadores hidrológicos são importantes, mesmo com a enorme dificuldade para seu consistente estabelecimento. Mas a ação integrada, ou seja, as ações de planejamento e implementação, baseadas no manejo integrado das microbacias, que levam em conta todos os fatores envolvidos, também é parte importante da manutenção da saúde ambiental da microbacia.

Quadro 3   Base estrutural para implementar o plano de manejo baseado na manutenção da saúde da microbacia hidrográfica (Adaptado de Walmsley, 2002).

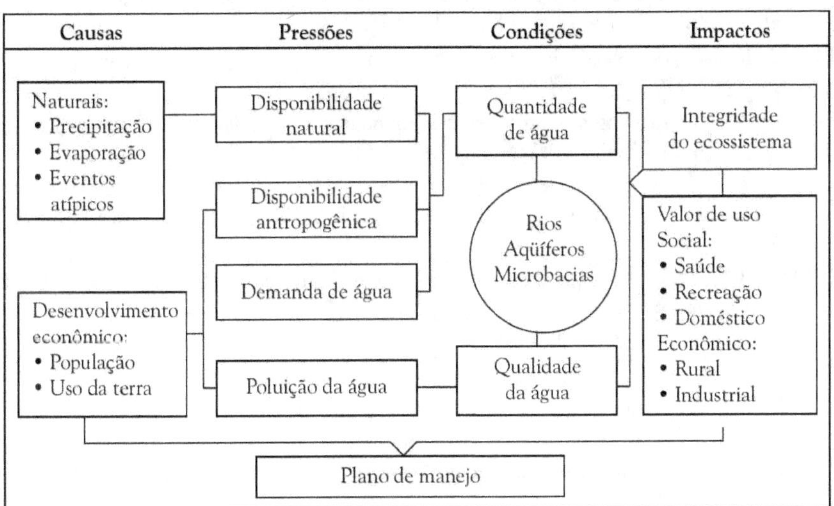

Bibliografia

ANDERSON, M. G.; BURT, T. P. (Eds.). *Process studies in hillslope hydrology*. New York: John Wiley, 1990. 462 p.

ANDERSON, M. G.; BURT, T. P. Towards more detailed field monitoring of variable source area. *Water Resources Research*, v. 14, p. 1123-1131, 1978.

AUBERTIN, G. M.; PATRIC, J. H. Water quality after clearcutting a small watershed in West Virginia. *Journal of Environmental Quality*, v. 3, p. 243-249, 1974.

BAND, L. E. et al. Forest ecosystem processes at the watershed scale: incorporating hillslope hydrology. *Agricultural and Forest Meteorology*, v. 63, p. 93-126, 1993.

BETSON, R. P. What is watershed runoff? *Journal of Geophysical Research*, v. 69, p. 1541-1552, 1964.

BONELL, M. Progress in the understanding of runoff generation dynamics in forests. *Journal of Hydrology*, v. 150, p. 217-275, 1993.

CHAER, G. M. *Modelo para determinação de índice de qualidade do solo baseado em indicadores físicos, químicos e microbiológicos*. 2001. 90 f. Dissertação (Mestrado) – Universidade Federal de Viçosa, Viçosa.

CHORLEY, R. J. The hillslope hydrologic cycle. In: KIRKBY, M. J. (Ed.). *Hillslope hydrology*. John Wiley, 1978. p. 1-42.

DUNNE, T. Field studies of hillslope flow process. In: KIRKBY, M. J. (Ed.). *Hillslope hydrology*. John Wiley, 1978. p. 227-293.

GOMI, T.; SIDLE, R. C.; RICHARDSON, J. S. Undestanding processes and downstream linkages of headwater systems. *BioScience*, v. 52, p. 905-916, 2002.

GREGORY, K. J.; WALLING, D. E. *Drainage basin form and process*: a geomorphological approach. John Wiley, 1973. 456 p.

HANSEN, W. F. Identifying stream types and management implications. *Forest Ecology and Management*, v. 143, p. 39-46, 2001.

HEWLETT, J. D. Comments on letters relating to "Role of subsurface flow in generating surface runoff. 2: upstream source areas", by R. Allan Freeze. *Water Resources Research*, v. 10, p. 605-607, 1974.

HEWLETT, J. D. *Principles of forest hydrology*. The University of Georgia Press, 1982. 183 p.

HEWLETT, J. D.; HIBBERT, A. E. Factors affecting the response of small watersheds to precipitation in humid areas. In: INTERNATIONAL SYMPOSIUM ON FOREST HYDROLOGY, 1967. *Anais...* Pergamon Press, 1967. p. 275-290.

HORTON, R. E. An approach toward a physical interpretation of infiltration capacity. *Soil Science Society of America Proceedings*, v. 5, p. 399-417, 1940.

KIRCHNER, J. W. A double paradox in catchment hydrology and geochemistry. *Hydrological Processes*, v. 17, p. 871-874, 2003.

KIRKBY, M. J. (Ed.). *Hyllslope hydrology*. John Wiley, 1978. 389 p.

LEE, M. T.; DELLEUR, J. W. A variable source area model of the rainfall-runoff process based on the watershed stream network. *Water Resources Research*, v. 12, p. 1029-1036, 1976.

LIKENS, G. E. An experimental approach for the study of ecosystems. *Journal of Ecology*, v. 73, p. 381-396, 1985.

LIMA, W. P. A microbacia e o desenvolvimento sustentável. *Ação Ambiental*, ano I, n. 3, p. 20-22, 1999.

LIMA, W. P. Soil and water protection. In: INTERNATIONAL CONFERENCE ON INDICATORS FOR SUSTAINABLE FOREST MANAGEMENT – NATURAL RESOURCES AND ENVIRONMENT, 1998, Australia. *Anais...* Australia, 1998. p. 56-57

LIMA, W. P.; ZAKIA, M. J. B. Hidrologia de matas ciliares. In: RODRIGUES, R. R.; LEITÃO FILHO, H. F. (Eds.). *Matas ciliares*: conservação e recuperação. São Paulo: Edusp/Fapesp, 2000. p. 33-44.

LIMA, W. P.; ZAKIA, M. J. B. Integrated monitoring of hydrological indicators of sustainable management of forest plantations in Brazil. In: INTERNATIONAL CONFERENCE ON INDICATORS FOR SUSTAINABLE FOREST MANAGEMENT – NATURAL RESOURCES AND ENVIRONMENT, 1998, Australia. *Anais...* Australia, 1998. p. 119-121.

MOLDAN, B.; CERNY, J. (Eds.). *Biogeochemistry of small catchments*: a tool for environmental research. John Wiley, 1994. 418 p.

MONTGOMERY, D. R.; GRANT, G. E.; SULLIVAN, K. Watershed analysis as a framework for implementing ecosystem management. *Water Resources Bulletin*, v. 31, p. 369-386, 1995.

NAIMAN, R. J. (Ed.). *Watershed management*: balancing sustainability and environmental change. Springer-Verlag, 1992. 542 p.

NAIMAN, R. J. et al. Fundamental elements of ecologically healthy watersheds in the Pacific Northwest Coastal Ecoregion. In: NAIMAN, R. J. (Ed.). *Watershed management*: balancing sustainability and environmental change. Springer-Verlag, 1992. p. 127-188.

O'LOUGHLIN, E. M. Prediction of surface saturation zones in natural catchments by topographic analysis. *Water Resources Research*, v. 22, p. 794-804, 1986.

ODUM, E. P. *Fundamentals of ecology*. 3. ed. Philadelphia: W.B. Saunders, 1971. 574 p.

PAUL, M. J.; MEYER, J. L. Streams in the urban landscape. *Annual Review of Ecology and Systematics*, v. 32, p. 333-365, 2001.

PEARCE, A. J.; STEWART, M. K.; SKLASH, M. G. Storm runoff generation in humid headwater catchments. 1. Where does the water come from? *Water Resources Research*, v. 22, p. 1263-1272, 1986.

RILEY, A. L. Guide to urban riparian renaissance. Restoring streams in cities: a guide for planners, policymakers and citizens. *Hydrological Processes*, v. 17, p. 501-503, 2003.

SKLASH, M. G.; STEWART, M. K.; PEARCH, A. J. Storm runoff generation in humid headwater catchments. 2: a case study of hillslope and low-order stream response. *Water Resources Research*, v. 22, p. 1273-1282, 1986.

STEINER, F. et al. A watershed at a watershed: the potential for environmentally sensitive area protection in the upper San Pedro Drainage Basin (Mexico and USA). *Landscape and Urban Planning*, v. 49, p. 129-148, 2000.

SWANK, W. T.; JOHNSON, C. E. Small catchment research in the evaluation and development of forest management practices. In: MOLDAN, B.; CERNY, J. (Eds.). *Biogeochemistry of small catchments*: a tool for environmental research. John Wiley, 1994. p. 383-408.

TOPALIDIS, S.; CURTIS, A. A. The effect of antecedent soil water conditions and rainfall variations on runoff generation in a small eucalypt catchment. In: NATIONAL SYMPOSIUM ON FOREST HYDROLOGY, 1., 1982, Australia. *National Conference Publication*. Austrália: The Institute of Engineers of Australia, 1982. n. 82/6, p. 43-49.

VERRY, E. S. Water flow in soils and streams: sustaining hydrologic function. In: VERRY, E. S. et al. (Eds.). *Riparian management in forests of the continental eastern United States*. Lewis Publishers, 2000. p. 99-124.

WALKER, J.; REUTER, D. J. *Indicators of catchment health*: a technical perspective. Australia: CSIRO, 1996. 174 p.

WALMSLEY, J. J. Framework for measuring sustainable development in catchment systems. *Environmental Management*, v. 29, p. 195-206, 2002.

ZALEWSKI, M. Ecohydrology: the scientific background to use ecosystem properties as management tools toward sustainability of water resources. *Ecological Engineering*, v. 16, p. 1-8, 2000.

Capítulo VI

O Papel do Ecossistema Ripário

Walter de Paula Lima
Maria José Brito Zakia

Introdução

Como parte das mudanças de paradigmas ambientais que se iniciaram na década de 1980, o interesse, os estudos e o conhecimento sobre as matas ciliares vêm sendo ampliados de forma marcante nos últimos anos, havendo já uma literatura muito rica sobre o tema.

Na microbacia, as zonas ripárias, que incluem principalmente as margens e as cabeceiras de drenagem dos cursos d'água, caracterizam-se como habitats de extrema dinâmica, diversidade e complexidade. Em sua integridade, que inclui a mata ciliar e o conjunto das interações ripárias, a microbacia constitui o ecossistema ripário, o qual desempenha um dos mais importantes serviços ambientais: a manutenção dos recursos hídricos, em termos de vazão e qualidade da água, assim como do ecossistema aquático. A permanência da integridade do ecossistema ripário, dessa forma, constitui fator crucial para a manutenção da saúde e da resiliência da microbacia como unidade geoecológica da paisagem.

O ecossistema ripário é o resultado final de interações complexas entre a hidrologia, a geomorfologia, os solos, a luz, a temperatura, o fogo e toda uma gama de processos ecológicos, como competição, herbivoria, etc., sendo que as relações hidrológicas constituem, de longe, o fator mais importante.

Assim, do ponto de vista prático, ou seja, da incorporação desses conhecimentos para a busca do manejo sustentável dos recursos naturais, a delimitação da extensão da zona ripária parece ser o primeiro passo para o planejamento das medidas de proteção ou de restauração da integridade do ecossistema ripário. Por outro lado, pela mesma razão, há de se ter em perspectiva que o que se deve proteger ou restaurar é o ecossistema ripário em toda sua integridade, e não apenas elementos isolados desse complexo. Nesse sentido, a alteração da vegetação ripária, em termos, por exemplo, de uma mudança em sua estrutura, certamente desencadeará mudanças nos processos do ecossistema ripário e, portanto, em seus serviços ambientais. Por outro lado, a largura da mata ciliar, conforme previsto no Código Florestal, também é apenas um elemento isolado do contexto, pois certamente a integridade não deve depender de uma extensão predeterminada e tampouco a zona ripária apresenta limites simétricos e regulares ao longo da microbacia. Do mesmo modo, a manutenção da integridade do ecossistema ripário não será obtida apenas pelo seu isolamento físico dos espaços produtivos da paisagem, mas vai depender muito da aplicação de práticas sustentáveis de manejo em seu entorno, ou seja, na escala da microbacia.

Com essa perspectiva, o presente capítulo tem por objetivo contribuir para o avanço dessas discussões sobre o manejo das zonas ripárias a partir da revisão de suas relações hidrológicas e ecológicas no contexto da microbacia. Espera-se que o conhecimento atual possa ser útil para nortear as propostas de recuperação de matas ciliares, assim como para equacionar freqüentes conflitos relacionados ao manejo dessas áreas de preservação permanente.

A Função Hidrológica do Ecossistema Ripário

A caracterização do ecossistema ripário não é tarefa fácil. As zonas ripárias constituem a interface entre os ecossistemas terrestres e aquáticos. Trata-se de ecótonos caracterizados por enorme variabilidade de fatores ambientais, processos ecológicos e comunidades vegetais, sendo essa complexidade fundamental para a delimitação do ecossistema ripário (Gregory et al., 1992). A vegetação ripária é responsável por grande parte do regime ambiental do ecossistema aquático (Franklin, 1992; Likens, 1992; Lima & Zákia, 2000), mas essa influência deixa de ser tão marcante em bacias hidrográficas maiores em razão principalmente do tamanho relativo da vegetação ripária e do canal (Franklin, 1992; Nakamura, 1995). De acordo com Fisher et al. (1998), na realidade a zona ripária pode ser considerada um subsistema do próprio ecossistema aquático. Segundo esses autores, numa alusão ao ecossistema aquático como sendo composto de subsistemas organizados de maneira similar aos anéis concêntricos de um telescópio, o subsistema zona ripária seria o anel maior, seguido dos subsistemas parafluvial, hiporrêico e da superfície líquida do riacho, respectivamente.

Do ponto de vista de sua delimitação espacial, em tese, os limites da zona ripária estendem-se lateralmente até o alcance máximo das áreas saturadas da microbacia, incluindo o processo natural de expansão de suas cabeceiras de drenagem durante períodos chuvosos. Essa dinâmica adquire caráter importante do ponto de vista da estratégia de proteção desse ecossistema.

As discussões pioneiras em torno da caracterização da zona ripária em microbacias surgiram com os trabalhos de Hewlett & Hibbert (1967) a respeito do estudo dos processos de geração do escoamento direto produzido pelas chuvas. Os estudos de Chorley (1978) e Dunne (1978), na seqüência, foram importantes para a teorização do funcionamento e da dinâmica dessas áreas variáveis de contribuição, ou seja, das áreas saturadas da microbacia que contribuem para a geração do escoamento direto de uma dada chuva. Outra grande contribuição para o avanço desses conhecimentos e para o início dos métodos de modelagem e mapeamento das zonas ripárias a partir de fatores topográficos e de condutividade do solo foi o trabalho de O'Loughlin (1986). A partir das investigações pioneiras desse autor, vários modelos foram desenvolvidos para a simulação da resposta da microbacia a uma dada chuva e para a delimitação das zonas ripárias com base em modelos digitais da microbacia (Zakia, 1998; Simões, 2001).

A vegetação ripária (matas ciliares, florestas de galeria, etc.) constitui uma manifestação fantástica, em termos de composição florística, biodiversidade, estrutura e funcionalidade, da interação entre os processos geomorfológicos fluviais que propiciam o suporte ecológico para o seu desenvolvimento. A composição de espécies arbóreas e arbustivas apresenta enorme variação de área para área, o que torna muito difícil definir sua composição florística (Naiman & Décamps, 1997; Ab'Saber, 2000; Rodrigues & Nave, 2000; Durigan et al., 2000). Essa variabilidade é resultado da integração complexa de vários fatores, mas a literatura sugere que a hidrologia, principalmente sua interação com a geologia local, seja o fator preponderante, principalmente na escala da microbacia. Essas relações hidrológicas que influenciam a composição e o funcionamento do ecossistema ripário podem ser resumidas de acordo com os seguintes aspectos (Naiman & Décamps, 1997; Rodrigues & Shepherd, 2000):

- adaptações morfofisiológicas: possibilitam a sobrevivência em ambientes encharcados;
- adaptações reprodutivas: algumas espécies, por exemplo, desenvolveram mecanismos de controle do processo de dispersão para coincidir com a fase final da recessão das cheias, visando ao sucesso da germinação e da colonização;
- padrões sucessionais e vegetacionais: atuação do regime fluvial na dinâmica sucessional, preponderância de sementes de espécies hidrocóricas nas áreas mais próximas aos cursos d'água, etc.

Reversamente, a vegetação ripária desempenha controle significativo nos processos que mantêm a saúde da microbacia e do ecossistema aquático, o que pode ser resumido de acordo com as seguintes relações (Fail et al., 1987; Naiman & Décamps, 1997; Lima & Zákia, 2000):

- dinâmica e hidráulica dos canais;
- geração do escoamento direto produzido por uma dada chuva;
- deposição e arraste de sedimentos (a erosão das barrancas dos canais chega a ser 30 vezes maior em zonas ripárias desprotegidas de vegetação);
- aporte de galhos, troncos e resíduos vegetais para o canal: dissipação de energia, criação de microhabitats para peixes e macroinvertebrados, retenção de propágulos, etc.;
- fonte de alimentos para o ecossistema aquático;

- controle da temperatura da água;
- controle da qualidade da água (filtragem física e biológica de sedimentos e nutrientes);
- controle sobre a comunidade de macroinvertebrados do riacho (alteração na vegetação ripária causa mudança na composição e diversidade das espécies).

Décamps (1984) já definia essas relações hidrológicas, assim como as particularidades e especificidades locais, em nível de diferenças geoecológicas de uma bacia para outra, como fatores-chave para a ocorrência e a composição da vegetação ripária, sugerindo que esta venha a ser o resultado da própria evolução da bacia no contexto da paisagem, o que é bastante significativo do ponto de vista de estratégias de proteção ou de restauração desse ecossistema.

Dessa forma, as características hidrológicas constituem, sem dúvida, fator de fundamental importância para a proteção, a restauração e o manejo das zonas ripárias, visando à permanência desses serviços ambientais imprescindíveis para a manutenção da saúde da microbacia, dos recursos hídricos e do ecossistema aquático. No contexto da paisagem, outro valor ambiental do ecossistema ripário reside em sua função ecológica de manutenção da biodiversidade, funcionando como corredores para o fluxo de plantas e animais.

A Função Ecológica do Ecossistema Ripário

Ao longo de vários capítulos deste livro, várias vezes se faz menção à premissa de que implementar o conceito da microbacia hidrográfica como unidade de planejamento do manejo florestal significa, antes de tudo, buscar manter a sua saúde ambiental, que, por sua vez, depende da manutenção da integridade do ecossistema ripário. Nesse sentido, como bem colocado por Naiman et al. (1992), a zona ripária constitui o coração da microbacia, uma vez que pode ser o componente do ecossistema mais sensível às mudanças ambientais.

Assim, a despeito da existência de diferentes critérios de definição e delimitação das zonas ripárias (exemplo: a definição estática de uma faixa simétrica de 30 m ao longo dos riachos ou ainda a delimitação de uma largura que seja mais eficiente no processo de filtragem dos sedimentos e poluentes carreados dos terrenos mais elevados da microbacia), é necessário levar em conta a definição funcional ou ecológica contida no conceito de ecossistema ripário. Essa função ecológica se baseia no fluxo constante de matéria e energia, ao contrário da visão estática de uma faixa simétrica delimitada no mapa. Ela também se baseia na natureza mesma do riacho, cuja dinâmica anual é que vai definir onde se encontra seu leito e sua planície de inundação, independentemente de ser o riacho perene ou intermitente (Ilhardt et al., 2000). Assim, não se justifica a existência de propostas para determinar a largura de uma faixa-tampão ao longo dos cursos d'água em função da intensidade de uso do solo.

Essa visão ecossistêmica também permite considerar as zonas ripárias das microbacias como um ecótono de interação entre os ecossistemas terrestre e aquático. Sendo corolário, pode-se também concluir que as zonas ripárias são elementos da ecologia da paisagem em termos de propriedades intrínsecas importantes que as mesmas desempenham, principalmente a conectividade e a biodiversidade (Franklin, 1992; Décamps, 2001). Na escala local, a existência de diversidade biológica, por exemplo, constitui premissa básica para a eficiência do processo de filtragem de sedimentos e poluentes. Na escala da microbacia, por outro lado, a conectividade ao longo da rede de drenagem contribui para o desempenho dos serviços ambientais relacionados aos corredores de fluxos gênicos (Stanford & Ward, 1992). Assim, as zonas ripárias são muito mais que apenas uma faixa-tampão de filtragem de sedimentos e poluentes. Ao contrário, constituem elementos importantes de interação e de ligação funcional entre a terra firme e o riacho.

Essa concepção ecossistêmica das zonas ripárias tem várias implicações práticas, tendo em vista a busca pelo manejo sustentável. Primeiro, pela abrangência que imprime às necessidades de restauração tanto das matas ciliares quanto de ecossistemas aquáticos degradados, pois possibilita o equacionamento desse processo com base em questões sistêmicas pertinentes, tais como: (a) Quais são os processos dominantes nas várias escalas? (b) Como os processos e as funções foram alterados pelo uso dos recursos naturais ou pela alteração antrópica da paisagem? (c) Quais componentes da microbacia necessitam ser restaurados? (Bohn & Kershner, 2002).

Um segundo aspecto prático, por exemplo, seria em relação ao desenho do sistema viário, no qual deve ser incluida uma questão fundamental que diz respeito justamente a essa visão sistêmica das zonas ripárias, a fim de evitar danos a áreas importantes para a manutenção da integridade do ecossistema ripário, as quais normalmente não são levadas em conta na delimitação estática da área de preservação permanente (Ilhardt et al., 2000).

Uma terceira implicação também importante decorre do aspecto cultural inerentemente envolvido em sua conservação ou restauração. Como esclarece Décamps (2001), a paisagem, ou a manutenção dos valores da paisagem, depende basicamente das preferências e desejos culturais. Dessa forma, a integridade da paisagem constitui uma entidade relativa de interação entre o ambiente natural e os valores culturais, o que implica reconhecer que o ecossistema ripário, além de sua sustentabilidade ecológica, depende também de uma sustentabilidade cultural. Ou seja, a sobrevivência do ecossistema ripário depende do valor e da atenção que as pessoas têm por ele, em função da percepção estética e do conhecimento dos ganhos ambientais proporcionados. Sem dúvida, essa interação com o social suscita importantes questões sobre as estratégias mais adequadas e eficazes para a conservação e a restauração dos ecossistemas ripários (Lee, 1992).

Implicações Práticas do Manejo

Embora o conceito de manejo sustentável dos recursos naturais nunca possa ser implementado por meio de fórmulas universais, não restam dúvidas de que é necessário desenvolver modelos alternativos de manejo para frear o processo de degradação ambiental. Uma alternativa consensual que ganhou ímpeto em anos recentes consiste em um manejo sistêmico, ou integrado, que permita a produção de bens e serviços demandados pela sociedade, mas ao mesmo tempo garanta a manutenção dos processos ecológicos no contexto da paisagem em termos de biodiversidade, saúde da microbacia e recursos hídricos. Nesse sentido, o manejo das zonas ripárias das microbacias, que deve incluir tanto a sua manifestação geomorfológica, ou seja, sua dinâmica espacial e temporal, quanto a vegetação característica que nela ocorre, vem sendo cada vez mais reconhecido como importante medida sistêmica de manejo ambiental (Naiman et al., 1992). Assim, deve-se considerar como importante avanço em nosso país as propostas de reformulação do Código Florestal, como as contidas na Medida Provisória 2.166, de agosto de 2001, as quais, ao se referirem às margens dos cursos d'água e às cabeceiras de drenagem, definem Área de Preservação Permanente como "a área", ou seja, a zona ripária "coberta ou não por vegetação nativa, que tem função ambiental de preservar recursos hídricos, paisagem, estabilidade geomorfológica, biodiversidade, fluxo gênico de fauna e flora, proteger o solo e assegurar o bem-estar das populações humanas". Trata-se realmente de um avanço, não no sentido de que o rigor da lei possa um dia vir a ser implementado dentro da dinâmica espacial e temporal da zona ripária para as diferentes condições ecológicas e geomorfológicas das microbacias (ver Figura 1), mas, sim, no sentido do reconhecimento de que o que se procura preservar são os serviços ambientais desempenhados pelo ecossistema ripário ao longo da paisagem. Esses serviços, que no conjunto desempenham a função de tamponamento entre os terrenos mais elevados da microbacia, normalmente impactados pelo uso intensivo dos recursos naturais, e o ecossistema aquático, dependem da manutenção da integridade do ecossistema ripário (Lee et al., 1992; Fisher et al., 1998).

O poder tampão do ecossistema ripário ocorre pela interceptação dos processos hidrológicos predominantes no escoamento direto da microbacia, os quais dependem do solo, principalmente de sua permeabilidade, das práticas de manejo, da declividade, da existência de áreas geradoras de escoamento superficial hortoniano, etc. A predominância de um ou outro processo, por sua vez, varia espacial e temporalmente. Dessa forma, fica evidente que a permanência desse poder tampão e, conseqüentemente, dos serviços ambientais proporcionados pelo ecossistema ripário, depende fundamentalmente de práticas sustentáveis de manejo na escala da microbacia (Tabela 1). Em outras palavras, em termos de manejo da zona ripária, a primeira preocupação reside na manutenção de sua integridade, mas esta depende totalmente de práticas sadias de uso da terra. Por outro lado, uma vez que é muito difícil e muito cara a recuperação ambiental de um rio poluído, essa estratégia de manejo das microbacias, em que o processo de tamponamento pelo ecossistema ripário é muito mais eficaz, é, sem dúvida, a mais racional para manter os recursos hídricos e a qualidade ambiental de nossos rios (Nakamura, 1995; Naiman & Décamps, 1997).

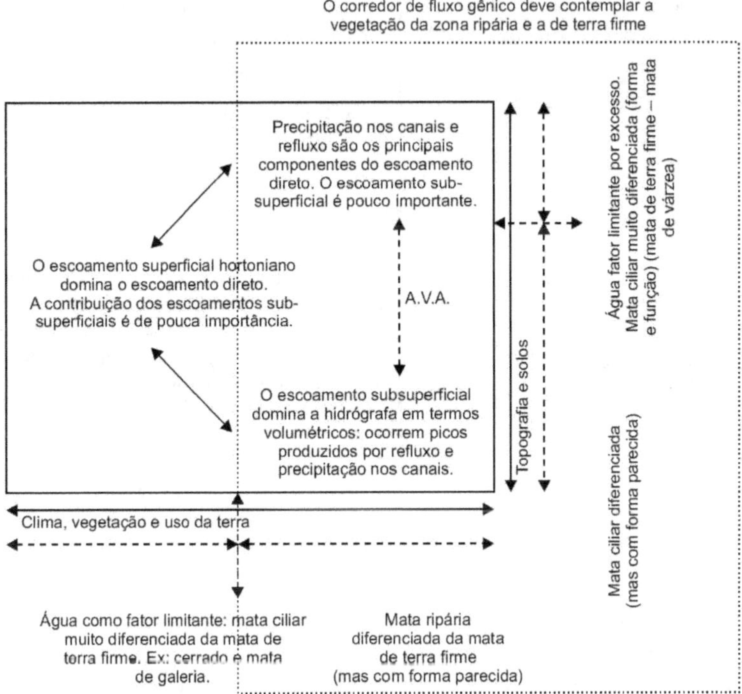

Figura 1 – Proposta de diferenciação das zonas ripárias em relação aos processos hidrológicos preponderantes na geração do escoamento direto nas microbacias e às diferenças de solo, clima, topografia, vegetação e uso da terra (Zákia, 1998).

Tabela 1   Atividades de manejo florestal que pomovem as funções previstas para as zonas ripárias (modificado de Zakia & Santos, 2004).

Função prevista	Atividades promotoras
1) Preservar os recursos hídricos 2) Proteger o solo 3) Preservar a estabilidade geológica	Considerar a microbacia hidrográfica no planejamento. Traçado, densidade e manutenção de estradas e carreadores adequados. Cultivo mínimo no preparo de solo. Deixar restos de cultura após a colheita. Evitar o uso da queimada. É imprescindível a proteção dos cursos d'água e das nascentes com a vegetação ripária.
4) Preservar a paisagem 5) Preservar a biodiversidade 6) Preservar o fluxo gênico de fauna e flora	Manter a área de florestas plantadas em forma de mosaico estrutural. Planejar as áreas de preservação permanente e de reserva legal de modo a garantir a intercalação de fragmentos de vegetação natural com áreas plantadas, preservando também a conectividade e a permeabilidade entre elas. Considerar também aspectos estruturais (fisionomia) da paisagem em termos da complexidade do arranjo espacial dos fragmentos, assim como densidade e complexidade dos corredores de habitat. Monitorar aspectos funcionais dessa conectividade em termos de resposta biológica de espécies da fauna.

Como bem colocado por Gunderson (2000) em uma recente e ampla revisão sobre o conceito de resiliência ecológica, a resiliência do ecossistema ripário, definida como a quantidade de alteração que o mesmo pode absorver sem mudar seu estado, depende, primeiramente, da diversidade dos grupos funcionais que definem a composição e a estrutura da vegetação ripária. Quando esse ecossistema perde resiliência, ele se torna mais vulnerável a perturbações que, de outro modo, seriam normalmente absorvidas. Nesse sentido, a gradativa perda de resiliência dos ecossistemas ripários e toda a degradação hidrológica dela decorrente foram, sem dúvida, os impactos ambientais mais evidentes do sistema tecnocrata de uso dos recursos naturais, que procurou maximizar a produtividade por meio do controle de toda fonte externa de variabilidade. Ou seja, as incertezas características dos sistemas naturais foram substituídas pela certeza do controle.

O resgate de uma estratégia mais sistêmica de manejo passa, antes de tudo, pela agregação de resiliência aos ecossistemas ripários, o que pode ser obtido por meio dos seguintes mecanismos, que, por sua vez, não operam isoladamente (Gunderson, 2000):

- aumento de sua capacidade tampão: para isso é fundamental levar em conta as relações hidrológicas da zona ripária, de acordo com o discutido neste capítulo;
- sistemas de manejo que levam em conta os processos ecológicos em múltiplas escalas, ou seja, não basta apenas manter a mata ciliar;
- existência de fontes de renovação (núcleos de vida), isto é, manejo que leva em conta a permanência da biodiversidade na escala da paisagem.

Outras estratégias de manejo das zonas ripárias incluem, por exemplo (Blin & Kilgore, 2001):

- identificar os limites da zona ripária, inclusive sua dinâmica temporal;
- minimizar as travessias dos cursos d'água por estradas e carreadores;
- locar o ponto de travessia do curso d'água de modo a minimizar os impactos ambientais;
- locar o traçado de estradas e carreadores fora das zonas ripárias;
- locar áreas específicas de manutenção e armazenamento de máquinas e equipamentos fora da zona ripária;
- na fase de preparação da colheita, não empurrar os resíduos acumulados nos carreadores para dentro da zona ripária.

Conclusão

A zona ripária de uma microbacia, que inclui principalmente as margens e as cabeceiras dos cursos d'água, caracteriza-se como um habitat de extrema dinâmica, diversidade e complexidade. Em sua integridade, que inclui a vegetação ripária e o conjunto das interações entre os componentes bióticos e abióticos, constitui o ecossistema ripário, que desempenha um dos mais importantes serviços ambientais: a manutenção dos recursos hídricos, em termos de vazão e de qualidade da água, assim como do ecossistema aquático. Essa interface pode ser vista em analogia a uma membrana semipermeável que regula os fluxos de energia e de matéria entre os sistemas terrestres e aquáticos. Além de ser muito sensível a mudanças ambientais, é fator-chave para a manutenção da resiliência da microbacia. A dinâmica da zona ripária decorre da própria hidrologia dos cursos d'água, caracterizada por uma contínua e incessante variação em termos de regime de vazão, erosão dos canais, seca, cheia, microclima, etc., que resulta em condições de extrema dificuldade para a ocorrência das espécies vegetais. Dessa forma, a diversidade e a complexidade da vegetação ripária são o reflexo do processo evolutivo que desenvolveu mecanismos e estratégias reprodutivas próprias para a sobrevivência nessas condições. Dessa complexidade dependem também as relações ecológicas das zonas ripárias, em termos de inúmeras interações e processos vitais para a manutenção do ecossistema aquático, como o suprimento de resíduos vegetais responsáveis por importantes processos biofísicos; o suprimento de matéria orgânica particulada e dissolvida, essencial para a nutrição de organismos aquáticos; o desempenho de sua função de filtragem biológica de nutrientes provenientes dos terrenos mais elevados da microbacia; e sua função como habitat e refúgio da fauna. Esse conhecimento atual das relações hidrológicas do ecossistema ripário é, sem dúvida, crucial para propostas de recuperação de matas ciliares, assim como para o equacionamento de freqüentes conflitos relacionados ao manejo dessas áreas de preservação permanente.

Bibliografia

AB'SABER, A. N. O suporte geoecológico das florestas beiradeiras (ciliares). In: RODRIGUES, R. R.; e LEITÃO FILHO, H. F. (Eds.). *Matas ciliares – conservação e recuperação*. EDUSP/FAPESP, 2000. p. 15-25.

BLINN, C. R.; KILGORE, N. A. Riparian management practices. *Journal of Forestry*, v. 99, n. 8, p. 11-17, 2001.

BOHN, B. A.; KERSHNER, J. L. Establishing aquatic restoration priorities using a watershed approach. *Journal of Environmental Management*, v. 64, p. 355-363, 2002.

CHORLEY, R. J. The hillslope hydrological cycle. In: KIRKBY, M. J. (Ed.). *Hyllslope hydrology*. John-Wiley, 1978. p. 1-42.

DÉCAMPS, H. Towards a landscape ecology of river valleys. In: COOLEY, J. H.; GOLLEY, F. B. (Eds.). *Trends in ecological research*. New York: Plenum Press, 1984. p. 163-178.

DUNNE, T. Field studies of hillslope flow process. KIRKBY, M. J. (Ed.). *Hillslope hydrology*. John-Wiley, 1978. p. 227-293.

DÉCAMPS, H. How a riparian landscape finds form and comes alive. *Landscape and Urban Planning*, v. 57, p. 169-175, 2001.

DURIGAN, G.; RODRIGUES, R. R.; SCHIAVINI, I. A heterogeneidade ambiental definindo a metodologia de amostragem da mata ciliar. In: RODRIGUES, R. R.; LEITÃO FILHO, H. F. (Eds.). *Matas ciliares – conservação e recuperação*. EDUSP/FAPESP, 2000. p. 159-168.

FAIL, J. L.; HAINES, B. L.; TODD, R. L. Riparian forest communities and their role in nutrient conservation in an agriculture watershed. *American Journal of Alternative Agriculture*, v. 2, n. 3, p. 114-121, 1987.

FISHER, S. G.; GRIMM, N. B.; MARTI, E.; HOLMES, R. M.; JONES Jr., J. B. Material spiraling in stream corridors: a telescoping ecosystem model. *Ecosystems*, v. 1, p. 19-34, 1998.

FRANKLIN, J. F. Scientific basis for new perspectives in forest and streams. In: NAIMAN, R. J. (Ed.). *Watershed management balancing sustainability and environmental change*. Springer-Verlag, 1992. p. 25-72.

GREGORY, S. V.; SWANSON, F. J.; MCKEE, W. A.; CUMMINS, K. W. An ecosystem perspective of riparian zones. *BioScience*, v. 41, n. 8, p. 540-551, 1992.

GUNDERSON, L. H. Ecological resilience – in theory and application. *Annual Review of Ecology and Systematics*, v. 31, p. 425-439, 2000.

HEWLETT, J. D.; HIBBERT, E. Factors affecting the response os small watersheds to precipitation in humid areas. In: *International Symposium on Forest Hydrology*. Pergamon Press, 1967. p. 275-290.

ILHARDT, B. L.; VERRY, E. S.; PALIK, B. J. Defining riparian areas. In: VERRY et al. (Ed.). *Riparian management in forests of the continental eastern United States*. London: Lewis Publishers, 2000. p. 23-42.

LEE, R. G. Ecologically effective social organization as a requirement for sustainable watershed ecosystems. In: *Watershed management* – balancing sustainability and environmental change. New York: Springer Verlag, 1992. p. 73-90.

LEE, R. G.; FLAMM, R.; TURNER, M. G.; BLEDSOE, C.; CHANDLER, P.; DEFERRARI, C.; GOTTFRIED, R.; NAIMAN, R. J.; SCHUMAKER, N. Integrating sustainable development and environmental vitality: a landscape ecology approach. In: *Watershed management* – balancing sustainability and environmental change. Springer-Verlag, 1992. p. 499-521.

LIKENS, G. E. *The ecosystem approach:* its use and abuse. Germany: Ecology Institute, 1992. 165 p.

LIMA, W. P.; ZAKIA, M. J. B. Hidrologia de matas ciliares. In: RODRIGUES, R. R. & LEITÃO FILHO, H. F. (Eds.). *Matas ciliares* – conservação e recuperação. EDUSP/FAPESP, 2000. p. 33-44.

NAIMAN, R. J.; DÉCAMPS, H. The ecology of interfaces: riparian zones. *Annual Review of Ecology and Systematics*, v. 28, p. 621-658, 1997.

NAIMAN, R. J.; BEECHIE, T. J.; BENDA, L. E.; BERG, D. R.; BISSON, P. A.; MACDONAL, L. H.; O'CONNOR, M. D.; OLSON, D. L.; STEEL, E. A. Fundamental elements of ecologically healty watersheds in the Pacific Northwest Coastal ecoregion. In: *Watershed management* – balancing sustainability and environmental change. Springer-Verlag, 1992. p. 127-188.

NAKAMURA, F. Structure and function of riparian zone and implications for Japanese river management. *Transactions, Japanese Geomorphological Union*, v. 16, n. 3, p. 237-256, 1995.

O'LOUGHLIN, E. M. Prediction of surface saturation zones in natural catchments by topographic analysis. *Water Resources Research*, v. 22, n. 5, p. 794-804, 1986.

RODRIGUES, R. R.; NAVE, A. G. Heterogeneidade florística das matas ciliares. In: *Matas ciliares* – conservação e recuperação. EDUSP/FAPESP, 2000. p. 45-72.

RODRIGUES, R. R.; SHEPHERD, G. J. Fatores condicionantes da vegetação ciliar. In: *Matas ciliares* – conservação e recuperação. EDUSP/FAPESP, 2000. p. 101-108.

SIMÕES, L. B. *Integração entre um modelo de simulação hidrológica e sistema de informação geográfica na delimitação de zonas tampão ripárias*. 2001. 171 f. Tese (Doutorado) – UNESP, Botucatu.

STANFORD, J. A.; WARD, J. V. Management of aquatic resources in large catchments: recognizing interactions between ecosystem connectivity and environmental disturbanced. In: *Watershed management* – balancing sustainability and environmental change. New York: Springer Verlag, 1992. p. 91-124.

ZAKIA, M. J. B. Identificação e caracterização da zona ripáriaem uma microbacia experimental: implicações no manejo de bacias hidrográficas e na recomposição de matas nativas. 1998. Tese (Doutorado) – EESC/USP.

ZAKIA, M. J. B.; SANTOS, J. D. As funções das APP's e as atividades florestais. In: RODRIGUES, V. A.; STARZYNSKI, R. (Eds.). *Workshop em manejo de Bacias hidrográficas*. Botucatu: Unesp, 2004. p. 165-167.

Capítulo VII

Delimitação da Zona Ripária em uma Microbacia

Maria José Brito Zakia
Fernando Frosini Barros Ferraz
Antonio Marozzi Righetto
Walter de Paula Lima

Introdução

As zonas ripárias constituem parte importante da microbacia, tanto do ponto de vista estético como ecológico, em termos de biodiversidade, e principalmente hidrológico. Elas se caracterizam pela condição de saturação decorrente da superficialidade do lençol freático na maior parte do ano, de modo que há predomínio de espécies tipicamente adaptadas a essas condições edáficas.

Dessa forma, do ponto de vista da conservação da saúde da microbacia e conseqüentemente dos recursos hídricos, parece lógico concluir que a delimitação da zona ripária é o primeiro passo fundamental. Essa delimitação pode ser aferida por métodos expeditos, como pela presença da vegetação característica de áreas saturadas ou pela cor e tipo de solo.

O objetivo deste capítulo é apresentar uma metodologia de fácil aplicação para a identificação da zona ripária de uma microbacia experimental e que possa ser empregada no planejamento do uso do solo.

Fundamentos

Pode-se definir gestão ambiental como a tentativa de: a) avaliar valores-limite das perturbações e alterações que, uma vez excedidos, resultam em recuperação bastante demorada do meio ambiente e b) manter os ecossistemas dentro de suas zonas de resiliência, de modo a maximizar a recuperação dos recursos do ecossistema natural em favor do homem, assegurando sua produtividade prolongada. Por sua vez, resiliência é a capacidade de um ecossistema retornar a seu estado de equilíbrio dinâmico após sofrer alteração ou agressão

Uma área ripária é um ecótono tridimensional com interações que incluem os ecossistemas aquáticos e terrestres, os quais se estendem desde o lençol freático, passando pelas copas das árvores e pelas planícies de inundação até as encostas por onde a água é drenada. Talvez mais do que qualquer outra característica da paisagem, as áreas ripárias focam o conceito de paisagem nas conexões entre as comunidades de peixes e outros animais nas interações entre sítio e regeneração florestal e entre economia e recreação. Cada uma das áreas de interesse (madeira, água e fauna, recreação, agricultura, transporte) tem razões para definir suas percepções de manejo interdisciplinar em uma estrutura de paisagem, que apresenta diferentes atores e responsáveis. É nessa abordagem de paisagem que o direito de propriedade e a responsabilidade comunitária testam os limites entre o direito privado e o direito do Estado.

As zonas ripárias podem ser entendidas como as zonas saturadas que margeiam os cursos d'água e suas cabeceiras e que podem se expandir durante chuvas prolongadas. O termo área ripária ou ciliar tem sido utilizado para caracterizar tanto a porção do terreno que inclui a ribanceira do rio como a planície de inundação, com suas condições edáficas próprias e a vegetação que aí ocorre, a mata ciliar ou mata ripária.

Essas áreas, em decorrência de sua condição permanente de saturação, propiciam a chamada vegetação ripária. Segundo Likens (1992), essa associação está intimamente relacionada às condições do próprio curso d'água, numa cadeia de inter-relações denominada ecossistema ripário, exemplificada no diagrama da Figura 1. Sob a ótica da hidrologia florestal e levando em conta a integridade da microbacia hidrográfica, as matas ciliares ocupam as áreas mais dinâmicas da paisagem, tanto em termos hidrológicos como ecológicos e geomorfológicos. Essas áreas têm sido chamadas de zonas ripárias (Lima & Zakia, 2000).

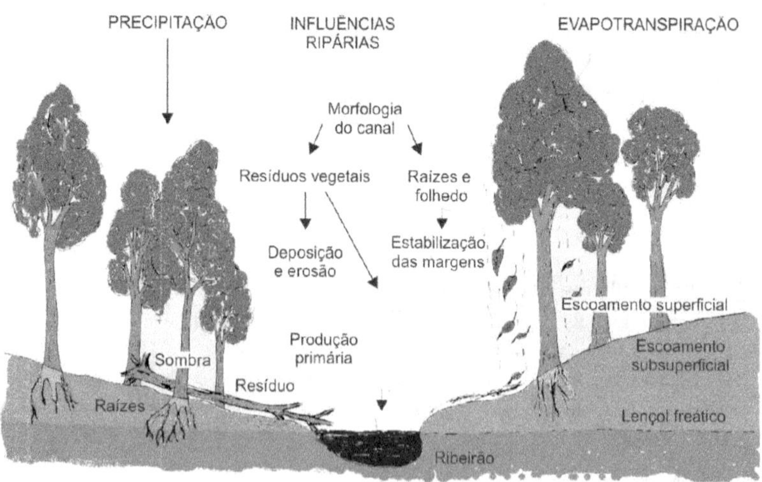

Figura 1   Esquema conceitual de uma zona ripária (modificado a partir de Likens, 1992).

Embora o conceito de zona ripária esteja relativamente bem compreendido, historicamente as definições de áreas ripárias são baseadas em uma única disciplina ou instituição. Elas são frágeis e facilmente perturbadas e cuidados devem ser tomados quando qualquer forma de manejo florestal ocorrer em seus limites. Práticas apropriadas de manejo são necessárias para manter suas funções e minimizar a perturbação aos ecossistemas aquáticos e terrestres, garantindo, portanto, que mantenham sua resiliência.

Segundo Lima (1989), as zonas ripárias participam de processos vitais para a manutenção da saúde da microbacia e conseqüentemente dos recursos hídricos, os quais dizem respeito à geração do escoamento direto nas microbacias em decorrência das chuvas. Para que essas áreas possam exercer sua função hidrológica de maneira eficaz, é fundamental que elas estejam adequadamente protegidas com a vegetação que normalmente se desenvolve nessas áreas, chamada de vegetação ripária, florestas beiradeiras, mata ciliar, mata de galeria, etc.

O escoamento direto consiste na resposta da microbacia a um evento de chuva. De acordo com os trabalhos pioneiros de Horton (1940), sempre que a intensidade da chuva ultrapassa a capacidade de infiltração do solo, ocorre o escoamento superficial em qualquer porção da microbacia. Em condições de cobertura de floresta natural não perturbada, a taxa de infiltração da água no solo é normalmente mantida em seu máximo. Nessas condições, raramente ocorre a formação de escoamento superficial, a não ser em locais afetados pelas atividades relacionadas à exploração da floresta (Pierce, 1967). Em microbacias de clima úmido e com boas condições de cobertura florestal, o escoamento superficial "hortoniano" raramente ocorre, a não ser em partes isoladas, onde há condições de baixa infiltração. Ao longo da área variável de afluência, que se encontra normalmente em condições de saturação, ocorre o chamado escoamento superficial de áreas saturadas. Nas demais partes da microbacia, a água da chuva tende a se infiltrar, alimentando o escoamento subsuperficial, o qual, por ser relativamente rápido, participa também do escoamento direto.

Em trabalho de revisão sobre hidrologia de matas ciliares, Lima (1989) destaca que nas áreas com boas condições de cobertura vegetal a ocorrência de escoamento superficial hortoniano ao longo de todas as partes da microbacia é rara ou mesmo ausente. Por outro lado, algumas áreas parciais podem produzir escoamento superficial mesmo quando a intensidade da chuva é inferior à capacidade de infiltração média para a microbacia como um todo. Essas áreas são:

a) zonas saturadas que margeiam os cursos d'água e suas cabeceiras, as quais podem se expandir durante chuvas prolongadas (zonas ripárias);

b) concavidades do terreno para as quais convergem as linhas de fluxo, como as freqüentemente existentes nas cabeceiras (também parte da zona ripária);

c) áreas de solo raso, com baixa capacidade de infiltração.

Nas situações (a) e (b), o processo é denominado de "escoamento superficial de áreas saturadas" e ocorre mesmo que a intensidade da chuva seja inferior à capacidade de infiltração do solo. Parte desse processo pode ocorrer na forma de interfluxo lateral e, portanto, não se trata de escoamento hortoniano (Chorley, 1978).

Dessa forma, considerando microbacias onde o uso da terra não tenha provocado o aparecimento de áreas compactadas ou impermeáveis, nas quais poderia ocorrer escoamento superficial hortoniano durante as chuvas, as zonas ripárias desempenham papel hidrológico fundamental na geração do escoamento direto. Nas áreas saturadas da microbacia, tanto ao longo das margens da rede de drenagem quanto nas cabeceiras, e até mesmo em manchas de áreas saturadas que podem ser encontradas até nos locais mais elevados da encosta, o que prevalece é o escoamento superficial de áreas saturadas. Essa relação hidrológica na escala da microbacia caracteriza a importância das áreas ripárias e reforça a necessidade de sua identificação e delimitação (Lima, 2003).

Estudo de Caso: a Microbacia da Onça

Este estudo de caso foi desenvolvido na fazenda São Nicolau, município de Arapoti, Estado do Paraná, Brasil, em área pertencente à Indústria de Papel e Celulose Arapoti S/A (INPACEL). De acordo com a classificação de Köppen, o clima na região é de transição entre os tipos Cfa, que é mesotérmico sem estação seca e com verões quentes, e Cfb, que também é mesotérmico entre úmido e subúmido, sem estação seca, mas com verões frescos. As temperaturas médias anuais entre 1984 e 1993 indicam que o período de novembro a março é o mais quente, com temperaturas médias entre 22,3 e 23,6°C. As temperaturas mais baixas registradas variam de 2 a 13°C, com destaque para o período de julho a agosto, com temperaturas mínimas médias entre 2 e 3°C.

Para o desenvolvimento dos trabalhos foi selecionada uma microbacia hidrográfica de 62 ha localizada na área de reserva florestal (reserva Matão) da fazenda São Nicolau. Nela, denominada microbacia experimental da Onça, foi instalada uma estação limnimétrica (vertedor e limnígrafo) para contínua medição do deflúvio. Também foram demarcados três transectos transversais ao curso d'água para estudos de vegetação. A Tabela 1 contém as principais características morfométricas da bacia da Onça. É importante salientar que o presente estudo de caso é parte de um trabalho mais abrangente (Zakia, 1998), no qual a identificação da zona ripária foi confrontada e aferida com a produção de água na bacia e com a presença de espécies indicadoras de áreas úmidas (Gandara et al., 1996). Todavia, este trabalho teve por objetivo a descrição da metodologia utilizada para a identificação da zona ripária, sem entrar em detalhes quanto aos estudos envolvendo a simulação da vazão e a vegetação.

Os principais critérios adotados para a escolha da microbacia experimental foram: (a) área mínima de 50 ha, para permitir os estudos propostos para a vegetação, (b) acesso que possibilitasse a construção de vertedores e a leitura de instrumentos pelo menos a cada 15 dias e (c) área com vegetação nativa com baixo grau de perturbação.

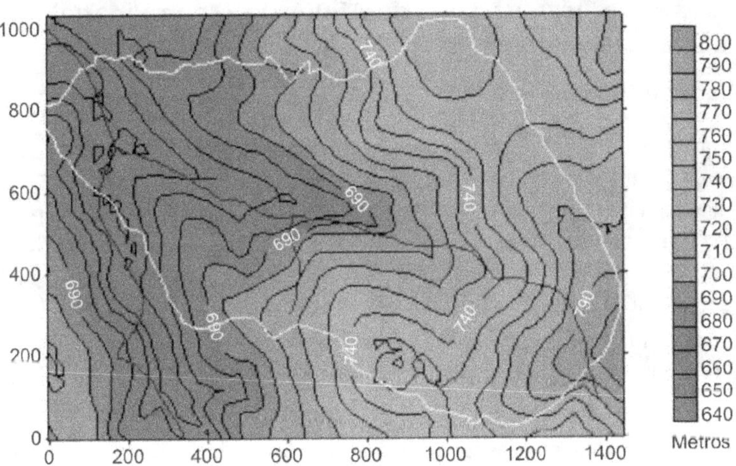

Figura 2   Planta planialtimétrica da área de estudo e a delimitação da microbacia experimental da Onça.

Tabela 1   Caracterização morfométrica da microbacia da Onça.

Característica	
Área (A)	62 ha
Perímetro (P)	3.400 m
Ordem	2
Comprimento do canal principal (L)	1.200 m
Comprimento do eixo principal (Le)	1.250 m
Comprimento total dos canais (Lt)	1.730 m
Densidade de drenagem (DD)	3 km/km^2
Forma da bacia (FF)	0,37
Índice de circularidade (IC)	0,63
Declividade média (%)	18,3%
Orientação	NO

Identificação da Área Variável de Afluência (Zona Ripária) com Utilização do TopModel

Conceituação e Fundamentação Teórica do TopModel

O TopModel é definido pelos próprios autores (Beven et al., 1995) como uma coleção de conceitos que pode ser usada em condições apropriadas, não é e não pretende ser um modelo fechado, sob a forma de "pacote". Este modelo reproduz o comportamento hidrológico de microbacias, em particular da dinâmica das áreas de contribuição. Embora muitos autores descrevam-no como um modelo de base física, parece estar claro que se trata de um modelo antes de tudo conceitual (Franchini et al., 1996).

Em sua fundamentação teórica, o TopModel envolve uma seqüência de simplificações, assumindo quatro premissas básicas preparadas a partir de Beven et al. (1995), Franchini et al. (1996) e Zakia (1998):

- Premissa 1: a dinâmica das zonas saturadas pode ser estimada por sucessivos estados permanentes (*steady-state*);

- Premissa 2: o gradiente hidráulico do escoamento superficial na zona saturada pode ser estimado pela declividade local do terreno (tan β). Isso só será válido caso a microbacia esteja adequadamente discretizada, ou seja, tenha sido estabelecido um modelo digital do terreno com um *grid* adequado;

- Premissa 3: a distribuição da transmissividade da água no solo é função exponencial do déficit de armazenamento de água ao longo do perfil do solo até alcançar a superfície freática, onde impera a condição de saturação.

A transmissividade saturada do solo (T(0)) é o produto da condutividade hidráulica saturada (K(0)) do solo pela profundidade do solo saturado.

A partir das três premissas pode-se expressar a vazão subsuperficial em um ponto, ou seja, em uma célula i da bacia, como segue:

$$qsub_i = T(\theta) * \tan \beta_i \tag{1}$$

Sendo:

$T(\theta)$ = transmissividade da água no solo (m^2/h)

$\tan \beta_i$ = inclinação do terreno na célula i

Mas a transmissividade, de acordo com a premissa 3, pode ser expressa por:

$$T(\theta) = T(0) * e^{-\Delta s/m} \tag{2}$$

Sendo:

$T(0)$ = transmissividade lateral em condições de saturação (m^2/h)

ΔS = variação de armazenamento de água no solo

m = parâmetro de ajuste do modelo representando o fator de redução da curva exponencial. Quanto maior m, menor a diminuição de T com o déficit de armazenamento.

Para entender melhor o termo déficit de armazenamento de água no solo é preciso lembrar que há três teores de umidade do solo utilizados como referência:

- Umidade de saturação (θsat) – ocorre quando todos os poros, tanto macro como micros, estão preenchidos com água;

- Umidade do solo em condições de capacidade de campo (θcc) – ocorre quando todos os microporos estão preenchidos com água (cm^3/cm^3);

- Umidade do solo em condições de murcha permanente (θpmp) – quando a água está retida no solo com tensões maiores do que as plantas conseguem retirar (cm^3/cm^3).

Assim, a partir desses três teores têm-se os seguintes déficits de armazenamento de água de referência:

$\Delta S = (\theta sat - \theta cc).\ z$ – água gravitacional

$\Delta S = (\theta cc - \theta pmp).\ z$ – água disponível para as plantas, sendo z a profundidade do solo na zona das raízes (m).

Substituindo ΔS na equação (2) por $\Delta\theta.z$ tem-se:

$$T(\theta) = T(0)\ e^- \tag{3}$$

e denominando $\dfrac{\Delta\theta}{m}$ como f tem-se:

$$T(\theta) = T(0)\ .\ e^{-f.z} \tag{4}$$

Substituindo $T(\theta)$ da equação (1) pela equação (4) tem-se para cada ponto i a vazão subsuperficial:

$$qsub_i = T(0)_i\ .\ e^{-f.z}_i\ .\ \tan\beta_i \tag{5}$$

Até aqui as premissas foram aplicadas a cada célula, ou seja, para cada ponto i da bacia. Porém, cada uma dessas células ou pontos tem uma área de contribuição, ou seja, uma pequena área da microbacia hidrográfica que drena para elas. Surge então a 4ª premissa, que relaciona $qsub_i$ com a área de contribuição ac_i:

Premissa 4: a vazão subsuperficial – $qsub_i$ – é proporcional ao produto da recarga (r) para a zona saturada pela área de contribuição ao ponto i (ac_i). Ou seja:

$$qsub_i = \alpha r^*\ .\ ac_i \tag{6}$$

Sendo:

r^* a recarga considerada uniforme em toda ac_i (m/h)

Chamando a recarga efetiva $r = \alpha r^*$ tem-se que:

$$qsub_i = r \cdot ac_i \qquad (7)$$

Resultam, portanto, duas expressões, equação (5) e equação (7) para $qsub_i$, igualando-as obtém-se que:

$$T(0)_i \cdot e^{-fz}_i \cdot \tan\beta_i = r \cdot ac_i \qquad (8)$$

ou, explicitando z_i:

$$z_i = -1/f \left(\ln r + \ln \frac{ac_i}{T(0)_i} \right) \qquad (9)$$

Tem-se então uma expressão que relaciona a profundidade da superfície freática no ponto i (z_i) com:

- a topografia (por meio do índice topográfico $\ln(ac_i/\tan\beta_i)$);
- o parâmetro f;
- a transmissividade saturada $(T(0))$;
- a taxa de recarga efetiva (r).

Para toda a bacia, e não mais para cada ponto i, pode-se definir uma profundidade média da superfície freática:

$$\bar{z} = 1/A \cdot \sum_i A_i \cdot z_i \qquad (10)$$

Sendo:

$A = $ área total da bacia (m^2)

$A_i = $ área de cada uma das células que formam a bacia (m^2), determinada a partir do modelo digital do terreno (grid).

Substituindo a equação (9) na equação (10), obtém-se que

$$\bar{z} = 1/A \cdot \sum_i A_i/f \cdot \left(\ln r + \ln \frac{ac_i}{T(0)_i} \right) \qquad (11)$$

e subtraindo z_i de $\bar{z}$:

$$\bar{z} = 1/A \cdot \sum_i \left\{ -A_i/f \left(\ln r + \ln \frac{ac_i}{T(0)_i} \right) \right\} + \left(\ln r + \ln \frac{ac_i}{T(0)_i \tan\beta_i} \right) \qquad (12)$$

Admitindo-se duas simplificações:

- r é uniformemente distribuída em toda bacia;
- f é constante.

a equação (12) transforma-se em:

$$\bar{z} - z_i = 1/A \cdot \sum_i \left\{ -A_i/f \left(\ln r + \ln \frac{ac_i}{\tan\beta_i} - A_i \right) / f \cdot \ln T(0) \right\} + 1/f \left(\ln \frac{ac_i}{\tan\beta} - \ln T(0) \right) \quad (13)$$

Definindo-se

$$\ln T = 1/A \cdot SA_i \cdot \ln T(0)$$

cntão:

$$f \cdot (\bar{z} - z_i) \left[\ln \frac{ac_i}{\tan\beta_i} - \lambda \right] - \left[\ln T(0)_i - \ln \bar{T} \right] \quad (14)$$

ou, ainda, definindo-se

$$g = 1 - \ln T$$

obtém-se que:

$$f \cdot (\bar{z} - z_i) \left[\ln \frac{ac_i}{\tan\beta_i} - \ln T(0)_i \right] - \gamma \quad (15)$$

A partir da equação (2) e equação (3) pode-se finalmente apresentar a equação (16):

$$f \cdot (\bar{z} - z_i) = \frac{\Delta S \quad \Delta S_1}{m} \quad (16)$$

Todos os passos até aqui tratam das premissas básicas do modelo, as quais demonstram ser possível relacionar a topografia e o escoamento subsuperficial em condições saturadas.

Resta agora entender o modelo tanto nas condições saturadas quanto em condições não saturadas. O TopModel considera o solo, em cada ponto i, como um reservatório de água dividido em três zonas:

a) zona das raízes;

b) zona de transmissão;

c) zona saturada.

Na zona das raízes, a variação de armazenamento (ΔS) no período chuvoso varia entre θsat e θcc, enquanto nos períodos sem chuva e em decorrência da evapotranspiração, ΔS varia entre θcc e θpmp (Figura 3).

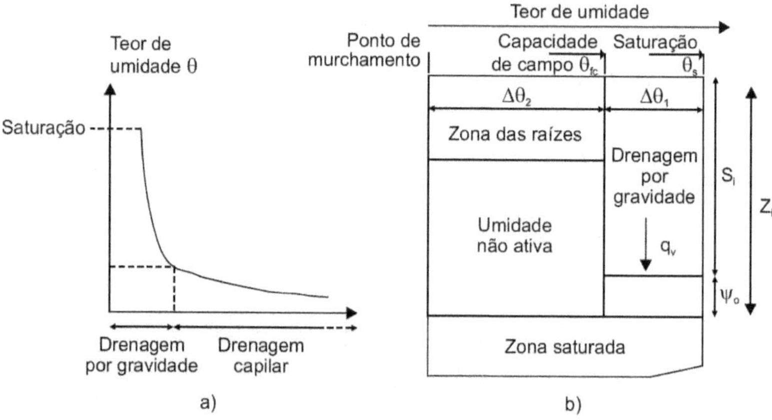

Figura 3   (a) Evolução do teor de umidade em uma recessão e (b) representação esquemática da zona não saturada (Preparada por Moraes (1998) a partir de Beven et al. (1995).

A recarga de água para a zona saturada (isto é, para o lençol freático) é avaliada pela expressão:

$$q_{vi} = K(0)_i \cdot e^{-f.zi} \tag{17}$$

em que $K(0)_i$ é a condutividade hidráulica saturada do solo (m/h) no ponto i.

Considerando-se toda a bacia, a alimentação de água para o lençol freático é:

$$Q_v = \sum_i A_i \cdot q_{vi} \tag{18}$$

A saída da água da bacia a partir do lençol freático, denominada de escoamento base, é calculada pela soma das vazões de saída das células adjacentes ao curso d'água e pode ser expressa por:

$$qb = \bar{A} \cdot e^{-\gamma} \cdot e^{-f.z} \tag{19}$$

Dessa forma, os mecanismos de geração de deflúvio em uma encosta ficam reduzidos a quatro processos, conforme mostra a Figura 4, o que torna evidente as simplificações adotadas.

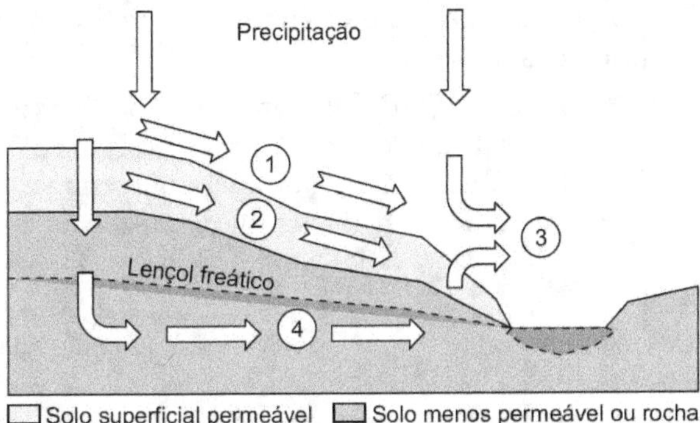

Figura 4   Os quatro processos do mecanismo de geração de deflúvio (Moraes, 1998).

A Figura 5 apresenta o esquema adotado para a microbacia hidrográfica e para a encosta do ponto de vista do uso do TopModel.

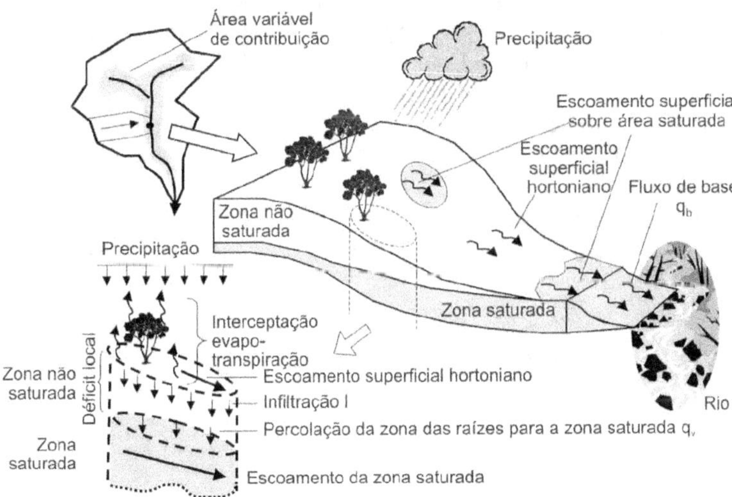

Figura 5   Esquema de uma microbacia hidrográfica no TopModel (Preparado por Moraes, 1998, a partir de Saulnier, 1996).

Preparo do Modelo Digital do Terreno e Cálculo do Índice Topográfico (IT) e das Áreas de Contribuição (ac_i)

O modelo digital do terreno (MDT) foi preparado no ArcView e os valores numéricos de altitude foram os dados de entrada para o programa AVA.exe, que foi compilado a partir do fonte GRIDATB.for (em linguagem Fortran e acompanhando o TopModel), o qual foi modificado, permitindo a entrada de maior número de dados e com saída compatível com os SIGs IDRISI e o ArcView GIS 3.0.

Deve-se destacar que o TopModel é um programa de simulação de vazão que utiliza a identificação das áreas de contribuição do escoamento direto, que nada mais são que as áreas variáveis de afluência. Dessa forma, tornou-se necessário trabalhar separadamente a rotina de identificação da área de contribuição – da qual se pode identificar a zona ripária – da rotina de simulação de vazão.

A primeira variável que surge para a utilização do Topmodel (e também do AVA.exe) é a definição do grid, ou seja, do número de linhas e colunas que formarão a imagem RASTER, sendo recomendável uma resolução de no máximo 50 x 50 m, (Quinn et al., 1995). O dado de entrada para o AVA.exe é a planta altimétrica transformada em modelo numérico do terreno. Escolhido o grid, que no caso foi de 5 x 5 m, e criado o modelo numérico do terreno, foi gerado, por meio do programa AVA.exe, um novo arquivo para a bacia, agora com os valores de IT em vez da altitude.

O IT foi calculado utilizando o algoritmo apresentado por Quinn et al. (1995), que envolve o raciocínio de que para cada célula há oito possíveis direções de fluxo, conforme apresenta o esquema da Figura 6a, em que a célula central pode receber fluxo de oito diferentes células, além da água que cai nela mesma. Cada uma dessas "rotas" é testada a partir da declividade. Assim, dado o MDT de uma área, é possível determinar a direção que a água assumirá para cada célula, gerando-se um grid de direções de fluxo (Figura 6b). Os canais são identificados como linhas de células cuja acumulação de fluxo excede um número específico de células (Figura 6c). Computando o número de células acima de uma célula qualquer na rede de drenagem, determina-se o fluxo acumulado naquela célula (Figura 6d).

Postula-se que a área de contribuição está relacionada à direção e ao comprimento do fluxo, o qual é igual a 50% do comprimento da célula para as direções cardinais e a 35% para as diagonais.

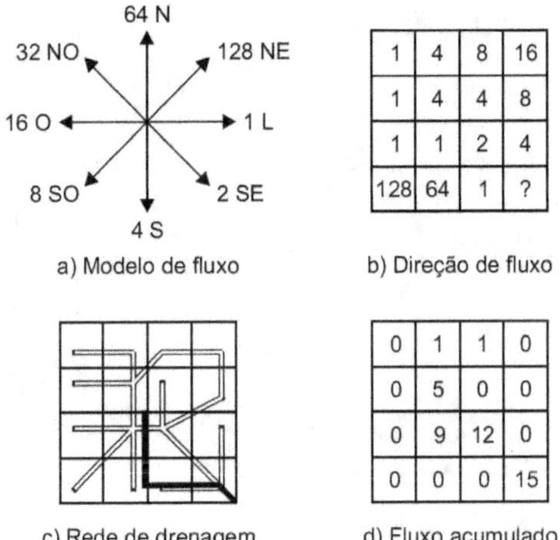

Figura 6   Diagramas esquemáticos: a) do modelo de ponto d'água em oito direções, b) de uma imagem de direção de fluxo, c) da determinação da rede de drenagem e d) da acumulação de fluxo.

A partir desse procedimento, foram obtidos dois resultados: o índice topográfico para cada célula, dividido em 30 classes de freqüência e que pode ser utilizado na rotina de simulação de vazão, e a área de contribuição de cada célula, a partir da qual se identifica a zona ripária. A Figura 7 apresenta um diagrama com as principais operações envolvidas no desenvolvimento da metodologia.

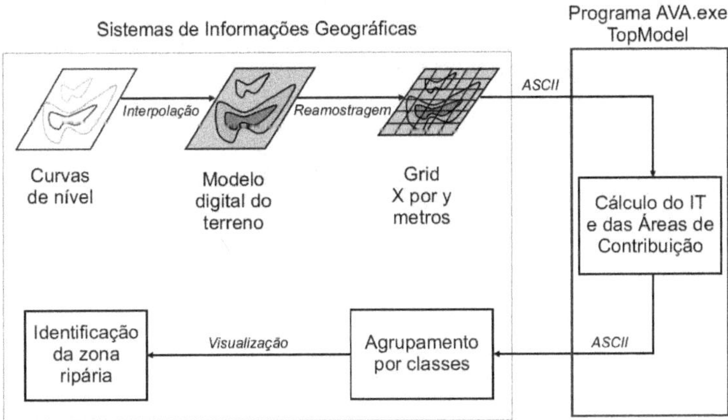

Figura 7   Diagrama esquemático da metodologia utilizada para identificação da zona ripária.

Resultados e Discussão

A Figura 8 apresenta uma imagem com os índices topográficos calculados para a microbacia e a Figura 9, as diferentes classes de contribuição. A Tabela 2 exibe os resultados numéricos obtidos na modelagem da zona ripária, em que se observa a área de contribuição para as células discretizadas e a zona a que pertencem, numa classificação em 3 classes: zona ripária, intermediária e alta.

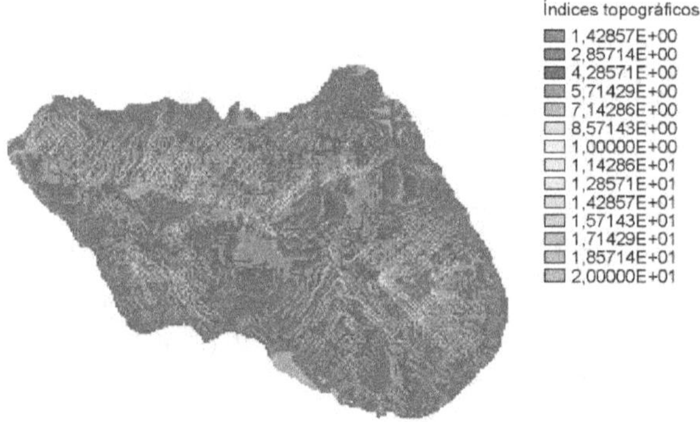

Figura 8   Imagem com os índices topográficos gerados para a microbacia da Onça.

Figura 9   Classes de áreas de contribuição (m²) da microbacia da Onça.

Tabela 2   Resultados numéricos obtidos na modelagem e na classificação das áreas de contribuição da microbacia da Onça.

$A_c\,(m^2)$	Zona
entre 628 e 1.100	Zona ripária
entre 235 e 628	Intermediária
entre 0 e 235	Alta

Comparação entre a Zona Ripária Modelada e a Área de Preservação Permanente Estipulada pela Legislação Vigente

Comparou-se o resultado encontrado para a zona ripária com as exigências do Código Florestal Brasileiro (Lei 4771/65 modificada pela Medida Provisória 2166-67). Essa comparação é apresentada de forma gráfica na Figura 10. Em termos quantitativos, as áreas ocupadas pela APP (6,8 ha) e pela zona ripária (6,2 ha) são semelhantes. Todavia, enquanto o Código Florestal exige uma faixa de preservação ao longo dos cursos d'água, as áreas realmente importantes para a proteção das microbacias e dos recursos hídricos se encontram agrupadas de maneira diferente.

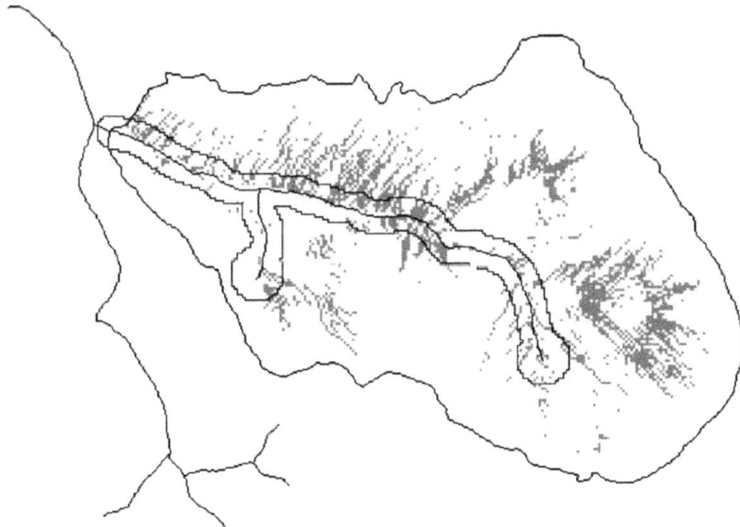

Figura 10 Comparação entre a modelagem da zona ripária (áreas hachuradas) e a delimitação da Área de Preservação Permanente (linha que demarca os 30 m em ambas as margens da rede hidrográfica) exigida pelo código florestal.

Os canais intermitentes são importantes na geração do escoamento direto em uma microbacia e a sua proteção é imprescindível para a manutenção de sua saúde. No entanto, não se sugere modificar a lei, que é bastante adequada para a proteção dos cursos d'água, mas vale a pena iniciar uma discussão sobre as bases técnicas das normas florestais vigentes. Esses conhecimentos devem ser incorporados ao manejo de bacias hidrográficas e ao monitoramento ambiental de microbacias. Uma microbacia pode ter sua zona ripária identificada e se ela não puder ser incorporada a uma APP deve no mínimo ser submetida a uso especial.

Atualmente, diversos SIGs disponíveis no mercado dispõem de algoritmos com rotinas hidrológicas, como as que geram a direção de fluxo e o fluxo d'água acumulado, permitindo a simulação da rede de canais existente na microbacia. A dificuldade está em determinar corretamente a área mínima de contribuição para surgimento de um canal e quais deles são os intermitentes. A Figura 11 apresenta um fluxo d'água acumulado no qual se observa a disposição semelhante dos canais com a zona ripária modelada, que pode ser identificada pela maior densidade de canais simulados. Dessa forma, nos casos em que a modelagem da zona ripária seja tecnicamente inviável, é possível lançar mão de uma aproximação utilizando rotinas preexistentes.

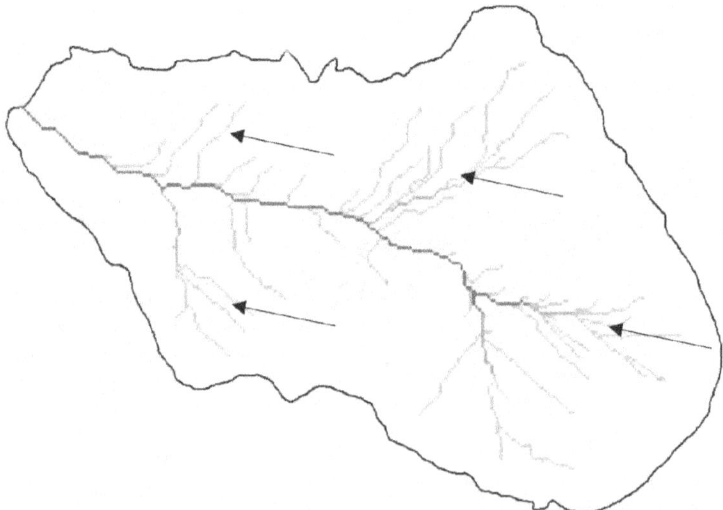

Figura 11 Imagem do acúmulo de fluxo d'água na bacia estudada, que permite a identificação da zona ripária pela maior densidade de canais simulados.

Conclusão

A zona ripária pode ser identificada a partir do modelo de elevação do terreno se o escoamento direto da bacia for predominantemente representado pelo escoamento subsuperficial. Na microbacia em estudo, a zona ripária representou 10,4% de sua área, valor muito próximo da APP prevista em lei (11%).

A não coincidência entre a zona ripária e a APP prevista não deve (e não pode) ser vista como uma necessidade de mudar a lei, mas, sim, como um início para discutir as bases técnicas da legislação florestal em vigor. A identificação da zona ripária deve ser encarada com um requisito básico para o manejo sustentável, ou seja, para a manutenção, da saúde da microbacia. Nesse sentido, uma vez delimitada a área ripária da microbacia, esta, idealmente, deveria ser a área protegida pela vegetação ripária. Se isso for inviável, a delimitação da zona ripária permite pelo menos a classificação de zonas diferenciadas de manejo, o que já significa um avanço na busca do manejo sustentável.

Bibliografia

BEVEN, K. J. et al. *User's guide to the distribuions versions*. CRES Technical Report TR 110. 2. ed. Lancaster University, 1995. p. 26.

CHORLEY, R. J. The hillslope hydrological cycle. In: KIRBY, M. J.(Ed.). *Hillslope Hydrology*. John Wiley and Sons, 1978. p. 1-42.

FRANCHINI, M.; WENDLING, J.; OBLED, C.; TODINI, E. Physical interpretation and sensivity analysis of TOPMODEL. *Journal of Hydrology*, v. 175, p. 293-338, 1996.

GANDARA, F. B.; ZAKIA, M. J. B.; KAGEYAMA, P. Y.; LIMA, W. P.; CESARE, C. G. Padrões de distribuição espacial de espécies arbóreas em relação ao curso d'água em duas microbacias, em Arapoti, Paraná. In: INTERNATIONAL SYMPOSIUM ON ASSESSMENT AND MONITORY OF FORESTS IN TROPICAL DRY REGIONS WITH SPECIAL REFERENCE TO GALLERY FORESTS. *Abstracts*, 1996. p. 19.

HORTON, R. E. An approach toward a physical interpretation of infiltration capacity. *Soil Science Society of America Proc*, v. 5, p. 399-417, 1940.

LIKENS, G. E. The ecosystem approach: its use and abuse. In: KINE, O. (Ed.). *Excellence in Ecology*. book 3, 1992. 165 p.

LIMA, W. P. Função hidrológica da mata ciliar. In: BARBOSA, L. M. (Ed.). SIMPÓSIO SOBRE MATA CILIAR. *Anais...* Fundação Cargill, 1989. p. 25-42.

LIMA, W. P. Relações hidrológicas em matas ciliares. In: HENRY, R. (Ed.). *Ecótonos nas Interfaces dos Ecossistemas Aquáticos*. São Carlos: RiMa Editora, 2003. p. 293-300.

LIMA, W. P.; ZAKIA, M. J. B. Hidrologia de matas ciliares. In: RODRIGUES, R. R.; LEITÃO FILHO, H. F. (Eds.). *Matas ciliares*: conservação e recuperação. EDUSP/FAPESP, 2000. p. 33-44.

MORAES, J. M. Aplicação do TOPMODEL na bacia do rio Corumbataí. 1998. Relatório de Pós-Doutorado, FAPESP/CENA.

PIERCE, R. S. Evidence of overland flow on forest watershed. In: *International Symposium on Forest Hydrology*. Pergamon Press, 1967. p. 247-254.

QUINN, P. F.; BEVEN, K. J.; LAMB, R. The ln (a/tan B) index: how to calculate it and how to use it in TOPMODEL framework. *Hydrologycal Process*, v. 9, p. 161-182, 1995.

SAULNIER, G. M. *Information pedologique spatialisee et traitments topographiques ameliores dans la modelisation hydrologique par TOPMODEL*. 1996. 288 f. Tese (Doutorado) – INPG, Grenoble, France.

ZAKIA, M. J. B. *Identificação e caracterização da zona ripária em uma microbacia experimental*: implicações no manejo de bacias hidrográficas e na recomposição de florestas. 1998. 98 f. Tese (Doutorado) – Escola de Engenharia de São Carlos, Universidade de São Paulo, São Carlos, SP.

Capítulo VIII

Critérios e Indicadores Hidrológicos de Monitoramento em Microbacias

Carla Daniela Câmara
Walter de Paula Lima
Maria José Brito Zákia

Introdução

Uma vez definido o quadro conceitual do termo "sustentabilidade", tornou-se evidente a necessidade de desenvolver instrumentos que permitam avaliar o progresso do estado das florestas (e de todos os recursos que elas englobam, inclusive os hídricos) diante dos novos valores considerados sobre o manejo florestal. A partir dessa necessidade, surgem os conceitos de critérios e de indicadores do manejo florestal sustentável.

Conforme definido no Capítulo III, esses critérios caracterizam ou definem elementos essenciais ou conjuntos de condições e processos que permitem avaliar o manejo florestal sustentável. Mas como avaliar o estado desses elementos, a manutenção e as condições essenciais desses processos no contexto da preservação dos recursos naturais concomitantemente às atividades de manejo florestal? A existência ou não de alterações, assim como o sentido dessas alterações dentro de cada critério, é mostrada pela medição periódica de determinadas variáveis denominadas indicadores. Prabhu et al. (1998) definem um indicador como uma variável ou componente do ecossistema florestal que pode ser utilizado para avaliar a sustentabilidade de um recurso ou de sua utilização.

O primeiro passo para selecionar os indicadores é definir, no contexto do manejo florestal sustentável, o objetivo específico para o qual se está buscando esses indicadores. No caso de indicadores hidrológicos, o *objetivo* é a manutenção da *saúde hidrológica da microbacia*, a qual compreende alguns *critérios* fundamentais: perpetuação de seu funcionamento hidrológico (quantidade e qualidade de água e regime de vazão) e do potencial produtivo do solo ao longo do tempo (biogeoquímica da microbacia). Esses, por sua vez, guardam relação direta com a integridade do ecossistema ripário, o qual também agrega valores de biodiversidade na escala da paisagem.

Para cada um desses critérios, há uma ou mais variáveis que podem ser consideradas boas indicadoras. Tanto o processo de seleção dessas variáveis como sua utilização na avaliação da sustentabilidade do manejo florestal serão possíveis apenas por meio da utilização de um programa de monitoramento adequado.

Este capítulo descreve os resultados alcançados ao longo de 15 anos da Rede de Monitoramento Ambiental em Microbacias (ReMAM), programa cooperativo estabelecido pelo Instituto de Pesquisas e Estudos Florestais (IPEF) em parceria com empresas do setor florestal para o monitoramento hidrológico de florestas plantadas, utilizando a metodologia de microbacias experimentais. O objetivo principal desse programa, desde sua idealização, foi monitorar os impactos ambientais do manejo, o que possibilitaria identificar indicadores hidrológicos para o manejo florestal sustentável.

Os avanços alcançados no monitoramento das microbacias hidrográficas envolvidas no projeto, localizadas em diferentes regiões do Brasil (Figura 1), compreendem tanto aspectos metodológicos como a inserção do conceito de regionalização na aplicação dos resultados.

Figura 1 Localização das microbacias integrantes da Rede de Monitoramento Ambiental em Microbacias. ● = microbacias experimentais.

Tendo como norteador o propósito de associação entre as atividades de manejo e a resposta hidrológica das microbacias, o programa desenvolveu-se na interface entre a pesquisa florestal e as práticas de manejo florestal aplicadas em diferentes microbacias.

Os indicadores sugeridos aplicam-se ao monitoramento hidrológico do manejo de florestas plantadas, desde que a condição essencial para o estabelecimento do empreendimento florestal tenha sido atendida: avaliação, para efeitos do estabelecimento do plano de manejo, da disponibilidade hídrica natural da região onde se localiza a unidade de manejo. O conhecimento da disponibilidade hídrica de uma região é de fundamental importância para a produção florestal, bem como para evitar eventuais problemas de uso conflitivo da água.

A Microbacia como Área Piloto para o Monitoramento Hidrológico de Florestas Plantadas: Bases Metodológicas

Datam do início do século XX os primeiros estudos que, tendo a microbacia hidrográfica como unidade experimental, buscavam compreender as relações entre a cobertura florestal, a quantidade e a qualidade da água. Entre eles, podemos citar Engler (1919), que registra os primeiros resultados de estudos desenvolvidos na Suíça, e Bates & Henry (1928), nos Estados Unidos. Desde então, diversos estudos dessa modalidade vêm sendo desenvolvidos, destacando-se os trabalhos pioneiros realizados nas estações experimentais de Coweeta e Hubbard Brook, nos EUA (Whitehead & Robinson, 1993). A partir da década de 1960, os estudos em microbacias avançaram muito. Com uma visão integrada do ecossistema, passaram a incorporar, além do aspecto quantitativo da produção de água, a qualidade da água, a ciclagem de nutrientes e a biota aquática (Whitehead & Robinson, 1993).

Walling (1980), em seu conceito de microbacia hidrográfica, sintetiza a base teórica para os estudos de hidrologia em microbacias, definindo-a como unidade natural da paisagem, que representa a definição espacial de um ecossistema aberto, em que ocorre contínua troca de energia com o meio, o que faz com que a qualidade da água nela produzida seja resultado de diversas características da microbacia, entre as quais se destaca a cobertura vegetal. Essa condição singular permite o estudo da interação entre o uso da terra e a qualidade da água nela produzida.

Para que uma microbacia seja utilizada para o monitoramento hidrológico de florestas plantadas, algumas condições devem ser atendidas para possibilitar o processo de instrumentação e a correta utilização do método hidrométrico. Entre elas descatam-se:

- ser representativa da geomorfologia da região;
- ser representativa dos padrões de produção florestal adotados;
- apresentar vazão perene – bacias com fluxo intermitente dificultam a separação dos efeitos do manejo dos decorrentes das variações naturais do ecossistema;

- condições de acesso adequadas;
- condições adequadas para instrumentação mínima necessária.

Selecionada a microbacia, o próximo passo é a escolha adequada de um ponto ou trecho ao longo do riacho que seja adequado para a construção da chamada estação linimétrica, visando à contínua quantificação da vazão.

O formato e os dispositivos necessários para tal finalidade são bastante variados, dependendo das condições locais. Na maior parte das microbacias já instrumentadas, tem-se mostrado muito adequado o uso de vertedores instalados em uma parede frontal de concreto construída transversalmente à calha do riacho, conforme mostra a Figura 2.

Figura 2   Estação limnimétrica de microbacia localizada no município de Telêmaco Borba, PR.

A estação limnimétrica, a ser instalada em ponto previamente selecionado do canal (Figura 2), localiza-se no exutório da microbacia e é dotada dos seguintes componentes:

A – plataforma de sedimentação;
B – tanque principal de sedimentação e tranqüilização do fluxo;
C – vertedor;
D – abrigo limnígrafo.

O limnígrafo, aparelho que registra as variações da cota no vertedor, é assentado sobre um poço tranqüilizador acoplado ao tanque principal, conforme mostrado na Figura 2. O limnígrafo pode ser mecânico, registrando a variação da altura da lâmina d'água em papel milimetrado, cuja escala corresponde à do vertedor. Essa escala deve ser ajustada de acordo com o vertedor e, para tanto, é necessária a instalação de uma régua limnimétrica junto ao vertedor. Atualmente, são mais utilizados equipamentos digitais, cujos registros de vazão podem ser prontamente lidos em planilhas eletrônicas, tornando mais rápida a disponibilização dos resultados.

Na estação limnimétrica, efetua-se também a coleta periódica de amostras de água do deflúvio, a qual pode ser realizada de várias maneiras, desde o procedimento mais simples de coleta manual no próprio vertedor até por meio da utilização de coletores automáticos. Também são coletadas amostras nas chamadas "garrafas de espera" (Figura 3), que são coletores fixos localizados em diferentes alturas do vertedor.

Figura 3   Garrafas de espera na estação fluviométrica em Telêmaco Borba, PR.

Normalmente, as amostras são coletadas semanalmente junto ao vertedor, formando uma amostra composta que representa o monitoramento mensal. Entretanto, quando há um aumento da vazão que permite a coleta nos coletores fixos, localizados em diferenes níveis acima do vertedor, as amostras são analisadas separadamente, de forma a permitir a comparação entre os valores registrados no escoamento base, que corresponde à amostra coletada manualmente junto ao vertedor, e a coletada no momento do pico de vazão, representada pela amostra coletada nos coletores fixos. Esses dois resultados podem ser bastante diferentes, especialmente em relação à presença de sedimentos em suspensão. Resultados de coletas realizadas em uma microbacia localizada no município de Itatinga, SP, em diferentes datas, são mostrados na Tabela 1, na qual se pode verificar os valores de sedimentos em suspensão nas amostras coletadas junto ao vertedor e também nas coletadas pelos amostradores fixos durante a subida da vazão.

Tabela 1   Concentração de sedimentos em suspensão ($mg.L^{-1}$) em amostras coletadas junto ao vertedor e em coletores fixos, localizados em nível superior, representando o escoamento direto.

Período	Amostra coletada junto ao vertedor	Escoamento direto – pico de vazão (amostra coletada em coletor fixo)
Janeiro de 2002	17,7	30,0
Janeiro de 2003	18,3	59,0
Fevereiro de 2003	33,0	237,0
Março de 2003	18,0	86,0

A composição das amostras semanais em uma amostra mensal é mantida em períodos em que não são realizadas atividades de manejo florestal na microbacia. Durante a realização dessas atividades, as amostras semanais são analisadas separadamente, a fim de facilitar a detecção de alterações na qualidade da água decorrentes do manejo. Os procedimentos de coleta e conservação das amostras devem seguir rigorosamente as recomendações dos laboratórios responsáveis pelas análises.

Identificação dos Critérios e Indicadores Hidrológicos para o Monitoramento em Microbacias

Critério 1: Manutenção dos Processos Hidrológicos

O conhecimento das disponibilidades hídricas de uma região é de significativa importância para a produção florestal.

O balanço hídrico é definido como a contabilidade entre a entrada de água pela precipitação e a perda pela evapotranspiração, resultando na disponibilidade de água para os processos de superfície e de subsuperfície.

Quando se dispõe de uma microbacia experimental devidamente instrumentada para medir a precipitação e o deflúvio, é possível quantificar o balanço hídrico por meio do chamado balanço de massa, ou seja, computando a entrada de água via precipitação e a saída via deflúvio, medida no vertedor. Dessa forma, estima-se a evapotranspiração pela diferença entre a precipitação e o deflúvio, em termos anuais. Nesse caso, trata-se de um indicador em microescala, que permite visualizar a adequação da atividade de produção florestal à disponibilidade natural de água do local.

Considerando um intervalo de tempo de 12 meses, em que o armazenamento inicial e final de água no solo seja mínimo, a variação desse armazenamento tende a zero. Nessas condições, considera-se que a evapotranspiração é igual à diferença entre a precipitação e o deflúvio medido na microbacia, por meio da equação simplificada do balanço hídrico: $ET = P - Q$, sendo: ET = evapotranspiração, P = precipitação e Q = deflúvio.

A evapotranspiração calculada pelo método do balanço de massa em uma microbacia florestal permite uma estimativa local do consumo de água pela floresta, que envolve transpiração e perdas por interceptação e por evaporação direta do solo, que, juntas, compõem a variável "ET" da equação de balanço de massa. O confronto entre o balanço de massa obtido no monitoramento da microbacia com o balanço hídrico regional obtido por meio de algum modelo físico, como o de Thornthwaite & Matter, por exemplo, permite inferir sobre a qualidade das medições de precipitação e deflúvio na microbacia experimental.

A resposta hidrológica da microbacia, também considerada um importante indicador dos processos hidrológicos, é interpretada como o comportamento da microbacia em relação a uma dada chuva, indicando a qualidade do manejo do solo (conservação de suas funções hidrológicas). Para essa análise do regime de vazão da microbacia, é imprescindível medir a intensidade das chuvas (pluviógrafo) e do escoamento direto (limnígrafo), pois a resposta hidrológica é determinada por meio de hidrogramas e análises dos picos de vazão.

Do ponto de vista qualitativo dos processos hidrológicos, a íntima ligação entre a qualidade da água que drena uma microbacia e a sua saúde hidrológica foi amplamente discutida nos capítulos anteriores, o que permite concluir que essa água constitui importante indicador da qualidade das atividades de uso do solo. Há diversos fatores que contribuem para a qualidade da água em uma microbacia. As operações de manejo somam-se a esse complexo conjunto de variáveis, de forma que, do ponto de vista experimental, a separação dos efeitos dessas operações dos decorrentes das variações naturais do ecossistema torna-se muito difícil, especialmente quando o período de caracterização da microbacia é pequeno.

A possibilidade de associação entre as atividades de manejo florestal e a qualidade da água da microbacia pode fornecer informações importantes, tanto do ponto de vista do comprometimento da produtividade, que ocorre por meio de perdas de solo e de nutrientes, como também sob o aspecto da preservação da qualidade da água para a biota aquática.

A escolha de variáveis de qualidade da água que possibilitem essa associação é de fundamental importância para a interpretação dos resultados e para sua aplicação no planejamento das atividades florestais. Essa interligação entre causas e efeitos tem sido o objetivo do monitoramento da qualidade da água nas microbacias. Vale destacar que não se trata de um estudo sobre a qualidade da água com base nos padrões de qualidade existentes, especialmente em função das particularidades litológicas e geomorfológicas de cada uma das microbacias e também da falta de padrões de comparação.

Idealmente, uma microbacia não perturbada, com a cobertura vegetal original da região, forneceria uma ótima referência. Entretanto, há grande dificuldade em encontrar uma microbacia "testemunha", especialmente pela ausência de áreas com vegetação natural com extensão e condições adequadas para serem utilizadas no método de microbacias pareadas. Nesse método, dispõem-se de duas microbacias com as mesmas características morfométricas, de forma que seja possível comparar os dois usos do solo em relação aos indicadores selecionados.

Na ausência de microbacias de referência, partiu-se do pressuposto de que a floresta plantada adulta, com mata ciliar preservada, forneceria boas condições para a preservação da qualidade da água. Raij et al. (1996, apud Mosca, 2003) citam que a magnitude dos fluxos de nutrientes via ciclagem aumenta consideravelmente na fase de fechamento das copas, quando as partes inferiores começam a perder suas folhas em decorrência das limitações de luminosidade. Antes da queda das folhas, grande parte dos nutrientes migra para tecidos mais jovens das árvores. Com a deposição de folhas, galhos e outros resíduos vegetais, forma-se a serapilheira sobre a superfície do solo que, ao se decompor, libera nutrientes para as árvores, os quais são imediatamente aproveitados pelo emaranhado de raízes que se misturam à serapilheira. Sob tais condições, quanto mais velho for o povoamento florestal, menor sua dependência da fertilização, pois a ciclagem de nutrientes, por si mesmo, atende grande parte das exigências nutricionais das árvores. A eficiente utilização dos nutrientes disponibilizados pela serapilheira, bem como a proteção oferecida pelo material depositado sobre o solo, cria condições que reduzem a perda de nutrientes via escoamento subsuperficial para os cursos d'água. Por outro lado, a manta orgânica que se forma sobre o solo oferece proteção contra a erosão, reduzindo a possibilidade de aumentar a concentração de sedimentos em suspensão e a turbidez nos cursos d'água.

A partir desses pressupostos, a seleção de variáveis de qualidade da água e indicadoras da qualidade do manejo florestal foi realizada em duas etapas subseqüentes:

- caracterização da qualidade da água de microbacias com base nos resultados de análises realizadas em períodos em que a floresta plantada não perturbada encontrava-se em idade adulta;

- desenvolvimento de um método que permite inferir se as alterações que ocorrem nos valores das variáveis físicas e químicas de qualidade da água após as operações de manejo são conseqüência dessas operações ou de fatores naturais.

De acordo com Di Stefano (2003), em muitas situações, a diferenciação entre significância estatística e importância ecológica pode ser obtida por meio do cálculo de intervalos de confiança em torno de efeitos já observados em determinados tratamentos.

Da mesma forma, intervalos de confiança foram utilizados para caracterizar a qualidade da água das microbacias com base nos resultados de análises de água realizadas em períodos em que a floresta plantada alcançou a idade adulta.

Para identificar alterações nos resultados do monitoramento das variáveis de qualidade da água entre os períodos anteriores às atividades de manejo com a floresta adulta e posteriores às operações de colheita, preparo e plantio, foi estabelecido um intervalo de confiança para a média dos resultados utilizando o teste "T" (Mann, 1995). Esse intervalo foi criado para o período anterior às operações silviculturais, pressupondo-se que 95% dos dados observados nesse período encontram-se nesse intervalo. A hipótese proposta foi a de que as variáveis sensíveis aos efeitos das operações silviculturais apresentariam resultados fora do intervalo de confiança durante o primeiro ano após as atividades de manejo.

Nesse caso, a atividade considerada foi a colheita manual das árvores em uma microbacia experimental, com enleiramento do material comercializável, representado por troncos de diâmetro superior a 5 cm, e posterior coleta e transporte desse material. Para a retirada do material da área foram utilizados apenas carreadores já existentes, de forma que não houve abertura de novas estradas. O material não comercializável, como folhas e galhos de diâmetro inferior a 5 cm, permaneceu no campo.

Para identificar as variáveis que tiveram alterações significativas em seus valores após as operações silviculturais, os resultados obtidos no primeiro ano após o corte foram plotados junto aos intervalos estabelecidos para as condições de cobertura florestal. Foram considerados efeitos do corte os resultados que estiveram fora dos intervalos estabelecidos para as condições de cobertura florestal. Na Figura 4 está a representação gráfica do intervalo de confiança gerado para a variável condutividade e os valores observados ao longo de cinco anos após a colheita. Verifica-se que a maior resposta ao corte ocorreu durante o primeiro ano após essa atividade, voltando ao intervalo de valores estabelecido anteriormente à colheita a partir do segundo ano (1995 a 1996).

Os intervalos foram construídos a fim de caracterizar a água dos córregos no que diz respeito às variáveis monitoradas no período em que não houve quaisquer interferências do manejo da floresta. Dessa forma, os resultados observados após as atividades de manejo foram considerados conseqüência das mesmas. Vale destacar que, nessa fase, o objetivo da análise estatística foi apenas selecionar variáveis que apresentassem respostas, visando a excluir as que não permitissem inferir uma relação entre o manejo florestal e a qualidade da água na microbacia. Essa possibilidade de interligar os dois processos foi considerada o principal atributo de um bom indicador.

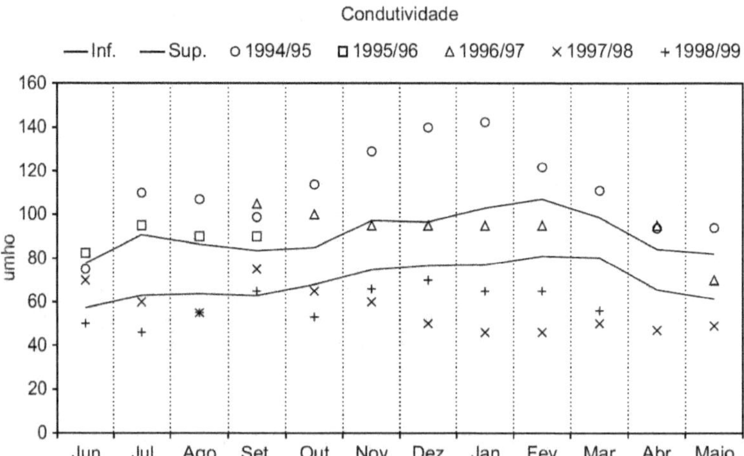

Figura 4 Estimativa do intervalo de confiança para valores de condutividade para microbacia recoberta com floresta adulta e valores observados nos cinco primeiros anos após a colheita da madeira, preparo do solo e plantio. Microbacia localizada em Santa Branca, SP.

As variáveis selecionadas nessa etapa foram: turbidez, condutividade elétrica, sedimentos em suspensão e magnésio.

Entretanto, a qualidade do manejo envolve ainda o uso racional dos fertilizantes para garantir a produtividade. A realização das adubações de forma criteriosa evita a perda de nutrientes e a degradação da qualidade da água. Considerando esse aspecto, foi pertinente a adição de outras variáveis para avaliar a qualidade dessa prática de manejo: nitrogênio e fósforo, cálcio e potássio.

Outra característica importante para um bom indicador foi destacada por Swank et al. (2001) em relação ao íon nitrato. Os autores verificaram, nos resultados de 20 anos de monitoramento de duas microbacias da estação experimental de Coweeta (USA), que as concentrações médias de NO_3 se mantiveram próximas ao limite de detecção do método utilizado para determiná-las em amostras de água. De acordo com os autores, a variação dessas concentrações constitui sensível indicador de distúrbios no ecossistema.

Na rede de monitoramento ambiental de microbacias, observou-se essa característica para o fósforo, que está relacionada às baixas concentrações desse elemento nos solos. A adição de fósforo, por meio de adubações realizadas de forma inadequada, por exemplo, pode atingir os cursos d'água, adicionando carga excessiva capaz de prejudicar o ecossistema aquático. Por outro lado, as características naturais das baixas concentrações desse elemento fazem dessa variável um bom indicador da qualidade das operações florestais.

Em caráter ilustrativo, em uma microbacia localizada na Região Nordeste, no município de Alagoinhas, BA, em 70 meses de coleta e análise de água, foi detectada a presença de fósforo em apenas 5 amostras, considerando o limite de detecção do método utilizado: 0,03 mg.L^{-1}.

Incorporando essas variáveis às já selecionadas, os indicadores da qualidade das operações de manejo selecionados foram os seguintes: sedimentos em suspensão, turbidez, condutividade elétrica, magnésio, nitrogênio, fósforo, cálcio e potássio.

Inicialmente, um número significativamente maior de variáveis era monitorado regularmente, sendo que grande parte delas não apresentava associação com as atividades florestais, gerando um grande número de dados, entretanto, sem constituírem informações aplicáveis.

O primeiro trabalho de monitoramento hidrológico de microbacias, iniciado em 1989, englobava a avaliação das seguintes variáveis: alcalinidade, pH, turbidez, condutividade, cor real, sedimentos em suspensão, dureza, acidez, cobre, manganês, nitrato, nitrogênio amoniacal, nitrogênio total, fósforo, potássio, cálcio, magnésio, cloreto, sulfato, sódio e ferro, com o objetivo de monitorar os impactos do manejo de florestas plantadas sobre a quantidade e a qualidade da água na região do Vale do Paraíba, SP (Ranzini & Lima, 2002). A redução do número de variáveis representaria, além de maior facilidade de interpretação dos resultados, economia da quantidade de análises.

Como as variáveis selecionadas são monitoradas em várias regiões, a amplitude de variação dos resultados é bastante acentuada, tanto entre diferentes regiões como entre microbacias localizadas na mesma região. Aspectos como o tamanho da área de contribuição, ou seja, o tamanho da microbacia, o que será determinante para volume de água no córrego; a face de exposição, a qual influenciará a evapotranspiração e, conseqüentemente, a quantidade de água e sua temperatura; a litologia; e, finalmente, o uso do solo são fatores marcantes para as variáveis físicas e químicas de qualidade da água.

Na Tabela 2 estão os valores dos intervalos de confiança estimados para duas microbacias localizadas no município de Imperatriz, na Região Norte do Brasil. Embora localizadas em áreas com mesmo tipo de solo, elas diferem em relação às características morfométricas, como tamanho e declividade, e ainda apresentam usos de solo diferenciados.

Os intervalos foram estimados com base em 4 anos de monitoramento e as microbacias apresentam os seguintes usos de solo: a) microbacia com área de 239 ha: 85% recoberta por floresta secundária com 19 anos e 15%, por plantio de eucalipto; e b) microbacia com área de 80,9 ha: recoberta por plantio de eucalipto; (*E. grandis*) com 6 anos e por mata ciliar em 30 metros em torno do curso d'água e 50 metros em torno da área de nascente e com floresta secundária.

Tabela 2   Intervalos de confiança estimados para variáveis indicadoras da qualidade do manejo florestal em microbacias recobertas pelo plantio de eucalipto e floresta secundária, localizadas em Imperatriz, MA.

	Floresta secundária		Eucalipto	
Nitrato (mg.L^{-1})	0,60	0,35	1,30	0,75
Fósforo total (mg.L^{-1})	0,03	0,015	0,13	0,07
Potássio (mg.L^{-1})	4,25	3,75	3,00	2,55
Cálcio (mg.L^{-1})	3,60	2,75	2,05	1,55
Magnésio (mg.L^{-1})	2,85	2,50	1,00	0,75
Turbidez (FTU)	11,00	7,50	52,50	33,50
Sedimento sem suspensão (mg.L^{-1})	16,50	9,15	51,80	36,30
Condutividade (μg.cm^{-1})	100	90	80	60

Apesar do avanço no sentido de selecionar os melhores indicadores, restava ainda um amplo conjunto de fatores associados aos diferentes ambientes e uma interpretação do comportamento de tais variáveis no que concerne à sua relação com os diferentes componentes do deflúvio a ser considerado.

Em outras palavras, o segundo passo para utilizar tais variáveis como indicadores da qualidade do manejo florestal seria conhecer sua relação com o escoamento direto. Conforme discutido no Capítulo 5, a forma como a microbacia reage à ocorrência de uma chuva em termos de quantidade, distribuição temporal e qualidade da água do escoamento direto constitui uma das principais características a ser considerada para o desenvolvimento de práticas de manejo sustentável. Em uma microbacia considerada hidrologicamente saudável, o escoamento superficial representa uma reduzida proporção da precipitação média anual, conforme ilustra a Figura 1 do Capítulo 5, de forma que a erosão do solo, responsável pela perda da fertilidade e do comprometimento do ecossistema aquático, fica bastante limitada. Inferir sobre o predomínio dos diferentes componentes do deflúvio, por meio do monitoramento de variáveis físicas e químicas de qualidade da água, é um dos objetivos do monitoramento de variáveis físicas e químicas da qualidade da água.

De acordo com O'Loughlin (1981), o escoamento superficial está associado ao transporte de nutrientes depositados em uma camada superficial do solo, destacando-se o fósforo e o potássio, ligados à matéria orgânica. Já os íons solúveis seriam transportados via fluxo subsuperficial, o qual atravessa o perfil do solo, podendo ter suas concentrações reduzidas com o aumento da predominância do escoamento superficial na microbacia. Considerando a contribuição dos diferentes componentes do deflúvio para a concentração dos nutrientes na água, as concentrações iônicas podem atuar como um indicador da manutenção dos processos hidrológicos da microbacia, permitindo inferências sobre as condições de infiltração, permeabilidade e tempo de residência da água no solo.

Kawara et al. (1999) investigaram a relação entre a qualidade da água que drena uma microbacia florestal no Japão e as proporções entre os diferentes componentes dos escoamentos superficial, subsuperficial e base. Os autores identificaram 4 tipos de relações:

- Tipo 1 – As concentrações nos compartimentos (escoamentos superficial, subsuperficial e base) mudam no sentido do tempo de ocorrência do evento com um aumento da vazão, sendo que as concentrações durante a subida da hidrógrafa são maiores do que na descida (recessão). São identificados como variáveis pertencentes a este grupo: sólidos em suspensão, N particulado, N total, DQO total e DQO particulada, havendo um predomínio geral das formas particuladas para esta relação.

- Tipo 2 – As concentrações nos compartimentos mudam no sentido oposto ao tempo de ocorrência do evento, sendo que as concentrações durante o período de recessão (descida da hidrógrafa) são superiores. Predominam neste tipo as formas dissolvidas, destacando-se o N total, o N dissolvido e o P dissolvido.

- Tipo 3 – As concentrações no escoamento base têm discreto decréscimo durante o aumento da vazão. De forma geral, as concentrações, tanto no escoamento direto como no base, mudam muito pouco durante o aumento da vazão. Os autores reúnem neste tipo o Na e todos os ânions e cátions, exceto o K.

- Tipo 4 – Com o aumento da vazão, aumentam as concentrações no escoamento base, mas as concentrações no escoamento subsuperficial são muito discretas. Apenas o K faz parte deste tipo.

Algumas características importantes sobre as variáveis selecionadas como potencialmente adequadas para constituírem bons indicadores são descritas a seguir:

Fósforo – nutriente essencial para todos os organismos vivos. Controla a produção primária em um corpo d'água, podendo ser limitante para o crescimento de algas.

Aumentos nas concentrações de fósforo em decorrência de atividades humanas são as principais causas de eutrofização dos corpos d'água. Fontes naturais de fósforo são, principalmente, a intemperização de rochas e a decomposição de matéria orgânica. De acordo com Chapman (1992), o fósforo em águas superficiais naturais apresenta variação em suas concentrações na ordem de 0,005 a 0,020 mg.L^{-1} PO$_4$ – P.

Sendo um elemento ligado às camadas superficiais do solo, junto à matéria orgânica, ele pode chegar aos cursos d'água por meio de escoamento superficial. Ou seja, a redução da permeabilidade do solo e a conseqüente erosão levam ao aumento da concentração de fósforo nos cursos d'água.

Em regiões de cabeceira, que envolvem, em geral, cursos d'água de primeira a terceira ordem, as concentrações desse elemento são bastante variáveis. Em regiões cujos solos apresentam baixas concentrações de fósforo, a origem desse elemento nos cursos d'água se dá principalmente pela decomposição da matéria orgânica proveniente das áreas adjacentes. Variáveis como vazão e velocidade da água são determinantes nas concentrações de fósforo, pois favorecem o acúmulo de material no leito e a liberação de fósforo pelo processo de decomposição. A Figura 5 ilustra um trecho de um córrego em que se observam condições propícias para os processos de decomposição de matéria orgânica.

Figura 5   Aspecto do córrego de primeira ordem, em microbacia de 36 ha recoberta com plantio de eucalipto e mata ciliar característica da vegetação de campo. Município de Barra do Ribeiro, RS.

Observa-se no leito o material orgânico proveniente da mata ciliar. A baixa velocidade da água, favorecida pelo material acumulado, e o reduzido volume de água no córrego criam condições propícias para aumento das concentrações de fósforo na água. Tais aspectos tornam difícil a aplicação de quaisquer padrões de qualidade de água estabelecidos, como é o caso da resolução CONAMA 20 de 1986 (Carvalho, 1999). Os valores previstos na resolução, para rios de Classe 2, na qual estaria enquadrado o córrego citado (Figura 5), seria de 0,025 mg/L de fosfato total. Entretanto, os valores observados nessa microbacia em condições de floresta adulta, durante 2 anos e 5 meses, estiveram entre 0,01 e 0,98 mg L^{-1} e após colheita, preparo do solo e plantio, durante 2 anos e 3 meses, estiveram entre 0,01 e 0,29 mg/L^{-1}. Já em uma microbacia de 50 ha, localizada no município de Bofete, na Região Sudeste, durante um monitoramento de 2 anos, que englobou uma floresta com talhões de diferentes idades – entre 8 e 12 anos –, os valores de fósforo total registrados por Mosca (2003) estiveram entre 0,0 e 0,82 mg.L^{-1}.

Nitrogênio: o nitrogênio é essencial para os organismos vivos por ser importante constituinte das proteínas, incluindo as do material genético. Plantas e microorganismos convertem nitrogênio inorgânico em formas orgânicas. No ambiente, o nitrogênio inorgânico ocorre em diferentes estados de oxidação, como nitrato (NO_3^-), nitrito (NO_2^-), íon amônio (NH_4^-) e nitrogênio molecular (N_2).

A amônia ocorre em corpos d'água a partir da quebra de compostos de nitrogênio orgânico e inorgânico no solo e na água, por meio da excreção de animais, da redução de nitrogênio gasoso na água por microorganismos e a partir de trocas gasosas com a atmosfera.

Águas não poluídas contêm baixas quantidades de amônia e de seus compostos, normalmente abaixo de 0,1 mg.L^{-1}. Altas concentrações de amônia indicam poluição orgânica, como de esgotos domésticos e fertilizantes. Ocorrem flutuações sazonais naturais das quantidades desse elemento, que resultam da morte de organismos aquáticos, particularmente fitoplâncton e bactérias.

O nitrato (NO^{3-}) é uma forma de nitrogênio comum encontrada em águas naturais. Ele pode ser bioquimicamente reduzido a nitrito (NO^{2-}) por processos de desnitrificação, normalmente sob condições anaeróbicas. Em presença de oxigênio, o íon nitrito é rapidamente oxidado para forma de nitrato. As fontes naturais desse elemento em águas superficiais incluem as rochas ígneas, a drenagem do solo e também resíduos de plantas e animais. Níveis naturais de nitrato em águas superficiais, normalmente, não excedem 0,1 mg.L^{-1}. Em áreas rurais, o uso de fertilizantes inorgânicos à base de nitrato podem elevar as concentrações desse íon nos cursos d'água. Variações sazonais em suas concentrações ocorrem de acordo com o crescimento e a decomposição de plantas aquáticas, pois o nitrato constitui elemento essencial para a formação dos tecidos vegetais.

As concentrações de nitrito em águas superficiais normalmente são muito baixas, em torno de 0,001 mg.L^{-1}, raramente acima de 1 mg.L^{-1}. Altas concentrações de nitrito geralmente indicam a presença de efluentes industriais e estão, em geral, associadas à baixa atividade microbiológica na água.

Conforme citado anteriormente, a fertilizações e os resíduos animais e vegetais podem atuar como fontes de nitrato para as águas superficiais. O escoamento superficial pode ser importante agente no carreamento do nitrato para os rios. Como exemplo, na Figura 6 estão representadas as concentrações de nitrato nos córregos de duas microbacias localizadas na Região Sudeste, no município de Bofete, SP. As microbacias são adjacentes e apresentam dois usos distintos de solo. A primeira microbacia apresenta cobertura florestal de eucalipto, com floresta secundária parcialmente preservada na área de preservação permanente. Sua área é de 50 ha, e as árvores têm entre 8 e 12 anos. A segunda é recoberta com pastagem e tem área total de 60,80 ha. Nessa microbacia, a região da nascente do córrego encontra-se desprotegida e a pastagem como um todo apresenta-se mal manejada. Nesse caso, o uso do solo gera acentuadas concentrações de nitrato quando comparada à microbacia com cobertura florestal (Mosca, 2003).

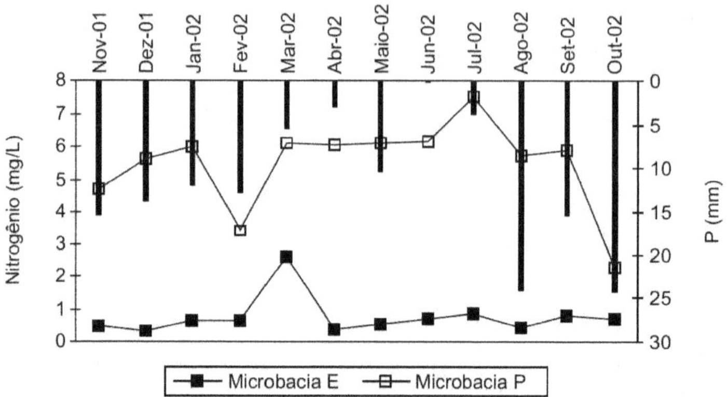

Figura 6   Valores médios mensais do nitrato (mg.L^{-1}) no deflúvio das microbacias com pastagem (microbacia P) e com plantio de eucalipto (microbacia E) e valores de precipitação (P) em mm.

Potássio – normalmente encontrado em baixas concentrações em águas superficiais, pois as rochas que contêm o elemento são relativamente resistentes ao intemperismo. Entretanto, os sais de potássio são amplamente utilizados em fertilizantes na agricultura, de forma que a drenagem dessas áreas atua como fonte desse elemento para os cursos d'água. As concentrações em águas naturais em geral são inferiores a 10 mg.L^{-1}. O potássio normalmente é encontrado na forma iônica e seus sais são altamente solúveis. Ele é rapidamente incorporado às estruturas minerais e acumulado na biota aquática, uma vez que se trata de um elemento essencial para sua nutrição.

Cálcio – está presente nas águas na forma de Ca^{2+} e é rapidamente dissolvido a partir de rochas ricas em minerais de cálcio, particularmente como carbonatos e sulfatos. Os compostos de cálcio são estáveis na água na presença de dióxido de carbono, mas seus níveis podem cair quando o carbonato de cálcio precipita em decorrência de aumentos na temperatura da água, atividade fotossintética ou perda de dióxido de carbono em razão de aumentos na pressão. O cálcio é um elemento essencial para todos os organismos e é incorporado em estruturas de diversos invertebrados, como, por exemplo, os bivalves. As concentrações de cálcio em águas naturais são, normalmente, inferiores a 15 mg.L^{-1}.

Magnésio – ocorre normalmente em águas na forma de Mg^{2+} e provém, principalmente, de rochas contendo ferromagnésio. Ocorre também na matéria orgânica, pois constitui elemento vital para os organismos vivos. Como sua origem nas águas é predominantemente das rochas e do solo, o magnésio chega ao deflúvio principalmente via escoamento base, constituindo bom indicador da infiltração da água no solo.

As Figuras 7 e 8 apresentam os valores de concentração de magnésio nos córregos de duas microbacias localizadas município de Bofete, SP, na Região Sudeste, uma delas recoberta com plantio de eucalipto e vegetação ciliar nativa e a outra, com pastagem (Mosca, 2003).

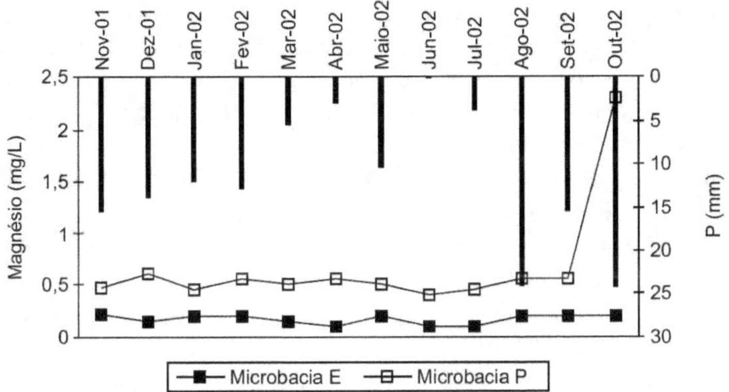

Figura 7   Valores mensais de concentração de magnésio na água das microbacias recobertas com plantio de eucalipto (microbacia E) e com pastagem (microbaci-a P).

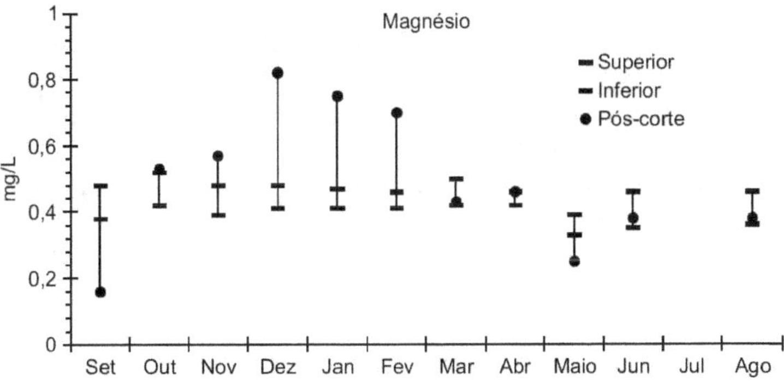

Figura 8   Valores do intervalo de confiança gerados para a microbacia de Itatinga no período anterior às atividades silviculturais e no primeiro ano após a colheita da madeira (Câmara & Lima, 1999).

Condutividade elétrica – reflete a capacidade da água em conduzir corrente elétrica. É bastante sensível a variações em sólidos dissolvidos, principalmente sais minerais. O grau em que os sais se dissociam em íons, a carga elétrica de cada íon e sua mobilidade, assim como a temperatura da água, têm grande influência sobre os valores da condutividade.

Em água doce, pode-se relacionar o valor da condutividade com as concentrações dos principais íons determinantes de salinidade, como cálcio, magnésio, sódio, potássio, carbonatos, sulfatos e cloreto. A condutividade fornece boa indicação das modificações na composição da água, especialmente de sua concentração mineral, mas não fornece nenhuma indicação das quantidades relativas dos vários componentes. À medida que mais sólidos dissolvidos são adicionados, a condutividade específica da água aumenta. Quando os valores de condutividade se elevam dentro de uma série temporal de dados, é conveniente verificar as causas desse aumento, que normalmente está associado à adição de íons de diferentes origens, os quais podem ser tanto de fonte orgânica, como resíduos domésticos e industriais, quanto da drenagem de nutrientes do solo.

Turbidez – elevados valores de turbidez reduzem a fotossíntese pela vegetação enraizada submersa e das algas. Esse desenvolvimento reduzido de plantas pode, por sua vez, reduzir a produtividade de peixes. Logo, a turbidez pode influenciar nas comunidades biológicas aquáticas. Além disso, afeta adversamente os usos doméstico, industrial e recreacional da água.

A turbidez pode ser definida como uma alteração na penetração da luz na água, causada por partículas em suspensão. Esses materiais em suspensão podem ser argilas, matéria orgânica, plâncton, bactérias, etc.

Por se tratar de uma propriedade óptica da amostra, não é recomendável tentar correlacionar os valores de turbidez com a concentração de sedimentos, uma vez que a forma, o tamanho, o índice de refração e outras propriedades das partículas são importantes do ponto de vista óptico, mas têm pouca relação direta com a concentração e a massa específica da matéria em suspensão na amostra (Lima, 1996).

Entretanto, a presença de partículas de solo drenado da microbacia, em conseqüência de práticas de manejo florestal, pode causar significativos aumentos na turbidez da água. Como exemplo, a Figura 9 apresenta os intervalos de confiança gerados mensalmente para a variável turbidez, com dados registrados durante 6 anos de monitoramento de uma microbacia recoberta com plantio de eucalipto, e os valores observados ao longo do primeiro ano após a colheita.

Sólidos em suspensão – são formados por areia, silte, argila, partículas de material orgânico e inorgânico, componentes orgânicos solúveis, plâncton e outros organismos microscópicos. Compreendem ampla fração de partículas que são retidas em membrana com poros de 0,45 μm. Além do material orgânico, os sólidos suspensos envolvem os sedimentos provenientes da erosão do solo.

Os sedimentos são os principais poluentes associados às operações florestais. A construção de estradas e o preparo intensivo do solo também têm grande potencial para causar erosão e sedimentação dos cursos d'água.

Os sedimentos em suspensão não representam apenas perda de solo, prejudicando a fertilidade do sítio, mas também afetam a qualidade da vida aquática. Por exemplo, a turbidez causada pelas partículas em suspensão limita a entrada de luz e, conseqüentemente, a produção de fitoplâncton, o qual é responsável pela alimentação de várias espécies.

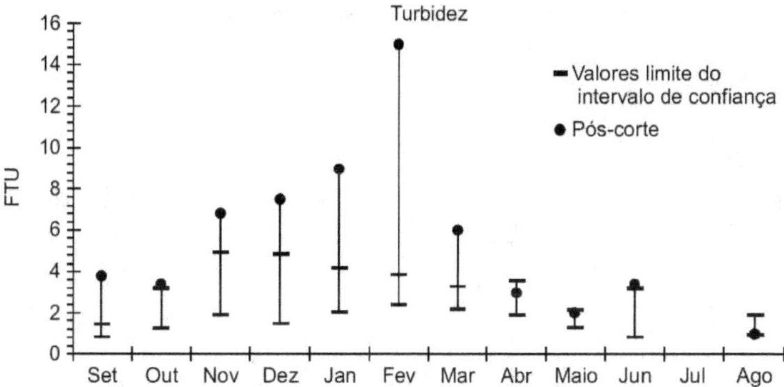

Figura 9   Estimativa do intervalo de confiança para valores de turbidez da microbacia recoberta com floresta adulta (–) e valores observados no primeiro ano após a colheita da madeira (•). Microbacia da Estação Experimental de Ciências Florestais de Itatinga, SP (Câmara & Lima, 1999).

Como a análise normalmente é realizada com base em volume de água coletado, o material é filtrado em membrana com abertura de 0,45 µm, e posteriormente pesado para quantificar todo o material suspenso. Dessa forma, o material quantificado não envolve apenas as partículas provenientes do desgaste do solo, que reflete, muitas vezes, problemas no manejo florestal, como estradas traçadas inadequadamente ou mesmo a forma de preparo do solo, mas também a fração presente naturalmente nos cursos d'água, proveniente de material orgânico depositado.

Por essa razão, para o uso dessa variável como indicador da qualidade das operações florestais, é importante realizar a separação do material volátil do não volátil, pois isso permite uma verificação mais acurada do tipo de material presente na água, o que possibilita uma visualização mais realista da ocorrência de erosão na microbacia. A Figura 10 apresenta os valores anuais de sedimentos em suspensão quantificados no córrego de uma microbacia de 68 ha na Região Sudeste do Brasil. Os seis primeiros anos (1991 a 1997) caracterizam a microbacia recoberta com a rebrota de plantio de eucalipto entre 40 e 46 anos e o último ano (1997 a 1998) representa a microbacia no primeiro ano após a colheita da madeira. Observa-se um incremento da ordem de 20 kg.ha^{-1} nesse primeiro ano após as operações de colheita e preparo do solo. Esse valor pode ser maior se a intensidade das atividades for maior. Neste caso, a colheita foi realizada manualmente, sem abrir novas estradas, e todo o material não comercializável, caracterizado por folhas e galhos de diâmetro inferior a 5 cm, permaneceu sobre o solo, que já contava com espessa manta orgânica depositada ao longo de 17 anos sem intervenções silviculturais na microbacia.

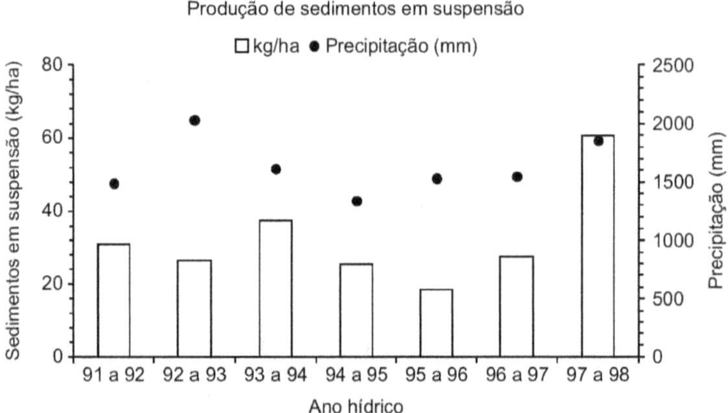

Figura 10   Estimativa da perda anual de sedimentos em suspensão em microbacia recoberta com plantio de eucalipto (1991 a 1997) e no primeiro ano após a colheita da madeira (1997 a 1998). Microbacia experimental da Estação Experimental de Ciências Florestais de Itatinga, SP (Câmara et al., 2000).

Critério 2: Manutenção do Equilíbrio do Ecossistema Aquático

Selecionadas as variáveis para o monitoramento dos impactos das atividades silviculturais, restava ainda outro aspecto a considerar: a qualidade da água para a biota aquática. Para esse propósito, há outras variáveis que permitem averiguar se há influência do manejo florestal sobre o ecossistema aquático. Somando-as às já selecionadas: turbidez, sólidos em suspensão, condutividade elétrica, nitrogênio e fósforo, a concentração de oxigênio e a temperatura da água, as quais já vêm sendo utilizadas em diversos trabalhos de monitoramento que têm por objetivo proteger as comunidades aquáticas (Calijuri, 1999), também foram inseridas no conjunto inicial. Tais aspectos serão discutidos com mais detalhes no Capítulo IX.

Critério 3: Manutenção da Capacidade Produtiva

São bastante questionados os efeitos ambientais da silvicultura extensiva com espécies florestais de rápido crescimento no que respeito à alta demanda por nutrientes do solo, que pode levar a seu esgotamento ao longo de sucessivas rotações.

A ciclagem geoquímica de nutrientes em uma microbacia hidrográfica pode ser estimada pelo balanço entre a entrada de nutrientes via precipitação e a saída de nutrientes via deflúvio. Embora se trate de uma estimativa, ela permite, ao longo do tempo, verificar as tendências em termos de disponibilidade de nutrientes, as limitações da produção em determinados locais e também a necessidade de medidas que evitem a perda de nutrientes.

A geoquímica de uma microbacia está intimamente ligada à geologia, à gemorfologia e à presença de aerossóis na atmosfera. A biogeoquímica compreende não apenas os nutrientes presentes no solo e o suprimento dado pela precipitação, mas também a vegetação e os nutrientes nela estocados. De posse das informações dessas diferentes ciências, é possível estimar o consumo de nutrientes pela floresta, bem como fazer perspectivas futuras baseadas no balanço geoquímico, na quantidade de nutrientes do solo e na exportação de nutrientes pela colheita florestal.

No contexto dos indicadores da perpetuação do potencial produtivo do solo, as variáveis nitrogênio, fósforo, cálcio, magnésio, potássio e sólidos em suspensão estão diretamente associadas à manutenção da produtividade. As variáveis químicas são essenciais para a produção de fitomassa, enquanto os sólidos em suspensão correspondem à perda de solo, que, conseqüentemente, acarretará redução do potencial produtivo. Por meio do monitoramento da produção de água e das variáveis citadas é possível estimar o balanço geoquímico da microbacia, de forma que as variáveis nitrogênio, fósforo, cálcio, magnésio potássio e sedimentos em suspensão, no contexto da ciclagem de nutrientes, sejam expressas em densidade de fluxo (kg.ha^{-1}).

Segundo Vieira (1998), áreas de vegetação natural, quando em equilíbrio, reduzem ao mínimo a saída de nutrientes do ecossistema por meio da interação entre o solo e a vegetação. A floresta não perturbada, de forma geral, apresenta grande estabilidade, ou seja, os nutrientes introduzidos no ecossistema pela chuva e pelo intemperismo geológico estão em equilíbrio com os nutrientes perdidos para os rios e o lençol freático.

Poggiani (1985) destaca que a adoção de práticas silviculturais interfere no ciclo dos nutrientes, modificando-os. No caso das florestas de rápido crescimento, a retirada de fitomassa florestal de forma sistemática e com cortes rasos age como elemento de desequilíbrio nutricional. Por outro lado, no manejo da floresta plantada, a interação entre os ciclos de produção e a geoquímica local constitui fator de adequação do manejo florestal, reduzindo as perdas dos nutrientes disponíveis e estocados na biomassa.

Vieira (1998), em estudo comparativo entre vegetação natural de cerrado e plantios de eucalipto de duas idades, verificou que há significativa quantidade de nutrientes transferidos por meio da decomposição da serapilheira produzida pelas diferentes coberturas florestais. A Tabela 3 apresenta as quantidades de nutrientes transferidas pela vegetação de cerrado por meio do plantio de eucalipto (*E. saligna*) de 50 anos e de *E. grandis* de 6 anos.

Tabela 3 Nutrientes transferidos em kg.ha^{-1}.ano^{-1}.

	Nutrientes transferidos kg.ha^{-1}.ano^{-1}				
Cobertura florestal	N	P	K	Ca	Mg
Cerrado	160,1	6,7	29,1	91,0	23,2
E. saligna	84,0	2,6	12,6	43,1	12,5
E. grandis	93,3	3,9	21,7	54,2	17,5

A biogeoquímica também compreende o estudo e a quantificação dos fluxos e armazenamentos de nutrientes na escala ecossistêmica da microbacia, o que é um aspecto extremamente interessante para o monitoramento ambiental que visa ao manejo florestal sustentável, pois permite inferir sobre a manutenção do potencial produtivo do solo ao longo do tempo.

Uma ilustração desse conceito pode ser observada na Figura 11, que apresenta os processos naturais e antropogênicos de entrada, armazenamento, fluxos internos e saída de nutrientes no ecossistema microbacia. A microbacia é a menor unidade ecossistêmica da paisagem em que esses processos podem ser quantificados, assim como a interação entre eles e os componentes da biogeoquímica: vegetação, atmosfera, relação solo–planta, geologia e água superficial e subterrânea.

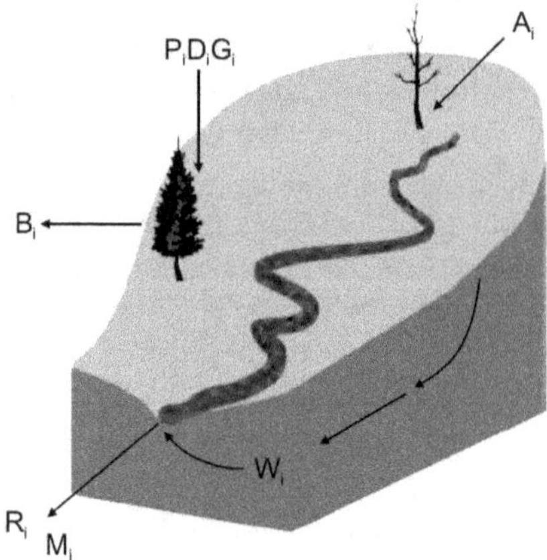

Figura 11 Processos naturais e antropogênicos de entrada, armazenamento, fluxos internos e saídas de nutrientes na microbacia. Fluxos de nutrientes (i) entre a microbacia e o meio: Pi, Di e Gi = entradas de nutrientes por chuvas, deposição de particulados e gases; Ai = adubação; Bi = exportação via biomassa; Ri e Mi = perdas pelo escoamento superficial e por sedimentos; Wi = intemperismo (adaptado de Moldan & Cerny, 1994).

Conforme pode ser observado no esquema da Figura 11, em íntima relação com o ciclo hidrológico, a biogeoquímica da microbacia constitui um indicador de sustentabilidade dos mais importantes. A contabilização das entradas e das retiradas de nutrientes vai permitir inferir se a capacidade natural de suporte da área (potencial produtivo) está ou não sendo mantida.

De acordo com o esquema mostrado na Figura 11, para quantificar o ciclo biogeoquímico de nutrientes e, dessa forma, monitorar os impactos do manejo florestal sobre a manutenção do potencial produtivo do solo a médio e longo prazo, é essencial medir a entrada atmosférica de nutrientes na microbacia, o que inclui a deposição seca e a deposição pelas chuvas, sendo que o aporte de nutrientes das chuvas é mais facilmente medido do que a deposição seca de partículas e gases (Ross & Lindberg, 1994). Todavia, uma alternativa operacional que tem sido utilizada é a medição por meio da chamada entrada global, com dispositivos que captam ambos os tipos de deposições.

O componente biológico, evidentemente, é particularmente importante para a correta interpretação da biogeoquímica de uma microbacia, assim como para a correta avaliação de possíveis impactos ambientais. Processos críticos de balanço de nutrientes na microbacia incluem, por exemplo, decomposição da matéria orgânica, transformações do nitrogênio (fixação, amonificação, nitrificação, desnitrificação) e mineralização, todas direta ou indiretamente relacionadas com a atividade microbiológica do solo. O excesso de nitrogênio, seja por deposição atmosférica ou por fertilização, pode acelerar as perdas de nitrato por lixiviação e estimular a mineralização da matéria orgânica do solo. Tais processos contribuem, a longo prazo, para a diminuição da fertilidade do solo, a acidificação e a eutrofização das águas superficiais. A lixiviação de nitratos é, dessa forma, um indicador da ruptura do ciclo terrestre do nitrogênio (Nihlgard et al., 1994). As variáveis condutividade, turbidez e oxigênio dissolvido também são importantes como indicadoras da manutenção do ecossistema aquático, uma vez que são limitantes para a biota aquática.

A Tabela 4 apresenta os indicadores de microescala selecionados e sua relação com a saúde da microbacia quanto aos três critérios principais, ou seja, processos hidrológicos, capacidade produtiva e equilíbrio do ecossistema aquático, de acordo com os procedimentos descritos.

Como pode ser observado, alguns indicadores são comuns aos três critérios, enquanto outros estão diretamente relacionados a critérios específicos.

Tabela 4 Variáveis selecionadas para o monitoramento de florestas plantadas em microbacias.

Critérios	Indicadores
Manutenção dos processos hidrológicos e da qualidade do manejo florestal	Balanço hídrico Picos de vazão Sólidos em suspensão Turbidez Condutividade elétrica Fósforo Oxigênio dissolvido Potássio Temperatura da água Macroinvertebrados bentônicos
Manutenção do potencial produtivo do solo	Fósforo Nitrogênio Cálcio Potássio Magnésio Sólidos em suspensão
Manutenção do equilíbrio dinâmico do ecossistema aquático	Oxigênio dissolvido Fósforo Nitrogênio Temperatura da água Sólidos em suspensão pH Macroinvertebrados bentônicos

Interpretação e Utilização das Informações para a Busca do Manejo Sustentável

O passo seguinte para utilizar os indicadores em escala operacional foi desenvolver uma metodologia que permitisse inferir se as alterações verificadas para as variáveis ocorriam em conseqüência do manejo florestal ou naturalmente, em resposta aos eventos naturais.

Selecionados os indicadores da qualidade do manejo florestal, o próximo passo foi caracterizar as microbacias em termos dessas variáveis e aplicar os resultados ao manejo florestal.

Segundo o conceito de microbacia hidrográfica, as alterações em termos de vazão e de qualidade da água são respostas, a eventos de chuva ou ao uso do solo. De acordo com Lima (1996), do ponto de vista hidrológico, as bacias hidrográficas são classificadas em grandes ou pequenas não com base em sua superfície total, mas nos efeitos de certos fatores dominantes na geração de deflúvio. Define-se microbacia como aquela na qual a sensibilidade a chuvas de alta intensidade e a diferenças de uso do solo não é suprimida pelas características da rede de drenagem, principalmente em termos de armazenamentos.

Como as variáveis apresentam grande amplitude de variação em seus resultados em cada microbacia, tornou-se necessário conhecer essas variações e associá-las à resposta da microbacia aos eventos de chuva ou às atividades de manejo.

Dessa forma, os dados de cada microbacia monitorada foram distribuídos de acordo com o método de distribuição de quartis.

A distribuição quartil divide os dados em grupos de 25%, chamados 1º Quartil, 2º Quartil, 3º Quartil e 4º Quartil. O desvio-quartil (Dq) é a semidiferença entre os valores do 3º e do 1º Quartil e é obtido pela fórmula:

$$Dq = (Q3 - Q1)/2$$

Sendo:

Dq = desvio-quartil

Q3 = 3º Quartil

Q1 = 1º Quartil

A exemplo do que ocorre com a mediana, o desvio-quartil é bem pouco influenciado por dados discrepantes ou pelos chamados casos especiais.

O desenho esquemático permite que se perceba propriedades importantes da distribuição dos dados: assimetrias e pontos discrepantes.

Os dados não compreendidos entre as extremidades dos segmentos verticais (A e B) foram denominados pontos externos (discrepantes), representados por círculos vazios quando estão a uma distância inferior ou igual à metade do desvio-quartil em relação às extremidades, e pontos soltos, representados por círculos cheios caso a distância ultrapasse metade do desvio-quartil. A Figura 12 representa esquematicamente a distribuição do desvio-quartil. Os dados considerados discrepantes foram analisados de modo especial, considerando a erosividade da chuva e a existência ou não de operações silviculturais na microbacia.

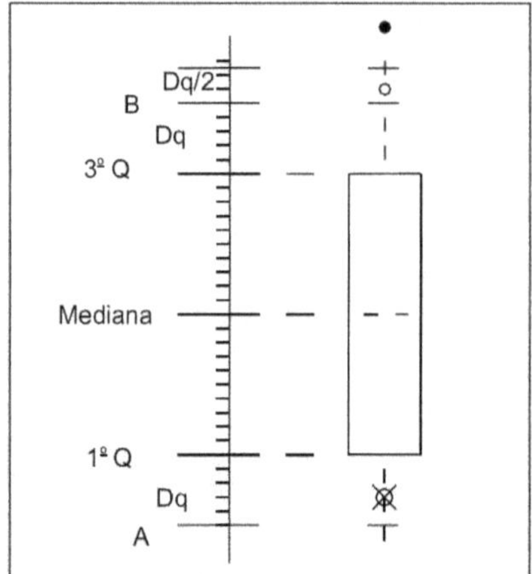

Figura 12 Representação esquemática do desvio-quartil.

Essa análise foi realizada para o conjunto de dados de cada parâmetro de qualidade de água coletados antes da realização de quaisquer intervenções silviculturais. Dessa forma, o conjunto de dados agrupados até o 3º quartil, que corresponde a 75% do total de dados, representa a amplitude de variação dos resultados de variáveis físicas e químicas de qualidade da água sem intervenções de manejo.

Definida essa faixa de valor, os dados que no período subseqüente estiverem acima desse nível serão considerados conseqüência de um dos seguintes fatores: das chuvas com erosividade capaz de elevar os valores a níveis superiores ou da realização de alguma atividade de manejo na microbacia.

Para fins de ilustração prática, foram consideradas três faixas de situação dos dados: faixa verde, correspondendo aos dados em situação isenta de qualquer atividade de manejo; faixa amarela, englobando os limites da variabilidade natural de dados (resiliência); e faixa vermelha, para identificar desvios mais acentuados e, por isso, mais preocupantes dessa variabilidade.

Para ilustrar a distribuição dos desvios-quartil, na Figura 13 estão plotados os dados de sedimentos em suspensão medidos em uma microbacia com floresta plantada (*E. grandis*) durante o período de julho de 1998 a janeiro de 2004. Observa-se que a maioria dos dados está concentrada na faixa de valores considerada normal. Nessa microbacia não há atividades de manejo, de forma que pontos situados fora da faixa considerada normal são respostas a eventos de chuva, conforme pode ser observado para a variável sedimentos em suspensão.

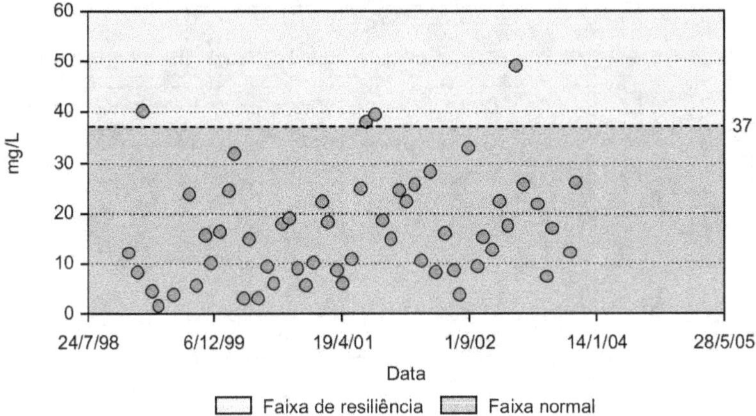

Figura 13   Variação dos valores de sedimentos em suspensão em microbacia com floresta secundária, Imperatriz, MA.

Um aspecto importante a ser destacado nessa forma de distribuição de dados e na avaliação dos resultados é que, à medida que o banco de dados recebe novos resultados, a faixa verde pode sofrer alterações. Com mais tempo de monitoramento, podem ocorrer chuvas com maior tempo de retorno, possibilitando um conhecimento mais abrangente de seus efeitos sobre a qualidade da água. Conseqüentemente, quanto maior o tempo de monitoramento, até que ocorram intervenções na microbacia, maior a representatividade dos limites das respectivas faixas de variação. Dessa forma, a associação entre o manejo e a resposta da microbacia, em relação aos indicadores selecionados, torna-se mais confiável com a ampliação do tempo de monitoramento.

Na análise dos resultados, cada ponto localizado fora da área verde é analisado separadamente. Primeiro, verifica-se a ocorrência de chuvas durante o período e a erosividade dos eventos, a fim de avaliar seu potencial em alterar os valores dos indicadores monitorados. O segundo passo envolve a associação do valor dos indicadores com a atividade de manejo que está sendo realizada no período. Finalmente, a interpretação se dará na escala da unidade de manejo e permitirá inferir sobre a qualidade da atividade em execução e os possíveis problemas relacionados aos impactos na microbacia, os quais foram detectados por meio do monitoramento dos indicadores. A adequação das atividades constitui o objetivo final do monitoramento dos indicadores na escala da microbacia.

Resumidamente, o processo é ilustrado na Figura 14.

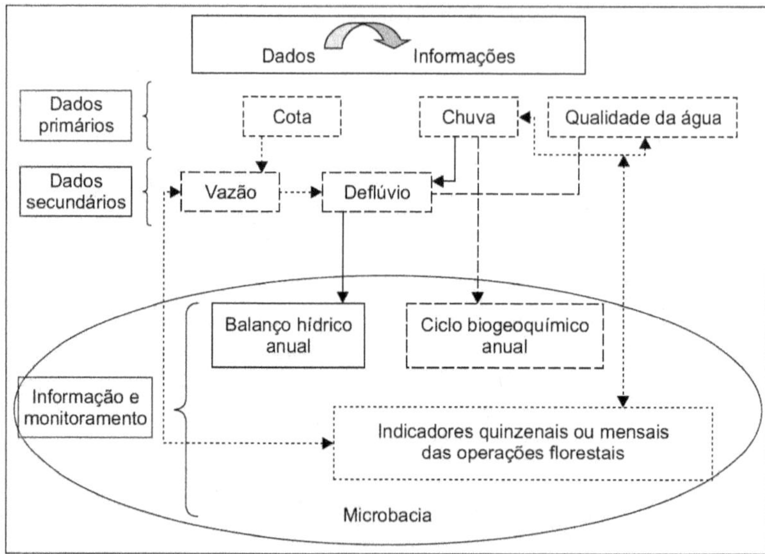

Figura 14   Resumo esquemático do monitoramento dos indicadores da qualidade das operações florestais – da geração de dados à aplicação dos resultados em escala operacional.

Em resumo, a lógica utilizada para essa interpretação dos resultados do programa de monitoramento ambiental em microbacias experimentais, utilizando os indicadores hidrológicos selecionados, é realmente simples, porém fundamentada nas seguintes constatações: primeiro, a questão do monitoramento da água na busca do manejo sustentável de florestas plantadas deve, evidentemente, levar em conta sua disponibilidade natural. Não havendo conflitos entre a disponibilidade e o uso da área para fins de produção florestal, então, possíveis impactos locais sobre a quantidade da água podem ser monitorados na escala da microbacia utilizando a metodologia descrita neste capítulo. Segundo, a ciclagem de nutrientes na escala da microbacia está intimamente associada ao próprio ciclo hidrológico e a medição dessa ciclagem está associada à quantificação das entradas artificiais via adubação, bem como das exportações de nutrientes pela colheita florestal, e permite monitorar o balanço de nutrientes, sem dúvida, outro fator-chave para a sustentabilidade. Resta, por fim, assegurar-se da qualidade das práticas de manejo ao longo do tempo, a fim de evitar e/ou minimizar possíveis impactos hidrológicos, que sempre ocorrem e que podem causar efeitos a jusante, em termos de alteração da qualidade da água de rios e reservatórios. Para esse monitoramento contínuo das ações, visando a retroalimentar as práticas de manejo em um processo de contínua melhoria na busca da sustentabilidade, a metodologia aqui apresentada pode ser entendida como uma analogia à luzinha amarela que de repente acende no painel, alertando para algum problema. Evidentemente, essa relação não é assim tão simples, em decorrência da própria complexidade do ecossistema microbacia, o que requer os devidos cuidados nos procedimentos experimentais de monitoramento, conforme descrito, assim como a comparação simultânea com microbacias testemunha não submetidas às ações de manejo.

Alguns Resultados Preliminares Ilustrativos do Monitoramento dos Critérios e Indicadores Hidrológicos

Processos Hidrológicos

Os dados acumulados de precipitações e deflúvios das microbacias experimentais de monitoramento localizadas em Bofete, SP, podem ser observados na Figura 15 (dados semanais) e na Tabela 5 (valores anuais dos componentes do balanço hídrico, ou seja, P – precipitação média anual, Q – deflúvio médio anual e ET – evapotranspiração média anual, em milímetros para a microbacia).

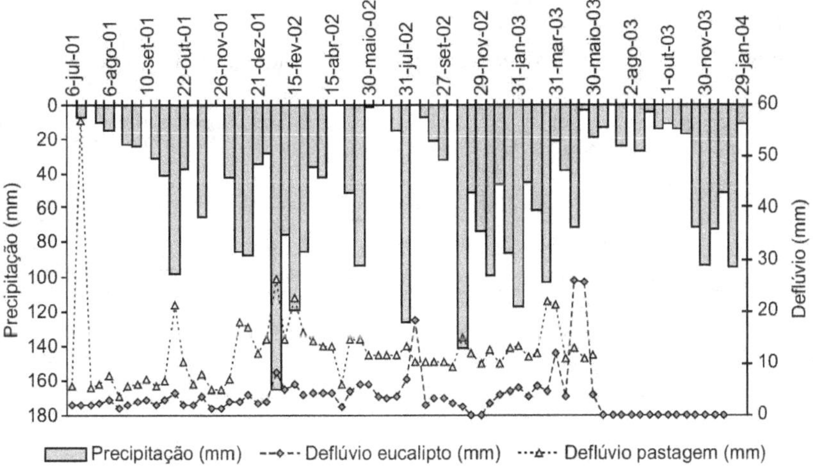

Figura 15   Valores de precipitação e deflúvio em milímetros, medidos na microbacia com eucalipto e pastagem.

Tabela 5 Balanço hídrico anual de microbacia com eucalipto.

Ano hídrico	P (mm)	Q (mm)	ET (mm)	ET (%)
2001/2002	1420	118	1302	92
2002/2003	1070	132	938	88

Biogeoquímica

Como exemplo da biogeoquímica de microbacia com floresta plantada de eucalipto, a Tabela 6 mostra as quantidades de Ca, Mg e K estocadas em cada compartimento da biomassa de uma rebrota de *Eucalyptus saligna* com idade superior a 50 anos, na microbacia experimental da Estação de Experimental de Ciências Florestais da USP/ESALQ, localizada em Itatinga, SP, a qual foi submetida a corte raso em 1998. A tabela mostra, também, os valores médios de entrada desses nutrientes via precipitação, bem como de saída via deflúvio, resultantes do monitoramento na microbacia durante o período de 1991 a 1998. A tabela contém ainda os valores médios do total desses nutrientes no solo da microbacia, até à profundidade de 100 cm (Câmara et al., 2000). Por fim, como ilustração desse enfoque de medição da biogeoquímica na escala da microbacia, a última linha da tabela mostra o balanço entre a entrada dos nutrientes via precipitação, a saída via deflúvio, como valores médios ao longo de 8 anos consecutivos de monitoramento, e a exportação de nutrientes com a colheita do lenho.

Tabela 6 Resultados da quantificação da biogeoquímica da microbacia experimental Tinga, na Estação Experimental de Ciências Florestais de Itatinga, USP/ESALQ.

Processos	Nutriente		
	Ca	Mg	K
	kg.ha^{-1}		
Entrada via precipitação	24,5	10,9	19,0
Saída via deflúvio	28,9	16,1	7,4
Exportação pelo lenho	69,1	36,1	68,4
Estoque nas folhas	12,3	7,7	12,8
Estoque nos ramos finos	17,3	8,9	17,8
Estoque total no solo	535,1	243,1	175,9
Balanço entre a entrada via precipitação, menos a saída via deflúvio e a exportação na colheita	−73,5	−41,3	−56,8

Nesse contexto, vale ressaltar a importância da permanência no solo do material não comercializado. Embora os nutrientes contidos no tecido vegetal não estejam prontamente disponíveis e parte deles seja perdida pelos processos de lixiviação e volatilização, eles representam, sem dúvida, potencial contribuição em termos de manutenção da fertilidade do solo. Sua contribuição para a proteção do solo e para o incremento nos teores de matéria orgânica são, também, aspectos favoráveis à manutenção da qualidade do solo.

Nessas estimativas parciais, os valores negativos do balanço geoquímico fornecem indicativo das perdas gradativas do potencial produtivo do solo na escala sistêmica da microbacia, informação sem dúvida pertinente para a busca da sustentabilidade.

Outro exemplo ilustrativo desse critério pode ser observado na Figura 10 do Capítulo XIII deste livro, que resume os dados do balanço biogeoquímico em uma microbacia experimental localizada no município de Santa Branca, no Vale do Paraíba, SP. Os valores mostrados nessa figura representam a média de medições semanais realizadas ao longo de todo um ciclo de rotação de uma floresta plantada de *Eucalyptus saligna*. É interessante observar nessa figura os comentários feitos na análise desses indicadores, no que diz respeito, primeiro, ao enfoque sistêmico dessa análise na escala da microbacia e, depois, à importância da permanência dos resíduos da colheita no campo.

Qualidade do Manejo Florestal

A Figura 16 ilustra os resultados do monitoramento das concentrações de sedimentos medidos em amostras da vazão semanalmente coletadas no vertedor, na microbacia experimental localizada em Arapoti, PR. Ao longo do período de monitoramento, a microbacia foi submetida ao corte raso final da floresta plantada de *Pinus taeda* com 25 anos, conforme assinalado na figura, podendo-se observar o aumento significativo da concentração de sedimentos durante todo o período do corte. Há evidências de que a operação de corte raso normalmente está associada a maiores impactos hidrológicos. A estratégia de monitoramento contínuo de todas as práticas de manejo, dessa forma, pode, eventualmente, indicar não apenas a ocorrência e a magnitude desses impactos, mas também a tendência e a direção da qualidade ambiental resultante das ações de manejo relativas a esses indicadores hidrológicos.

Outro exemplo ilustrativo está na Figura 17, a qual mostra os resultados do monitoramento da turbidez em uma microbacia experimental com floresta plantada de eucalipto na Bahia, em associação com os valores das precipitações tabulados na forma de média móvel de 2 meses, bem como as operações de manejo florestal executadas ao longo do período. Pode-se observar nítido aumento dos valores de turbidez na água do riacho logo após as operações de aplicação de calcário e de cinzas na floresta, considerando a diminuição das chuvas no período.

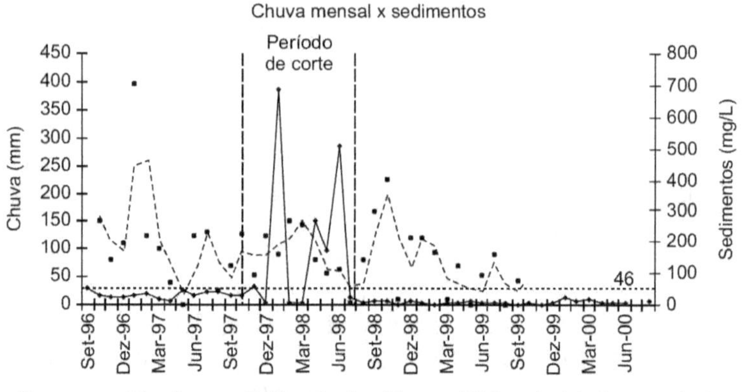

Figura 16 Exemplo da aplicação do indicador sólidos em suspensão no monitoramento da qualidade das operações florestais em uma microbacia submetida à colheita final de *Pinus taeda* com 25 anos, em Arapoti, PR. A linha pontilhada corresponde ao limite superior para o intervalo de confiança estabelecido com os resultados do período anterior ao corte.

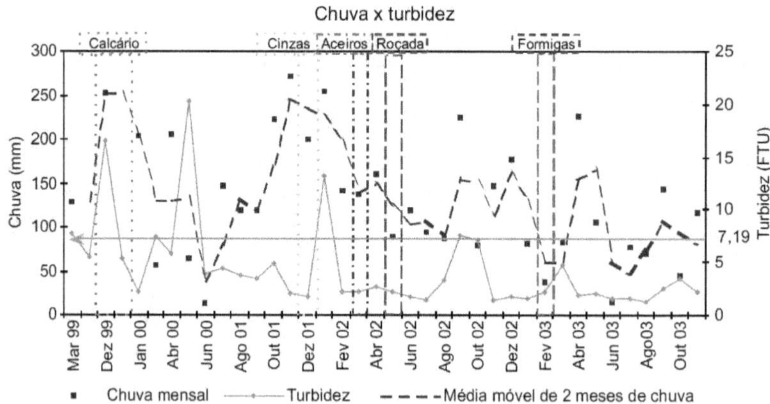

Figura 17 Variação da turbidez ao longo do período de monitoramento, assim como os valores da média móvel de 2 meses da precipitação ocorrida no período, em microbacia experimental com floresta de eucalipto localizada na Bahia. O gráfico mostra, também, as práticas de manejo executadas ao longo do período.

Bibliografia

BATES, C. G.; HENRY, A. J. Forest and streamflow experiment at Wagon Wheel Gap, Colorado. *Mon. Weather Ver. Suppl.*, v. 30, p. 1-79, 1928.

CALIJURI, M. C. A comunidade Fitoplanctônica em um reservatório tropical (Barra Bonita – SP). 1999. 211 f. Tese (Livre Docência) – Escola de Engenharia de São Carlos, Universidade de São Paulo, São Carlos.

CÂMARA, C. D.; LIMA, W. P. Corte raso de uma plantação de *Eucalyptus saligna* de 50 anos: impactos sobre o balanço hídrico e a qualidade da água em uma microbacia experimental. *Scientia Forestalis*, v. 56, p. 41-58, 1999.

CÂMARA, C. D.; LIMA, W. P.; VIEIRA, S. A. Corte raso de uma plantação de *Eucalyptus saligna* de 50 anos: impacto sobre a ciclagem de nurientes em uma microbacia experimental. *Scientia Forestalis*, v. 57, p. 99-109, 2000.

CARVALHO, C. G. *Legislação Ambiental Brasileira*. Leme: Editora de Direito, 1999. 1121 p.

CHAPMAN, D. *Water quality assessments*. London: Chapman & Hall, 1992. 585 p.

Di STEFANO, J. A confidence interval approach to data analysis. *Forest Ecology and Management*, n. 187, p. 173-183, 2003.

ENGLER, A. Undersuchugen über den Einfluss des Waldes auf den Stand der Gewasser. *Mitt. Schweiz. Eidg. Anst. Forstl. Versuchwes*, n. 12, p. 1-626, 1919.

KAWARA, O.; MANABU, U.; IBARGI, K. A study on the runoff water quality from forest. *Water Science and Technology*, v. 39, n. 12, p. 93-98, 1999.

LIMA, W. P. *Princípios de hidrologia florestal para o manejo de bacias hidrográficas*. Apostila. LCF/ESALQ. Piracicaba, SP, 1996.

MANN, P. S. *Introductory statistics*. New York: John Wiley, 1995. 800 p.

MOLDAN, B.; CERNY, J. *Biogeochemistry of small catchments*: a tool for environmental research. John Wiley, 1994. 419 p.

MOSCA, A. A. O. *Caracterização hidrológica de duas microbacias visando à identificação de indicadores hidrológicos para o monitoramento ambiental do manejo de florestas plantadas*. 2003. 96 f. Dissertação (Mestrado) – Escola Superior de Agricultura Luiz de Queiroz, Universidade de São Paulo, Piracicaba.

NIHLGARD, B. J.; SWANK, W. T.; MITCHELL, M. J. Biological processes and catchment studies. In: MOLDAN, B.; CERNY, J. (Ed.). *Biogeochemistry of small catchments*: a tool for environmental research. John Wiley, 1994. p. 133-155.

O'LOUGHLIN, E. M. *Water pathways trough catcments and their relation to nutrient losses*. In: IUFRO Workshop on Water and Nutrient Simulation Models. Birmensdorf, 1981. p. 123-134.

POGGIANI, F. *Ciclagem de nutrientes em ecossistemas de plantações florestais de* Eucalyptus *e* Pinus: Implicações silviculturais. 1985. 211 f. Tese (Livre-Docência) – ESALQ/USP.

PRABHU, R. et al. *Between voodoo science and adaptive management*: the role and research needs for indicators of sustainable forest management. In: International Conference on Indicators for Sustainable Forest Management. IUFRO. Melbourne, Australia, 1998. p. 1-15.

RANZINI, M.; LIMA, W. P. Comportamento hidrológico, balanço de nutrientes e perdas de solo em duas microbacias reflorestadas com *Eucalyptus* no Vale do Paraíba, SP. *Scientia Forestalis*, v. 61, p. 144-159, 2002.

ROSS, H. B.; LINDBERG, S. E. Atmospheric chemical input to small catchments. In: MOLDAN, B.; CERNY, J. (Ed.). *Biogeochemistry of small catchments*: a tool for environmental research. John Wiley, 1994. p. 55-78.

SWANK, W. T.; VOSE, J. M.; ELLIOT, K. J. Long-term hydrologic and water quality responses following commercial clearcutting of mixed hardwoods on a southern Appalachian catchment. *Forest Ecology and Management*, n. 143, p. 163-178, 2001.

VIEIRA, S. A. *Efeitos das plantações florestais (Eucalyptus sp.) sobre a dinâmica de nutrientes em região de cerrado no Estado de São Paulo*. 1998. 73 f. Dissertação (Mestrado) – Universidade de São Paulo, Piracicaba.

WALLING, D. E. Water in the catchment ecosystem. In: GOWER, A. M. (Ed.). *Water quality in catchment ecosystems*. Chichester: John Wiley, 1980. p. 1-47.

WHITEHEAD, P. G.; ROBINSON, M. Experimental basin studies – na international and historical perspective of forest impacts. *Journal of Hydrology*, n. 145, p. 217-230, 1993.

Capítulo IX

Macroinvertebrados Bentônicos como Indicadores Biológicos para o Monitoramento de Florestas Plantadas

Carla Daniela Câmara
Alaíde A. Fonseca-Gessner

Introdução

No Capítulo VIII foi discutido o monitoramento da qualidade das operações florestais por meio de variáveis físicas e químicas que caracterizam a água dos córregos das microbacias. Complementando o processo de monitoramento, de modo a atender ao critério de sustentabilidade que diz respeito à perpetuação do equilíbrio dinâmico do ecossistema aquático, este capítulo terá como tema a inserção de uma variável biológica no monitoramento.

O homem tem buscado desenvolver maneiras de observar e monitorar o ambiente, visando a manter a sustentabilidade, ou seja, a capacidade de extrair o necessário para sua sobrevivência e conforto, mas sem arriscar a capacidade das gerações futuras de atender a suas necessidades próprias. Assim, o monitoramento é um processo que mantém o ambiente em constante observação.

Por meio da observação são reunidas informações essenciais para avaliar as condições de um ecossistema, em especial o tipo de alteração que pode estar ocorrendo e sua velocidade. Assim, com base nesses dados, podem ser traçadas estratégias de manejos visando a conservar os recursos naturais.

A utilização de plantas e animais aquáticos nas avaliações das condições ambientais surgiu em 1908 e 1909, com os trabalhos de dois pesquisadores alemães, Kolkwitz e Marsson. Esses autores desenvolveram a idéia de saprobidade em rios como uma medida do grau de contaminação das águas, particularmente pelo aporte de matéria orgânica oriundo dos esgotos domésticos. Com a entrada excessiva de poluente orgânico há aumento dos processos de decomposição, com isso ocorre decréscimo da concentração de oxigênio dissolvido na água e a biota é eliminada pela ausência desse gás fundamental para a vida, especialmente dos animais que realizam suas trocas gasosas com a água.

A partir da entrada de efluentes orgânicos, Kolkwitz e Marsson estabeleceram zonas de recuperação das águas pela autodepuração. Assim, definiram alterações na composição da biota (plantas e animais) de acordo com os diferentes graus de poluição numa escala espacial.

Após essa idéia inicial foi observado que outras modificações diretas ou indiretas na qualidade da água são refletidas na biota que vive no sistema aquático. Desde então, estudos vêm sendo realizados para determinar graus de tolerância e sensibilidade dos organismos, estabelecendo valores e pontuações para a classificação dos sistemas quanto à qualidade da água. Nesses trabalhos, houve crescente investimento na utilização da biota nas avaliações e nos monitoramentos ambientais, originando o conceito de "organismos indicadores". Atualmente, esse conceito vem sendo utilizado não apenas em estudos sobre qualidade da água ante a poluição, mas em diversos outros campos da ambiência.

Tanto eventos naturais como antropogênicos podem afetar o ambiente aquático, cujas flora e fauna são função da combinação de fatores morfogeográficos, hidrológicos, físicos e químicos. Eventos naturais como chuvas intensas ou secas prolongadas podem levar a modificações repentinas ou graduais no habitat. As respostas dos organismos observadas *in situ* podem mostrar os efeitos integrados dos impactos causados a determinado corpo d'água (Friedrich et al., 1992). Quando comparados aos abióticos, os métodos biológicos requerem menos equipamentos, oferecem resultados mais rápidos e são mais baratos. Entretanto, Friedrich et al. (1992) ressaltam que, apesar de oferecerem algumas vantagens, os métodos biológicos não eliminam a necessidade de análises químicas e físicas. O ideal seria a integração dos diferentes métodos para montar um sistema que seja viável sob o aspecto econômico e forneça as informações necessárias com o máximo de eficiência.

O que seria monitorado, considerando-se toda a complexidade da natureza? Não é possível medir e acompanhar todas as alterações (variáveis físicas, químicas, biológicas, processos naturais e interferências antrópicas). Em geral, a escolha recai sobre os atributos físicos e químicos, como: temperatura, pH, condutividade elétrica, concentrações de nutrientes, de oxigênio, de poluentes considerados importantes ou significantes, entre outros. Tais atributos, em geral, são fáceis de serem medidos, mas informam muito pouco sobre as respostas dos ecossistemas ou das espécies que ali vivem, pois essas medidas são todas pontuais e/ou momentâneas.

Já os organismos podem nos fornecer outras informações mesmo depois de um evento ter ocorrido, pois vivem no sistema e estão expostos às alterações. Portanto, por meio de seus comportamentos podemos diagnosticar impactos que estariam ocultos mesmo depois de seu acontecimento, se tivermos apenas medidas de variáveis físicas e químicas. A prática que utiliza organismos vivos nas observações que visam a monitorar um ambiente denomina-se monitoramento biológico ou biomonitoramento.

Monitoramento Biológico ou Biomonitoramento

Monitoramento biológico é o uso regular e sistemático de organismos para determinar a qualidade ambiental. Ou ainda, segundo Matthews (1985), apud Rosenberg & Resh (1993), o monitoramento biológico pode ser definido como o uso sistemático das respostas biológicas nas avaliações das mudanças no ambiente, com o objetivo de aplicar as informações obtidas num programa de controle de qualidade. Essas alterações freqüentemente são causadas por fontes antropogênicas.

Por meio das respostas emitidas por determinados organismos vivos pode-se ter indícios da qualidade do sistema monitorado. Por exemplo, certos líquens que crescem sobre troncos de árvores são altamente sensíveis à poluição do ar e, portanto, podem ser indicadores desses fatores quando desaparecem. De maneira semelhante, os ecossistemas aquáticos podem ser monitorados a partir das observações da sua fauna e/ou flora.

Apesar de a maioria dos trabalhos citados na literatura ser voltada para o biomonitoramento de águas poluídas, há monitoramentos que se preocupam tanto com as alterações ambientais causadas pela exploração do homem quanto com aquelas de fontes naturais.

Qualquer organismo que viva na água pode ser monitorado, assim, há grande variedade de indicadores biológicos potenciais. Entretanto, os macroinvertebrados se destacam por atenderem a vários requisitos que definem um bom indicador biológico: são reconhecidos por não-especialistas, têm distribuição ampla, são numericamente abundantes, têm mobilidade restrita e podem ser estudados em experimentos de laboratório.

Macroinvertebrados Bentônicos

Os macroinvertebrados bentônicos não formam um grupo taxonômico específico, são aqueles invertebrados que habitam o substrato do fundo (sedimento, entulhos, macrófitas, algas filamentosas, etc.) dos habitats de água doce, pelo menos durante parte do seu ciclo de vida (fase imatura, no caso dos insetos). Pode-se ainda afirmar que são os invertebrados que ficam retidos em peneiras com malha com orifícios de 200 μm a 500 μm (Wiederholm, 1980), embora os primeiros estágios de vida de algumas espécies sejam ainda menores (Rosenberg & Resh, 1993).

Uma das formas de avaliação biológica é o método ecológico, no qual são consideradas duas formas de análise: uma baseada em uma espécie indicadora e a outra, na estrutura da comunidade.

Indicador Biológico

Indicador biológico é uma espécie ou grupo de espécies que, em decorrência de suas exigências (organismos estenóicos), caracterizam algumas propriedades físicas e químicas dos ambientes.

Por exemplo, entre o grupo de macroinvertebrados bentônicos, os organismos da ordem Plecoptera (Insecta) são sensíveis à redução da concentração de oxigênio dissolvido na água, resultante da entrada de material orgânico, como os despejos urbanos. Também é conhecida a sensibilidade das trutas à temperatura e à disponibilidade de oxigênio na água. Esses peixes são de águas frias, bem oxigenadas e corredeiras e qualquer alteração no ambiente que interfira nessas variáveis pode fazer com que sejam eliminados. A espécie Indicadora é definida como uma espécie, uma população ou uma comunidade com exigências (necessidades) particulares em relação a um conjunto de variáveis físicas e químicas, de modo que mudanças na presença/ausência, no número de indivíduos, na morfologia, na fisiologia, ou no comportamento indicam que as variáveis estão fora de seus limites de preferência. Por exemplo, os córregos onde vivem as trutas são de altitudes, com velocidade de correnteza elevada, águas frias e claras e altos teores do oxigênio.

O conceito de espécie Indicadora é de central importância no uso de macroinvertebrados bentônicos no monitoramento biológico. Os macroinvertebrados, conforme citado anteriormente, reúnem muitas espécies de invertebrados com diferentes níveis de sensibilidade e tolerância às modificações no ambiente. Entre eles, podemos citar alguns exemplos:

a) Organismos com grande sensibilidade a alterações no ambiente: Ephemeroptera, Plecoptera e Trichoptera, que formam o grupo EPT, conhecidos pela sensibilidade particular à redução de oxigênio na água em decorrência do enriquecimento orgânico.

Figura 1 Organismo da ordem Plecoptera (Insecta).

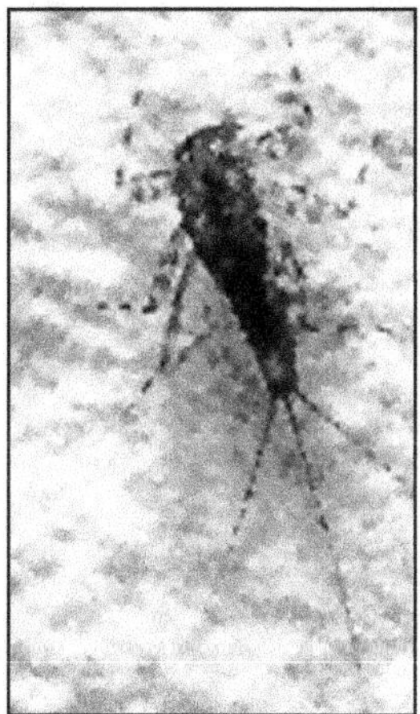

Figura 2 Organismo da ordem Ephemeroptera (Insecta).

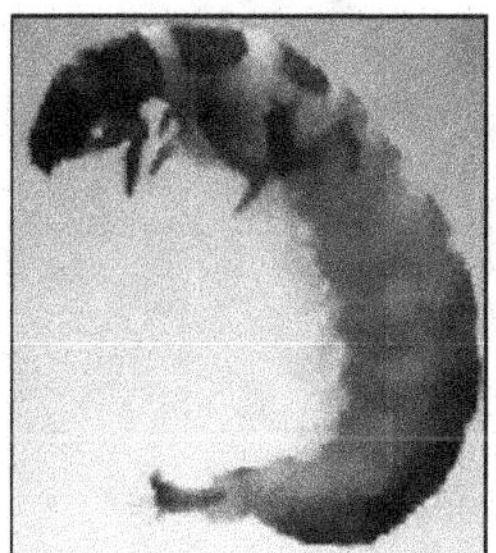

Figura 3 Organismo da ordem Trichoptera (Insecta).

b) Organismos com médio grau de tolerância.

Figura 4 Organismo da ordem Coleoptera (Insecta).

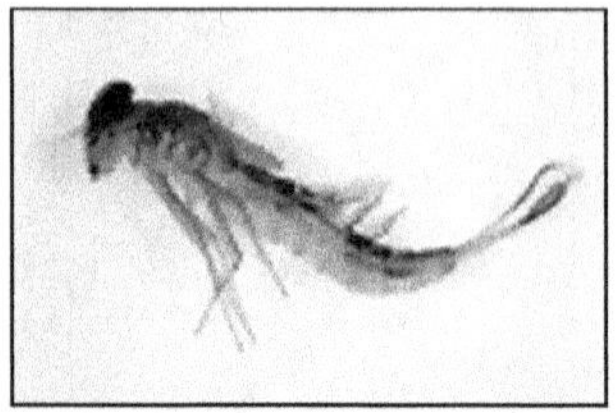

Figura 5 Organismo da ordem Odonata (Insecta).

c) Organismos tolerantes.

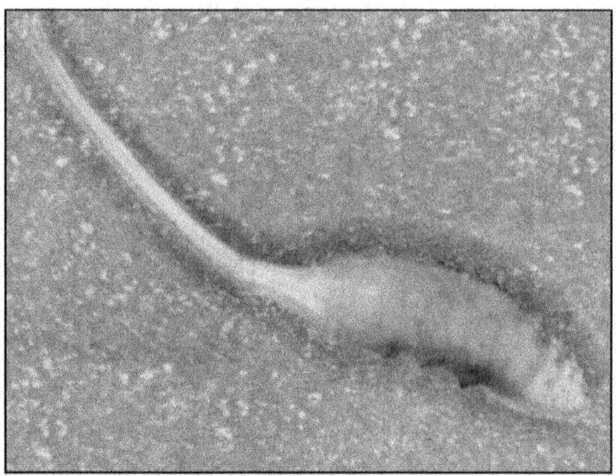

Figura 6 Organismo da família Syrphidae (Díptera).

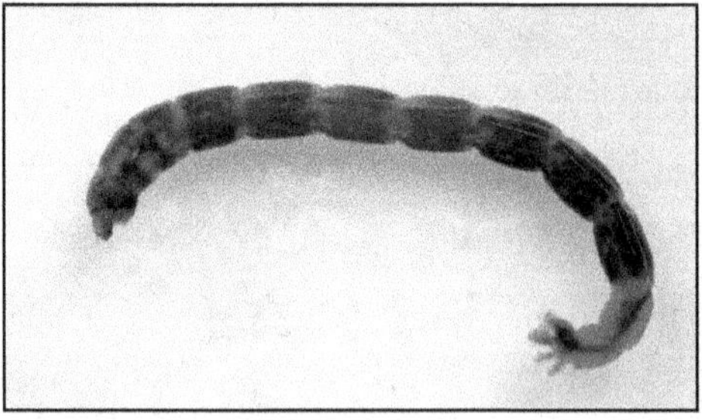

Figura 7 Organismo da família Chironimidae (Díptera).

O conceito de espécie indicadora pode ser estendido para população e/ou comunidade.

População pode ser definida como sendo um grupo de organismos da mesma espécie ocupando uma área definida.

As populações têm várias características que são importantes no monitoramento:

1. tamanho da população, que é medido pelo número e pela idade dos indivíduos que a compõem;
2. dispersão, ou seja; distribuição dos indivíduos no tempo e no espaço;
3. densidade e biomassa, número de indivíduos por área ou peso dos organismos em diferentes categorias tróficas;
4. natalidade e mortalidade;
5. distribuição em classes de idade e de tamanho.

Comunidade é o conjunto de populações inter-relacionadas que ocupam um mesmo ambiente. Em trabalhos de monitoramento, várias observações podem ser feitas, visando a interpretar a estrutura da comunidade no ambiente como resposta às condições ambientais.

Distribuição Populacional e Limites de Tolerância

Todas as plantas e animais têm evoluído para viverem ou ocuparem determinados ambientes que se caracterizam por condições físicas e químicas particulares. Isso pode ser constatado quando se observa a distribuição dos organismos de determinada espécie em relação aos fatores físicos e químicos do sistema.

Assim, espécies estenóicas, cujos organismos apresentam estreita faixa de tolerância, ou seja, são sensíveis a pequenas alterações ambientais, podem ser úteis como indicadoras biológicas, pois as mudanças nos padrões de distribuição e abundância da população podem indicar perturbações ambientais.

Para tanto, é importante conhecer os limites de tolerância das espécies ante fatores abióticos. Só assim podem ser estabelecidas as bases para as avaliações dos impactos sobre esses organismos.

Nos métodos biológicos, os organismos mais utilizados são os invertebrados, cuja principal aplicação é na investigação de impactos e de tendências em um ecossistema. Entre as vantagens citadas para sua utilização está o fato de serem métodos relativamente baratos, com facilidade de aplicação e não necessitarem de equipamentos especiais. Já entre as desvantagens ressaltamos a suscetibilidade a variações do ambiente, tanto naturais temporais (sazonalidade e clima) quanto espaciais (localização geográfica, geomorfologia, vegetação, entre outras), a necessidade de conhecimento sobre taxonomia e o fato de a aplicação dos resultados ser limitada aos locais de estudo.

Rosenberg & Resh (1993) afirmam que os organismos bentônicos apresentam algumas vantagens em relação aos outros invertebrados, entre as quais se destacam: a) podem ser encontrados em diferentes ecossistemas de água doce, permitindo a observação de perturbações em sua comunidade nos diversos tipos de habitat aquático;

b) apresentam grande número de espécies, oferecendo amplo espectro de respostas para as alterações ambientais; c) natureza sedentária, não permitindo a migração quando as características do meio lhes são desfavoráveis; d) apresentam ciclos de vida relativamente longos, permitindo análise temporal; e) apresentam respostas a longa distância (bacia hidrográfica); f) são de fácil amostragem; e g) existência de técnicas padronizadas.

Os principais agentes poluidores que podem entrar no sistema aquático e causar danos aos organismos que ali vivem são: material orgânico, principalmente de despejos urbanos; nutrientes de cultivos agrícolas ou florestais nas áreas de entorno dos cursos d'água; e acidificação, especialmente pela chuva ácida decorrente do aumento de SO_2 na atmosfera (produto da queima de combustível fóssil). Entre as atividades de manejo florestal, como é o caso das florestas plantadas de eucalipto, os processos de preparo do solo, colheita e fertilização são aqueles que apresentam maior potencial de impactos sobre águas da microbacia hidrográfica. Esses efeitos envolvem em primeiro lugar o aporte de sedimentos nos cursos d'água e, em seguida, o enriquecimento do meio aquático com nutrientes.

Macroinvertebrados Bentônicos como Indicadores Biológicos em Microbacias com Florestas Plantadas

O uso da comunidade de macroinvertebrados bentônicos em programas de monitoramento de recursos hídricos em áreas de florestas plantadas é comum em alguns países e tem por intuito identificar os efeitos das atividades de manejo sobre os recursos hídricos. Como exemplo, as respostas da estrutura da comunidade de macroinvertebrados bentônicos ao corte raso após 16 anos de sucessão florestal em floresta decidual mista foram monitoradas por Swank et al. (2001) em uma microbacia da estação experimental de Coweeta (USA). Imediatamente após o corte, os autores registraram aumento da diversidade taxonômica, acompanhado de aumento do número de organismos raspadores e diminuição dos organismos retalhadores. Essas modificações, analisadas em conjunto com variáveis físicas e químicas, foram associadas às alterações no habitat físico, especialmente pela entrada de partículas de solo erodidas, e à maior disponibilidade de alimento de origem autóctone, com o desenvolvimento de algas e plantas aquáticas proporcionado pela maior incidência de luz direta em conseqüência da retirada da cobertura vegetal, expondo o sistema a maior irradiação solar.

Vowel (2001) testou a eficiência do Best Management Practices (BMPs), conjunto de práticas recomendadas para reduzir o impacto das operações de manejo florestal adotado na Flórida (USA), utilizando a comunidade de macroinvertebrados bentônicos como indicador biológico. Foram avaliadas as operações de colheita mecanizada, preparo do solo incluindo a queima de resíduos e o plantio. As coletas foram realizadas antes do início das operações e após seu encerramento. Os resultados obtidos para estrutura e função da comunidade foram comparados a ecorregiões de referência. Como resultado, o autor considerou válida a utilização da comunidade bentônica como indicadora da eficiência do BMP na proteção do ecossistema aquático. Já as variáveis físicas e químicas monitoradas conjuntamente não apresentaram diferenças entre os períodos anterior e posterior às operações silviculturais, mostrando-se menos sensíveis aos impactos que a comunidade biológica avaliada. Como componentes de particular importância na avaliação do habitat foram destacados o desgaste do leito, com arrastamento de material de fundo, e conseqüentemente a desestabilização do sedimento.

De acordo com Lima & Zákia (2000), a bacia hidrográfica como sistema aberto pode ser descrita em termos de variáveis interdependentes que oscilam em torno de um padrão. Dessa forma, uma bacia, mesmo quando não perturbada por ações antrópicas, encontra-se em equilíbrio dinâmico. Assim, qualquer modificação na entrada ou na saída de energia causa uma alteração compensatória, que tende a minimizar o efeito da modificação e a restaurar o estado de equilíbrio dinâmico. Essas modificações ocorrem em vários níveis dentro da microbacia. Como consumidores primários, os macroinvertebrados desempenham papel central nas funções do ecossistema. Esses organismos são consumidores de material orgânico e a abundância relativa dos vários grupos funcionais de alimentação indicam o balanço entre autotrofia e heterotrofia num habitat aquático particular (Merritt et al., 1984).

Callisto et al. (2001), em estudo sobre a macrofauna bentônica na Serra do Cipó, MG, destacaram que a reação do ambiente aquático às mudanças ambientais determina as proporções dos diferentes grupos tróficos funcionais e as diferentes formas de uso dos recursos primários, evitando na maior parte do tempo o processo de eutrofização.

Os macroinvertebrados bentônicos participam de todos os níveis tróficos da rede alimentar, tendo uma atuação ecológica bem diversa nos ecossistemas aquáticos (Cummins & Klug, 1979, apud Eaton, 2003) . A maior contribuição desses invertebrados ocorreu no processamento da matéria orgânica de origem terrestre, principalmente da mata ciliar. Mas esses organismos também utilizam diferentes estratégias para a obtenção de alimento. Por exemplo, os organismos classificados como retalhadores e também denominados fragmentadores convertem a materia orgânica grande (folhas da vegetação ciliar) em partículas menores, acessíveis a outros grupos, como os coletores ajuntadores, que recolhem as partículas no sedimento, e os coletores-filtradores, que se alimentam das partículas menores disponíveis na coluna d'água. Esses grupos que utilizam estratégias diferentes atuam como decompositores. Um segundo grupo de decompositores, os coletores ("gatheres"), se alimenta de matéria orgânica fina que foi particulada pelos retalhadores, juntando-a aos sedimentos ou filtrando-a na coluna de água (nesse caso também são denominados "filteres"). Um papel ecológico diferente é executado pelos raspadores ("scraperes"), que se alimentam de perifíton (capa nutritiva formada por algas, fungos e bactérias e que crescem em substrato aquático). Os predadores ("predators") se alimentam de tecido animal vivo (larvas de outros insetos), podem engolir pedaços (sendo denominados "engulfers"), como é o caso das ninfas da ordem Odonata, e podem também sugar os tecidos pelo aparelho bucal sugador ("piercers"), como exemplo, citam-se os Hemiptera. Podem ainda ser citados os fragmentadores ("shredders"), que rasgam restos de folhas mortas que entram no sistema a partir da mata ciliar e/ou tecidos vivos de plantas vasculares (macrófitas). Essa diferenciação na alimentação dos macroinvertebrados divide a comunidade em diferentes categorias, que são os chamados grupos tróficos funcionais.

Inserindo o monitoramento de florestas plantadas na escala da microbacia hidrográfica há que se considerar alguns conceitos já discutidos no Capítulo 4 (conceituação de microbacias), em especial o de Contínuo Fluvial, que divide o rio em diferentes regiões geomórficas. Esse conceito permite visualizar a microbacia no contexto da paisagem e considerar características e processos típicos da região geomórfica chamada de "nascente ou cabeceira", a qual constitui, para avaliação dos efeitos hidrológicos do manejo florestal, a unidade da paisagem chamada microbacia, na qual é realizado o monitoramento.

De acordo com o conceito de Contínuo Fluvial, essa região é altamente dependente das contribuições terrestres e na comunidade biótica predominam invertebrados fragmentadores, que se alimentam de partículas maiores, e coletores ou filtradores, que filtram as partículas mais finas da coluna d'água.

A utilização do conceito de grupos tróficos funcionais consiste em uma alternativa para a interpretação do monitoramento de macroinvertebrados bentônicos como indicador da saúde hidrológica da microbacia. O conceito de saúde biológica de microbacias considera que, mesmo após a influência antrópica, suas funções, no que diz respeito à manutenção dos processos hidrológicos, devem ser mantidas. Assim, numa nascente com mata ciliar espera-se o predomínio de grupos fragmentadores. Quando a mata ciliar é retirada, não há mais aporte de entrada de folhas que servem como alimento para os fragmentadores, os quais são eliminados. Sem a mata ciliar há maior incidência de luz, favorecendo o desenvolvimento do perifíto (algas) e o aparecimento de raspadores. Entretanto, se ocorre entrada de partículas finas, pela erosão, observa-se dominância de espécies detritívoras, tanto filtradoras quanto juntadores de partículas finas no sedimento (como as larvas de Chironominae). Dessa forma, as alterações causadas nas adjacências do córrego, ou mesmo em toda a área da microbacia, podem influenciar o predomínio de um grupo funcional em detrimento de outro, mais sensível às perturbações que estão ocorrendo.

Um dos primeiros trabalhos realizados com o objetivo de inserir a comunidade de macroinvertebrados bentônicos no monitoramento hidrológico de florestas plantadas foi realizado por Câmara (2004).

Em inventário das comunidades de córregos de microbacias localizadas em diferentes regiões do Brasil, o autor verificou grande variação na composição da comunidade de macroinvertebrados, assim como na riqueza taxonômica. Essas diferenças foram relacionadas às diferentes condições geomorfológicas, climáticas, ao regime de vazão dos córregos e também à localização desses córregos em diferentes latitudes, o que já limita a ocorrência de determinados organismos.

Particularidades regionais e locais, assim como o tipo de solo, os regimes de vazão e de precipitação devem ser considerados na implantação e na interpretação dos resultados do monitoramento de macroinvertebrados, com o objetivo de identificar impactos relativos às atividades florestais realizadas na microbacia. A desconsideração desses aspectos torna difícil a separação entre efeitos do manejo florestal e efeitos dos processos naturais do sistema aquático sobre os organismos bentônicos.

Uma dessas características que é bastante associada à fixação dos organismos é o pico de vazão. Picos altos em resposta a eventos de chuva podem desestabilizar o substrato, causando deslocamento dos organismos. Esse aspecto, por outro lado, torna esse grupo de organismos um bom indicador das características de infiltração e percolação de água no solo, cuja alteração constitui um dos potenciais impactos do manejo florestal, especialmente se associado às operações de colheita e preparo do solo. Em microbacias com declividade acentuada e solos de baixa permeabilidade, os efeitos dos picos de vazão são facilmente observados por meio da comunidade bentônica. Nessas condições, outra variável com efeito negativo sobre essa comunidade biológica pode ter seus efeitos acentuados: os sedimentos em suspensão.

O aporte excessivo de sedimentos aos cursos d'água provoca a destruição dos habitats por meio da alteração do curso natural dos córregos e do assoreamento do leito, provocando o soterramento dos organismos e alterando as condições necessárias para a fixação dos organismos presentes. Como conseqüência, ocorre substituição dos grupos originalmente presentes por outros mais adaptados às novas situações. Entretanto, essas alterações podem ocorrer naturalmente, o que torna necessário o conhecimento da comunidade biológica antes da realização de intervenções na microbacia.

Como exemplo podemos citar os resultados obtidos no monitoramento de uma microbacia florestada situada na porção leste do Estado do Rio Grande do Sul, na região do município de Guaíba (Câmara, 2004). Mesmo sem a realização de atividades de manejo florestal na microbacia, recoberta com floresta plantada de eucalipto e vegetação ciliar preservada, os picos de vazão provocaram alteração na comunidade de macroinvertebrados.

Outro aspecto importante é o regime de vazão dos córregos. A quantidade de água e a velocidade da corrente são responsáveis por alguns atributos importantes do curso d'água no que diz respeito à qualidade do ambiente para a comunidade biológica. Entre eles podemos citar a concentração de oxigênio, que varia em função da quantidade e da velocidade dos cursos d'água.

O efeito dessas variáveis sobre a comunidade de macroinvertebrados pôde ser observado durante o inventário.

Na Figura 8 estão os valores diários de vazão na microbacia, com as datas de coleta destacadas. Na Figura 9 estão representados os principias grupos de macroinvertebrados coletados em cada uma das datas de coleta.

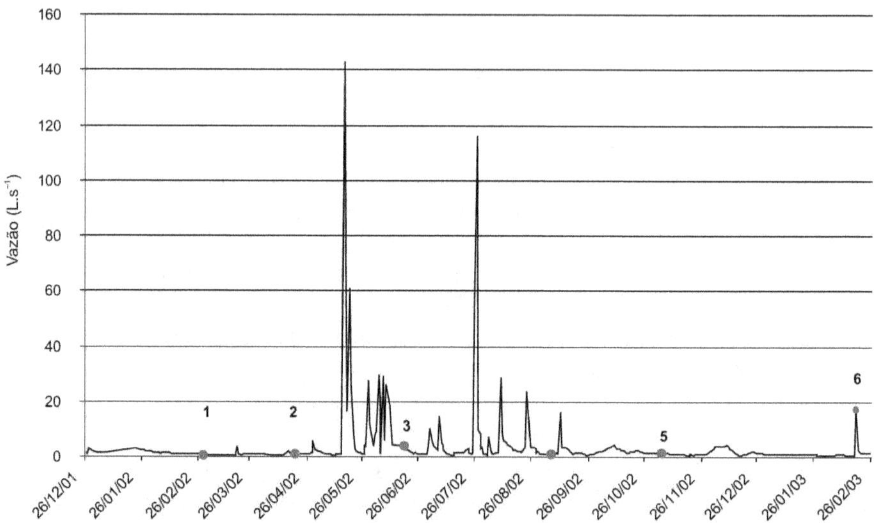

Figura 8   Valores médios diários de vazão no córrego da microbacia com floresta plantada localizada em Guaíba, RS, no ano de 2002. Pontos em destaque (●) correspondem às datas de coleta de macroinvertebrados bentônicos.

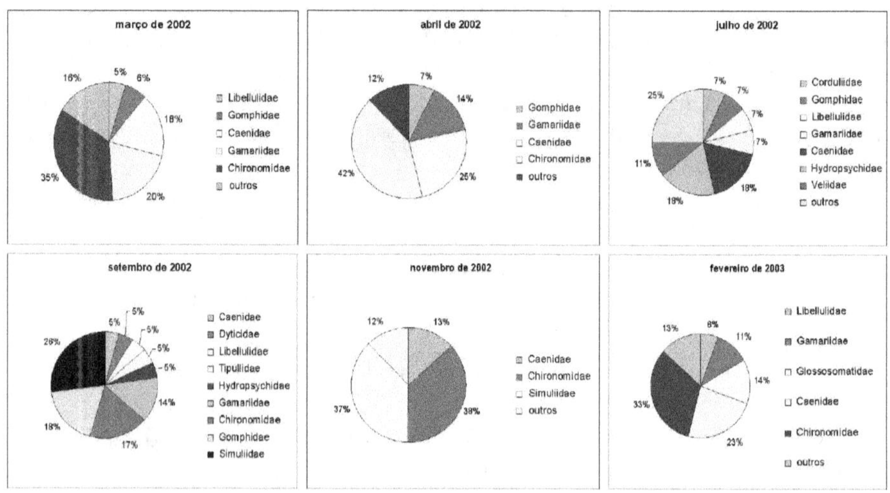

Figura 9   Densidade relativa das principais unidades taxonômicas registradas na microbacia com floresta plantada de eucalipto em Guaíba, por data de coleta. Os resultados representam os grupos taxonômicos com participação igual ou superior a 5% do total de organismos.

Importância da Preservação da Zona Ripária para a Comunidade Bentônica

Segundo Lima & Zákia (2000), há interação funcional permanente entre a vegetação ripária, os processos geomórficos e hidráulicos do canal e a biota aquática. Essa interação decorre primeiramente do papel desempenhado pelas raízes na estabilização das margens. A mata ciliar também abastece continuamente o rio com material orgânico e, inclusive, com galhos ou mesmo troncos caídos. Nos córregos de primeira a terceira ordem, que caracterizam a rede de drenagem das microbacias, a contribuição da vegetação adjacente ao curso d'água é fundamental para a nutrição dos córregos, pois a produção primária é reduzida pelo sombreamento, tornando a área dependente do material alóctone. A composição florística original é fundamental para garantir suprimento alimentar adequado aos organismos do local. Embora não haja estudos sobre o efeito da substituição dessa vegetação por espécies exóticas, há que se considerar alguns aspectos importantes, como a adequação da vegetação para a utilização da comunidade bentônica local e, ainda, conforme estudos realizados por Huryn (2000), essa região constitui o habitat natural para os macrionvertebrados que têm sua fase adulta terrestre.

Muchow & Richarson (1999) destacam que a zona ripária na região da microbacia, onde muitas vezes os fluxos d'água são intermitentes, concentra valiosos recursos e sua proteção está diretamente relacionada à estabilização dos canais e à manutenção do habitat para a biota aquática.

Huryn (2000), em estudo sobre os efeitos da colheita florestal nas comunidades de insetos aquáticos em uma microbacia de 24 ha nos EUA, destaca que essa atividade pode causar diferentes efeitos sobre a estrutura das comunidades bentônicas, os quais se devem, entre outros fatores, a alterações nos padrões de descarga, sedimentação e alteração no curso normal dos canais. De acordo com Wallace et al. (1998), os efeitos do corte da floresta sobre a estrutura da comunidade pode persistir por mais de 5 anos, com base em estudos realizados em pequenos córregos da região sul da cadeia dos Apalaches, nos EUA, com a colheita realizada sem restrições em relação à preservação da vegetação da zona ripária.

Considerando diferentes aspectos da interdependência entre a comunidade bentônica e a vegetação ripária original, como estabilização das margens, nutrição, habitat, além de sua influência sobre variáveis físicas, como temperatura da água e proteção contra a entrada de sedimentos provenientes das zonas mais elevadas, a manutenção da zona ripária sempre que possível com sua vegetação original é fundamental para a manutenção da comunidade bentônica.

Aspectos Metodológicos

Nas avaliações e nos monitoramentos biológicos faz-se uso sistemático e regular dos organismos para determinar a qualidade ambiental. Os biologistas freqüentemente precisam usar os padrões de distribuição e de abundância dos organismos para detectar as mudanças ambientais e inferir suas causas por meio de estudos de correlações entre variáveis abióticas e bióticas.

As alterações num sistema aquático podem ser eventos temporais, por exemplo, despejos num mesmo local e que acontecem periodicamente, ou eventos espaciais, por exemplo, ao longo de um rio, com diferentes pontos de entradas de resíduos ou despejos.

A partir do despejo são realizadas observações ao longo do tempo e/ou do espaço, num gradiente de situações até a recuperação do sistema.

Portanto, as correspondências biológicas e ambientais têm sido feitas por comparações entre locais e/ou um mesmo local em tempos diferentes. Ao analisar os grupos, compará-los a grupos-padrão e avaliar os impactos e as perturbações, pode-se entender a causa e o feito (tempo e espaço para a recuperação) e desenvolver ou estabelecer modelos de manejo.

Os pesquisadores que trabalham com os organismos bentônicos devem estar atentos ao problema da variabilidade dos sistemas e enfatizar a necessidade de planejar as amostragens e as coletas de material.

São muitos os equipamentos que podem ser utilizados, desde redes simples (D-net), que são bastante práticas e funcionais para corpos de água de pequeno porte, como córregos, riachos, poças e regiões marginais de sistemas lênticos, especialmente quando os objetivos são análises qualitativas e levantamentos preliminares para o inventário de grupos taxonômicos.

Os problemas surgem quando há a necessidade de amostragens quantitativas para cálculos estatísticos e comparações numéricas. Cita-se como o maior problema a escolha adequada do amostrador, isto é, do tipo de coletor a ser empregado, seguida da escolha do número de amostras ou réplicas a serem obtidas em cada ponto e/ou período de amostragem, tudo isso porque a comunidade bentônica tem uma distribuição em geral agregada.

Bibliografia

CALLISTO, M.; MORETTI, M.; GOULART, M. Macroinvertebrados bentônicos como ferramenta para avaliar a saúde de riachos. *Revista brasileira de recursos hídricos*, v. 6, n. 1, p. 71-82, mar. 2001.

CÂMARA, C. D. Critérios e indicadores para o monitoramento hidrológico de florestas plantadas. 2004. 170 p. Tese (Doutorado) – Escola de Engenharia de São Carlos, Universidade de São Paulo, São Carlos.

EATON, D. P. Macroinvertebrados aquáticos como indicadores ambientais da qualidade de água. In: CULLEN, L. J.; RUDRAN, R.; PÁDUA, C. V. *Métodos de estudo em biologia da conservação e manejo da vida silvestre*. Curitiba: Ed.UFPR, 2003.

FRIEDRICH, D.; CHAPMAN, D.; BEIM, A. In: CHAPMAN, D. *Water quality assentments*. London: Chapman & Hall, 1991. p. 171-229.

HURYN, A. D. The effects of Timber harvest on insect communities of small headwaer streams. In: FOREST ECOSYSTEM INFORMATION EXCHANGE: FORESTRY AND THE RIPARIAN ZONE. *Anais...* Orono, ME, USA: University of Maine, 2000.

LIMA, W. P.; ZÁKIA, M. J. B. Hidrologia de Matas Ciliares. In: RODRIGUES, R. R.; LEITÃO FILHO, H. F. *Matas Ciliares:* conservação e recuperação. São Paulo: Edusp, 2000. p. 33-44.

MERRITT, R. W.; CUMMINS, K. W.; BURTON, T. M. The role of aquatic insects in the processing and cycling of nutrients. Cap. 6, pp. 134-163. In: RESH, V. H.; ROSENBERG, D. M. (Eds.). *The ecology of aquatic insects.* New York: Praeger Publ., 1984. x+625p.

MUCHOW, C. L.; RICHARSON, J. Unexplored diversity: macroinvertebrates in coastal British Columbia headwater streams. In: *Proceedings of a conference on the biology and management of species and habitats at risk.* Kamploops, BC, 1999. v. 2, p. 15-19.

ROSENBERG, D. M.; RESCH, V. H. Introduction to fresh water biomonitoring and benthic macroinvertebrates. In: ROSEMBERG, D. M. & RESH, V. H. *Fresh water biomonitoring and Benthic macroinvertebrates.* New York: Chapman & Hall, 1993, p. 1-9.

SWANK, W. T.; VOSE, J. M.; ELLIOT, K. J. Long-term hydrologic and water quality responses following commercial clearcutting of mixed hardwoods on a southern Appalachian catchment. *Forest Ecology and Management,* n. 143, p. 163-178, 2001.

VOWEL, J. L. Using stream bioassessment to monitor best management practice effectiveness. *Forest Ecology and Management,* n. 143, p. 237-244, 2000.

WALLACE, J. B.; GUTZ, M. E.; SMITH-CUFFNEY, F. Long term comparison of insect abundances in disturbed and undisturbed Appalachian headwater streams. *Verh. Internat. Verein. Limnol.,* v. 23, p. 1224-1231, 1998.

WIEDERHOLM, T. Chironomidae of the Horartic region. Keys and diagnoses. Part 1. Larvae. *Entomologica Scandinavica,* v. 19, 457 p., 1980.

Capítulo X

SEDIMENTOS FINOS EM MICROBACIAS HIDROGRÁFICAS

Fernando Frosini de Barros Ferraz

Introdução

A erosão mecânica do solo é um fenômeno natural que envolve desprendimento, transporte e deposição de partículas ao longo das encostas e cursos d'água, em um processo desencadeado pelo impacto das gotas de chuva sobre a superfície do solo, que ocorre com força suficiente para quebrar grânulos e destacar partículas individuais. A ação da chuva ocorre, basicamente, por meio de dois fenômenos: a força de impacto das gotas d'água ao atingir o solo e sua energia cinética, decorrente da distribuição das dimensões das gotas e de sua velocidade de queda, fatores diretamente relacionados à intensidade da precipitação.

No início de uma precipitação, praticamente toda a água infiltra-se no solo, processo que tende a ser mais lento à medida que o solo se satura, formando um filme d'água em sua superfície, o qual carrega consigo partículas de solo desprendidas, que, por sua vez, ao penetrarem no solo diminuem a taxa de infiltração, entupindo seus poros e causando a descida do filme d'água pela encosta, gerando, então, escoamento superficial e configurando processo de erosão laminar. Se o fluxo d'água aumenta, a água escoa na forma de pequenos canais, configurando o processo de erosão linear. Nos dois casos, a velocidade de escoamento e o poder erosivo das águas são diretamente proporcionais à declividade da encosta onde ocorre o processo.

A erosão laminar normalmente carrega partículas menores, como minerais de argila e as frações granulométricas inferiores ao silte, enquanto a erosão linear transporta partículas de maior granulometria. A erosão laminar é um processo de perda de solo, em que partículas superficiais e subsuperficiais com tamanho médio inferior a 45 mm são removidas da cobertura pedológica por meio de mecanismo de arraste, de forma mais intensa e nítida quando ocorre sobre solos desprovidos de cobertura vegetal, nos quais o impacto direto das gotas de chuva desagrega a camada superficial do solo, removendo partículas que são carreadas pelas águas superficiais. O conceito de suscetibilidade à erosão está relacionado às características intrínsecas da área, como a condição topográfica em que se encontra o solo, propriedades físicas e resistência natural à erosão.

A densidade da cobertura vegetal tem, portanto, grande influência sobre a erosão mecânica, uma vez que a interceptação da chuva pelas folhas de vegetais e a proteção proporcionada pela serrapilheira ao solo reduzem a energia cinética das gotas d'água, diminuindo seu poder erosivo.

Sedimentos em Rios

Em uma escala de bacia de drenagem, a erosão, sob a óptica dos ciclos morfoclimáticos, é um conjunto de fenômenos químicos e mecânicos sob influência direta do clima (Mortatti, 1995), constituindo fator geográfico de estruturação de paisagens, estando diretamente relacionada ao transporte de materiais em suspensão pelo escoamento superficial rápido e com elevada correlação com o regime hídrico predominante no ecossistema (Tardy, 1990).

A medida da carga sólida fluvial é a melhor maneira de avaliar a intensidade da erosão mecânica (Probst, 1992), porém é uma tarefa delicada, uma vez que a concentração de matéria em suspensão pode variar consideravelmente entre as margens, em razão da distância das margens e da profundidade, o que dificulta a representatividade da amostragem. Variações metodológicas do processo de amostragem explicam a diversidade de resultados encontrados na literatura.

Dependendo da dimensão de uma partícula, ela pode ser transportada em suspensão, em um fluxo turbulento ou por rolamento junto ao leito do rio. Os sedimentos mais grosseiros são mais lentos, enquanto os sedimentos finos se movem rio abaixo na mesma velocidade da água, podendo apresentar distribuição variável na direção vertical da coluna d'água. Portanto, se as amostragens forem realizadas próximas ao leito do rio, as partículas maiores serão amostradas e as mais finas aparecerão na superfície.

Para resolver esse problema, Nordin et al. (1983) propuseram a utilização de um sistema amostrador e integrador de profundidade, que consiste em um guincho hidráulico de velocidade variável, que sustenta uma garrafa amostradora com bico para a entrada da amostra mantido por um lastro metálico. A velocidade de entrada do material amostrado deve ser próxima à velocidade da corrente do rio e a velocidade de descida do amostrador deve ser constante e de acordo com o tipo de bico utilizado na amostragem. Para dar maior representatividade às amostras, a seção do rio pode ser dividida em vários perfis de amostragem.

Para rios de pequeno e médio porte, normalmente, são utilizados amostradores pontuais, que, pela facilidade de operação, permitem amostrar várias vezes o mesmo local. Há vários tipos desses amostradores, com destaque para os citados por Guy & Normam (1970) do Serviço Geológico dos Estados Unidos da América (USGS). Para maior representatividade com o uso desses amostradores, as amostragens devem ser realizadas no eixo da corrente, em posição que caracterize 60% da profundidade local ou, então, em duas profundidades, correspondentes a 20% e 80%.

Sedimentos em Microbacias

A utilização de microbacias hidrográficas como unidades experimentais teve início por volta do começo do século XX em vários países e os inúmeros resultados obtidos demonstram que o uso da terra e as atividades nela desenvolvidas afetam a quantidade, o regime de vazão e a qualidade de sua água. Outros estudos, como os de Aubertin & Patric (1974), evidenciaram que é possível realizar determinado grupo de operações de exploração econômica do solo com um mínimo impacto à qualidade da água.

Por meio do monitoramento de indicadores hidrológicos na escala da microbacia é possível identificar várias práticas de manejo que não são compatíveis com a sustentabilidade, as quais podem ocorrer em diferentes escalas. Por exemplo, a compactação do solo em uma propriedade rural contribui para a degradação dos recursos hídricos, uma vez que prejudica o processo de infiltração de água no solo.

Dentro do paradigma de manejo sustentável, o monitoramento deve ser voltado para a identificação e o teste de parâmetros que possam sinalizar, de forma rápida e competitiva, as condições e as tendências do ambiente causadas pelas atividades desenvolvidas (Walker et al., 1996).

O monitoramento de indicadores de produção e qualidade da água em uma microbacia é a forma mais adequada de direcionar o manejo do solo, a cobertura florestal da área e outros recursos para a sustentação dos ciclos biogeoquímicos, sem afetar a vitalidade do ecossistema. Recentemente, a utilização da metodologia para monitoramento ambiental vem sendo consolidada em vários países pela constituição das denominadas redes integradas de microbacias (Moldan & Cerny, 1994), as quais, em geral, têm por objetivos básicos o desenvolvimento de testes e modelos para a predição do funcionamento da microbacia em termos de ciclos biogeoquímicos, processos de geração do escoamento direto (modelos de mapeamento da zona ripária) e monitoramento dos efeitos do manejo e da alteração da paisagem.

Nesse contexto, o monitoramento dos sedimentos em suspensão na água de microbacias tem grande importância, uma vez que são responsáveis pela alteração da qualidade da água em termos de turbidez e temperatura, assim como por sua interação com compostos orgânicos e íons inorgânicos.

A natureza dos sedimentos em suspensão presentes na água depende de fatores como: cobertura vegetal, geologia, solo, relevo, área da bacia, clima e velocidade de escoamento. A utilização da terra da microbacia, incluindo o desmatamento, a agricultura e as obras de engenharia (estradas, reservatórios, práticas de conservação do solo, etc.), afeta a concentração e a distribuição de sedimentos em suspensão. Suas partículas podem ser agrupadas em componentes inorgânicos, oriundos do intemperismo (partículas minerais), e em macromoléculas orgânicas, sendo enriquecidos com elementos relativamente insolúveis, como o Al e o Fe, assim como podem ser empobrecidos de elementos mais solúveis, como Na e Ca, relativos à composição da rocha (ou geologia) da microbacia, assim como à carga de sólidos totais em suspensão (Cerny et al., 1994). Podem ainda apresentar elevada área de absorção e, dependendo de sua distribuição, do sinal e da intensidade de sua carga elétrica, exercer significativo controle sobre a concentração e o comportamento dos solutos na água.

As estradas florestais são a principal fonte de sedimentos em microbacias cobertas por plantios florestais. Estudos realizados por vários autores, como Loftis et al., (2001). demonstraram a contribuição das estradas florestais e dos veículos que a percorrem como sendo a principal fonte de sedimentos, como apresenta o gráfico da Figura 1.

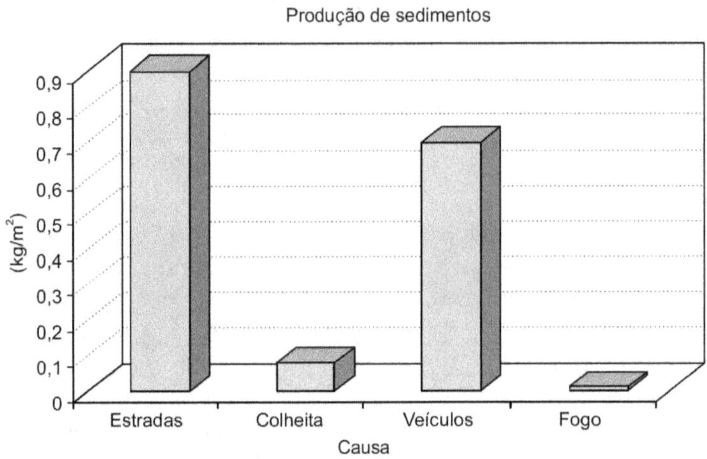

Figura 1 Comparação entre a produção de sedimentos por diversas atividades relacionadas ao manejo de microbacia florestada (adaptado de Loftis et al., 2001).

Amostragem de Sedimentos em Microbacias

Em microbacias, os sedimentos em suspensão são, predominantemente, transportados durante períodos de picos de vazão, sendo necessária uma amostragem representativa desses períodos, com medição simultânea do deflúvio. A concentração de sedimentos é heterogênea ao longo da seção transversal de um riacho, principalmente em condições de cheias, em função da natureza dos colóides, conformação do canal e velocidade do escoamento.

Em riachos pequenos e bem homogeneizados, uma amostragem vertical simples pode ser utilizada na porção mediana de sua seção transversal ou, preferivelmente, no ponto mais profundo do canal. Quando o riacho é maior e não se dispõe de informações adequadas de sua velocidade e da distribuição de sedimentos em suspensão, deve-se utilizar quatro ou mais amostragens verticais em várias subseções de mesma largura na porção mediana da seção transversal (método de incrementos de larguras). Sendo conhecida a distribuição da velocidade na seção do canal, amostragens verticais (pelo menos 5 amostras) devem ser locadas no centróide de cada subseção de igual descarga (método de incremento de descarga). O local de amostragem deve ser próximo ao vertedor, onde as condições do canal são mais estáveis. Deve, ainda, estar longe da confluência de dois canais, a fim de evitar problema de refluxo.

Outro método para obter amostras a diversas profundidades é a utilização de amostradores automáticos (Hudson, 1997), os quais fazem coleta de amostra em profundidades predeterminadas. Exemplo típico é a garrafa amostradora apresentada na Figura 2, constituída de um frasco e dois tubos dobrados. Os modelos comerciais apresentam tubos de cobre recurvados, mas pode ser usado um modelo mais simples, constituído por um tubo de plástico unido a uma placa rígida. O frasco começa a encher-se quando a profundidade da corrente alcança o ponto A, então, começa o fluxo do sifão ao frasco, o qual pára quando a profundidade atinge o ponto B, que é a saída da tubulação, pela qual o ar é expelido. A amplitude da amostragem é controlada pela distância entre os pontos A e B.

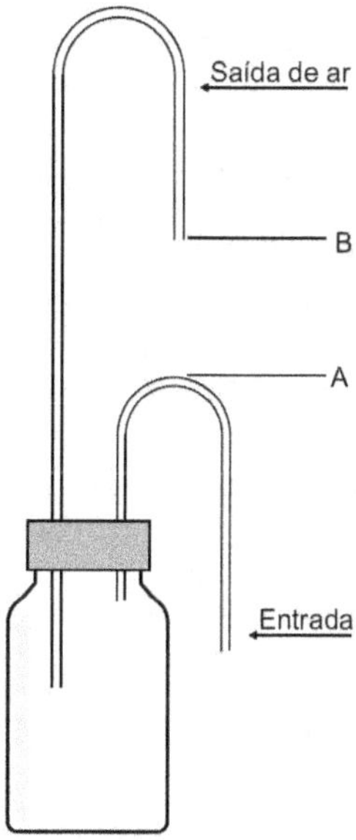

Figura 2   Garrafa com sifão para amostragem de sedimentos em suspensão em microbacias.

Modelos Hidrológicos

Como visto anteriormente, a produção de sedimentos em bacia hidrográfica é um processo extremamente complexo, relacionado ao uso do solo, à hidrologia, à geomorfologia, à pedologia, etc., o que torna vários métodos de simulação inadequados para a obtenção de resultados que visam à tomada de decisões e ao estabelecimento de cenários. Para superar essa deficiência, são necessárias diversas técnicas combinadas, como modelos de geração de runoff, de erosão e de transporte de sedimentos, obtendo, assim, um resultado mais completo, o qual passa a ser considerado um modelo hidrológico, que é um conjunto de rotinas matemáticas com proposta simplificada dos processos naturais. Sua aplicação pressupõe a simulação desses processos de maneira conceitual, com base em informações sobre o ecossistema real, com o objetivo de compreender o funcionamento do ecossistema, simular eventos passados, testar hipóteses ou elaborar cenários futuros.

Há uma grande variedade de modelos hidrológicos que, para melhor compreensão de suas finalidades, podem ser agrupados em classes segundo algumas de suas características principais:

- modelos discretos ou contínuos: um modelo é contínuo quando os fenômenos que representa são contínuos no tempo. Quando os fenômenos se dão em intervalos de tempo determinados, são ditos discretos;

- modelos concentrados ou distribuídos: concentrados são os modelos cujos parâmetros de alimentação variam somente em função do tempo e são representados por equações diferenciais ordinárias com uma variável independente. Modelos distribuídos são aqueles em que os parâmetros de alimentação variam, também, segundo o espaço geográfico, sendo representados por equações diferenciais parciais com mais de uma variável independente;

- modelos estocásticos ou determinísticos: determinísticos são os modelos em que para uma mesma entrada, o sistema produz sempre a mesma saída. Estocásticos são aqueles em que o relacionamento entre entrada e saída é estatístico;

- modelos conceituais ou empíricos: conceitual é aquele em que as funções utilizadas em sua elaboração levam em consideração os processos físicos. Os modelos empíricos são os que ajustam os dados calculados aos observados por meio de funções empíricas, mas que estão relacionadas com a física do sistema.

Como exemplo de modelos do tipo determinístico temos os de precipitação-vazão, vazão-vazão e água subterrânea, sendo que os dois primeiros podem, ainda, ser empíricos ou conceituais. Os modelos precipitação-vazão calculam as vazões de uma bacia hidrográfica a partir de uma série de dados de precipitações ocorridas sobre ela. São utilizados para complementar séries de dados de vazões, construir hidrogramas de dimensionamento, prever cheias em tempo real e avaliar o uso da terra da bacia hidrográfica.

Os modelos vazão-vazão permitem o cálculo de vazões de uma seção a jusante a partir de um ponto a montante de um rio, possibilitando a extensão de séries de vazão, a avaliação das modificações ocorrida nos rios e, também, previsões em tempo real. Já os modelos de água subterrânea sintetizam o movimento e a disponibilidade de água subterrânea a partir de dados sobre a realimentação, o bombeamento e as características hidrodinâmicas do aqüífero. São utilizados para cálculo de capacidade de bombeamento, distribuição do nível do lençol freático e determinação de perímetros de irrigação.

Em meados dos anos 60, juntos com os computadores, chegaram os primeiros modelos que buscavam retratar o comportamento de bacias hidrográficas por meio de equações empíricas em computadores. O STANFORD IV (Crawford & Linsley, 1966) foi um dos primeiros a ser bem-sucedido, representava a maioria dos processos da transformação precipitação-vazão e podia ser utilizado em bacias urbanas e rurais com diferentes tamanhos e coberturas, mas apresentava como principal desvantagem o grande número de parâmetros de entrada necessários à sua operabilidade.

O TOPMODEL (Beven & Kirby, 1978) é o precursor dos modelos baseados em Sistemas de Informações Geográficas (SIG) e utiliza para a analise topográfica um Modelo Digital de Elevação, simulando a umidade do solo e a vazão com base na topografia da superfície e nas propriedades do solo.

Desenvolvidos para manipular informações espacialmente distribuídas, os SIGs têm se destacado nos últimos anos como a maior tendência mundial em aplicações de modelagem hidrológica, determinando parâmetros hidrológicos pela análise topográfica do terreno e considerando a distribuição espacial do solo, cobertura, precipitação, etc. Alguns desses modelos podem ser executados totalmente dentro de um SIG.

Com essa evolução, as cargas difusas, não pontuais, como sedimentos, herbicidas e nutrientes, e de difícil controle passaram a ser simuladas com maior eficácia. O modelo AGNPS (Young et al., 1989) considera a bacia hidrográfica como limite e permite simular o transporte de nutrientes e sedimentos, possibilitando uma avaliação do impacto da agricultura na qualidade da água, já o modelo SWAT (Arnold et al., 1993) foi desenvolvido para simular a qualidade da água em função da alteração de cenários na bacia hidrográfica.

Modelagem de Sedimentos no SWAT

Um dos mais bem-sucedidos modelos hidrológicos atuais, o Soil Water Assessment Tool (SWAT), vem sendo desenvolvido desde 1996 pelo Agricultural Research Service, nos Estados Unidos, com o objetivo de simular a análise das alterações na utilização do solo, as práticas de manejo do escoamento e a qualidade da água. O modelo considera as características físicas da bacia em que está sendo aplicado, normalmente bacias de mesoescala, de forma contínua. A unidade básica de simulação é a Unidade de Resposta Hidrológica (HRU), definida de acordo com a distribuição do uso da terra e do solo nas sub-bacias, as quais podem ter várias HRU, dependendo da resolução dos dados utilizados no modelo. O processamento é realizado em cada HRU e sumarizado para cada sub-bacia, de forma que o fluxo de água e de nutrientes seja direcionado das sub-bacias de cabeceira para jusante, até o exutório da bacia. O diagrama da Figura 3 indica a seqüência de processamento das informações no SWAT.

O movimento da água no solo determina a taxa de transferência e a quantidade de nutrientes que chega a um corpo d'água superficial, considerando como volumes de controle o reservatório superficial, o reservatório sub-superficial, o reservatório subterrâneo com aqüífero raso e o reservatório subterrâneo com aqüífero profundo.

O escoamento superficial é originado das contribuições desses reservatórios, do escoamento lateral a partir do perfil de solo e do escoamento de retorno do aqüífero raso. O volume que percola do reservatório sub-superficial por meio do perfil do solo representa a recarga do aqüífero raso e a água que percola para o aqüífero profundo não retorna para o sistema.

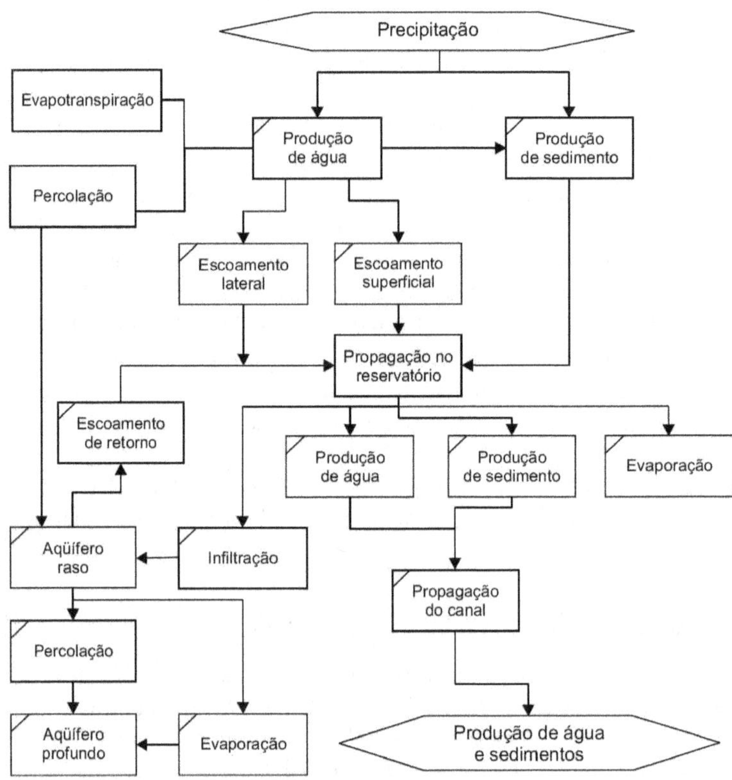

Figura 3 Seqüência de processamento das informações no SWAT (modificado de King et al., 1996).

A determinação da produção de água superficial da bacia hidrográfica é baseada na equação do balanço hídrico:

$$SW_t = SW + \sum_{i-1}^{t} \left(R_i - Q_i - ET_i - P_i - q_{lat} - q_{ri} \right)$$

em que:

SW = umidade do solo em mm,

t   = tempo em dias,

R   = precipitação diária em mm,

Q   = escoamento superficial em mm,

ET = evapotranspiração em mm,

P   = percolação em mm,

q_{lat} = escoamento lateral em mm,

q_r = escoamento de retorno em mm,

i   = tempo em dias.

O escoamento superficial ocorre quando o recebimento de água pelo solo excede a taxa de infiltração, sendo estimado pelo método do *Curve Number* do Soil Conservation Service (USDA-SCS, 1972).

$$Q = \frac{(R - 0,2s)^2}{R + 0,8s} \quad \text{sendo} \ R > 0,2s$$

em que:

Q = escoamento superficial diário em mm,

R = precipitação diária em mm,

s = parâmetro de retenção em mm.

O parâmetro de retenção varia em função do solo, de seu uso, de sua umidade e de seu grupo hidrológico, estando relacionado com o *Curve Number* (CN) pela seguinte equação:

$$s = 254\left(\frac{100}{CN} - 1\right)$$

Produção de sedimentos

A produção de sedimentos é computada para cada sub-bacia com a *Modified Universal Soil Loss Equation* (MUSLE) (Williams & Berndt, 1977).

$$E = \alpha(Q.p_q)^\beta K.LS.CP$$

em que:

E   = volume de sedimentos produzidos por uma chuva isolada,

p_q = pico de vazão produzido para a precipitação considerada,

Q   = volume de água escoada pela cheia da precipitação considerada,

K   = média dos coeficientes de erodibilidade dos solos da bacia,

LS = fator topográfico médio da bacia,

CP = o coeficiente de proteção proporcionado pela vegetação da bacia e conservação do solo,

α e β = parâmetros regionais de ajuste.

O fator LS é obtido com a equação (Wischmeier & Smith, 1978):

$$LS = \left(\frac{\lambda}{22,1}\right)^{\xi}\left(65,41s^2 + 4,565s + 0,065\right)$$

em que:

s = declividade da bacia.

O expoente ξ varia, também, com a declividade e é fornecido pela equação:

$$\xi = 0,6[1 - \exp(-35,835S)]$$

A taxa de escoamento de pico é computada a partir da fórmula Racional e o coeficiente de escoamento superficial φ é calculado em função da chuva diária e do escoamento superficial:

$$\varphi = \frac{Q}{R}$$

em que:

R = chuva diária em mm,

Q = escoamento determinado pelo método do SCS (USDA-SCS, 1972) em mm.

A intensidade de chuva é determinada pela equação:

$$r = \frac{R_{tc}}{t_c}$$

em que:

R_{tc} = quantidade de chuva durante o tempo de concentração em mm,

t_c = o tempo de concentração em horas.

O valor de R_{tc} é estimado a partir da seguinte equação:

$$R_{tc} = \alpha.R$$

A equação para o cálculo da vazão de pico é obtida substituindo as equações anteriores:

$$q_f = \frac{(\alpha.Q.A)}{360(t_c)}$$

Equação Universal de Perda de Solo

Entre os modelos que tentam exprimir a perda de solo pela erosão hídrica, a Equação Universal de Perda dos Solos (USLE), proposta por Wischmeier e Smith (1978), é a mais utilizada. Desenvolvida após várias décadas de pesquisa e experiência de campo, que permitiram identificar de forma clara os fatores que exercem influência fundamental sobre a erosão, sendo os principais a intensidade e a duração da precipitação, a erodibilidade do solo, o comprimento da encosta e sua declividade, a cobertura vegetal, o manejo do solo e as práticas conservacionistas aplicadas na área. Por ser um modelo para aplicação agrícola, várias modificações têm sido sugeridas para sua aplicação em bacias hidrográficas, compensando o volume de sedimentos acumulado na própria bacia.

A USLE é expressa da seguinte forma:

$$A = R.K.L.S.C.P.$$

em que:

R = erosividade,

K = erodibilidade do solo,

L = comprimento da encosta,

S = gradiente de declividade da encosta,

C = cobertura e manuseio,

P = práticas conservacionistas.

O fator R é um índice numérico que expressa a capacidade da chuva de causar erosão em uma área desprotegida. Leva em conta as influências erosivas das tempestades, considerando a energia cinética total de cada evento e a média da precipitação durante 30 minutos em torno da intensidade máxima. O coeficiente anual é fornecido pela soma dos coeficientes de todas as tempestades que ocorrem durante um ano e a média histórica é obtida durante vários anos.

O fator K relaciona-se ao conceito de suscetibilidade à erosão, ou erodibilidade, de um solo e suas características intrínsecas, como condição topográfica, propriedades físicas e resistência natural à erosão, influenciando a velocidade de infiltração da água, a permeabilidade, a capacidade de armazenamento e a resistência à dispersão, salpico, abrasão e escoamento.

O fator topográfico LS é a expressão das formas do relevo, determinadas pela declividade do terreno e pelo comprimento da encosta, condicionantes do desenvolvimento da erosão laminar. Esse fator é composto pelo gradiente da declividade da encosta S e pelo comprimento da encosta L, expressando o potencial de escoamento da água sobre o terreno e a força de arraste do solo na deflagração de erosão laminar.

A combinação dos fatores da equação universal de perdas de solo referentes aos elementos do meio físico erosividade (R), erodibilidade (K) e o fator topográfico (LS) compõe o que se convencionou chamar de potencial natural de erosão (PNE).

$$PNE = R.K.LS$$

O fator cobertura e manejo (C) representa a influência das variações dos métodos de execução e manejo agrícola sobre as perdas de solo. As florestas são os melhores agentes culturais para a proteção dos solos, seguidas pelas culturas forrageiras, de gramíneas ou leguminosas, em função da densidade de cobertura. Pequenos cereais são agentes intermediários e oferecem obstrução razoável ao escoamento de superfície. Culturas em fileiras, como soja e milho, oferecem pouca cobertura durante seus estágios iniciais de crescimento, favorecendo a erosão. Os valores do coeficiente C serão reduzidos quando houver grande quantidade de resíduos no solo ou em áreas de florestas e elevados em campos com pouca cobertura, como em um solo nu ou antes do desenvolvimento de cobertura protetora.

As práticas conservacionistas (fator P) expressam os benefícios obtidos pela redução das perdas de solo por erosão laminar quando são aplicados métodos conservacionistas no preparo do solo, como cultura em curvas de nível, em tabuleiros, em fileiras, em subsolagens de contorno e sistemas de terraços. Segundo alguns autores, os fatores cobertura e manejo (C) e práticas conservacionistas (P) devem ser avaliados em conjunto em razão de sua interdependência.

USLE em Microbacias

A aplicação dos parâmetros da USLE de forma distribuída no SIG tem mostrado bons resultados, como no caso da Equação Universal de Perdas de Solos Modificada (MUSLE) proposta por Williams & Berndt (1977).

Como a resposta hidrológica em uma microbacia é muito rápida, a avaliação da produção de sedimentos pela MUSLE pode ser aprimorada por meio da utilização de indicadores estruturais da paisagem, que, se bem transportados na forma de índice, proporcionam correção de alguns fatores não considerados na equação original, como a condição e a densidade de estradas e o tráfego de veículos, que, como visto anteriormente, são dos mais importantes no caso de microbacias florestadas.

A transformação de indicadores estruturais de paisagem em índice pode ser realizada com auxílio de um Decision Suport System (DSS), por meio da aplicação de um questionário específico com notas para cada item considerado. O resultado, um Índice de Estrutura da Paisagem (IEP), é incorporado aos fatores da MUSLE, como apresenta o diagrama esquemático da Figura 4.

A produção de sedimento na microbacia florestada passa então a ser determinada pela seguinte equação:

$$E = \alpha \, (Q.p_q)\beta \; K.LS.CP.IEP$$

em que:

E = volume de sedimentos produzidos por uma chuva isolada;

P_q = pico de vazão produzido para a precipitação considerada;

Q   = volume de água escoada pela cheia da precipitação considerada;

K   = média dos coeficientes de erodibilidade dos solos da bacia;

LS = fator topográfico médio da bacia;

CP = coeficiente de proteção proporcionado pela vegetação da bacia e conservação do solo;

IEP= índice de estrutura da paisagem;

α e β = são parâmetros regionais de ajuste.

Essa metodologia vem sendo testada pelo Laboratório de Hidrologia Florestal do Departamento de Ciências Florestais da ESALQ/USP em microbacias de diversas regiões do Brasil, com resultados iniciais promissores.

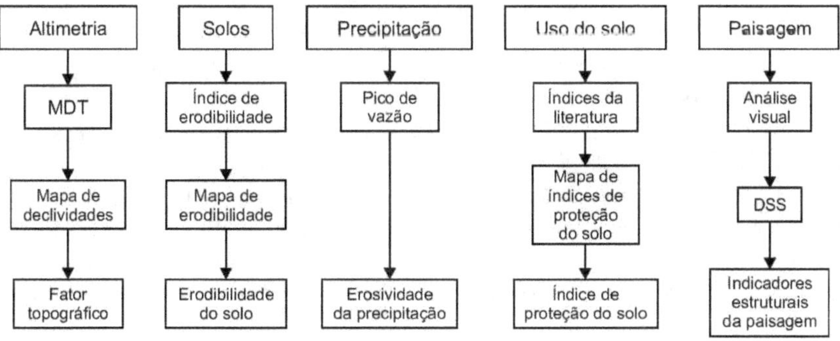

Figura 4   Diagrama esquemático com os principais fatores a serem considerados na estimativa da produção de sedimentos em uma microbacia.

Conclusões

A utilização de modelos empíricos, como o proposto no item anterior, apesar de suas limitações quanto à precisão e às condições de aplicação, vem suprir a lacuna existente entre a utilização dos modelos computacionais e a amostragem de campo.

A importância cada vez maior dada aos sedimentos para compreender os processos naturais de microbacias reflete-se na tendência mundial de desenvolvimento de modelos computacionais específicos, nos quais as estimativas de fluxo são bastante precisas, se o processo de modelagem for bem conduzido. As dificuldades inerentes ao método, como a inexistência de séries de dados históricas confiáveis, calibração e validação, tendem a ser minimizadas com a própria difusão da técnica e o conseqüente aumento na formação de pessoal qualificado para desenvolvê-la.

Bibliografia

AUBERTIN, G. M.; PATRIC, J. H. Water quality after clearcutting a small watershed in West Virginia. JOURNAL OF ENVIRONMENTAL QUALITY, v. 3, n. 3, p. 243-249, 1974.

ARNOLD, J. G.; ALLEN, P. M.; BERNHARDT, G. A comprehensive surface-groundwater flow model. *Journal of Hydrology*, v. 142, p. 47-69, 1993.

BEVEN, K. J.; KIRBY, M. J. A physically based variable contribution area model of basin hydrology. *Hydrologycal Sc. Bull.* v. 24, n. 1, p. 43-69, 1978.

CERNY, J.; BILLETT, M. F.; CRESSER, M. S. Element Budgets. In: MOLDAN, B. & CERNY, J. Biogeochemistry of small cacthments, a tool for environmental research. New York, Wiley, John & Sons, 1994.

CRAWFORD, N. H.; LINSLEY, R. S. *Digital simulation in hydrology*: the stanford watershed model. Departament of Civil Engineering, Stanford University. Technical Report 39, 1966.

GUY, H. P.; NORMAN, V. W. Field methods of measurement of fluvial sediment. U.S. Geological Survey. *Techniques of Water Resources Investigations*, Book 3, Chapter C2, 1970.

HUDSON, N. W. *Medición sobre el terreno de la erosión del suelo y de la escorrentía*. Boletín de Suelos de la FAO 68. Roma, 1997.

KING, K. W.; ARNOLD, J. G.; WILLIAMS, J. R.; SCRINIVASAN, R. Soil and water assessment Tool-SWAT. USDA, *Agricultural Research Service*. 1996. 450p.

LOFTIS, J. C.; MACDONALD, L. H.; STREETT, S.; IYER, H. K.; BUNTE, K. Detecting cumulative watershed effects: the statistical power of pairing. *Journal of Hydrology*, v. 251, p. 49-64, 2001.

MOLDAN, B.; CERNY, J. *Biogeochemistry of Small Catchment* – a tool for environmental research. John-Wiley, 1994. 418p.

MORTATTI, J. *Erosão na Amazônia*: processos, modelos e balanço. 1995. 155 f. Tese (Livre Docência) – USP/ESALQ.

NORDIN, C. F.; CRANSTON, C. C.; MEJIA-B., A. New tecnology for measuring water and discharge of large rivers: Chinese Society of Hydraulic Engineering. In: INTERNATIONAL SYMPOSIUM OF RIVER SEDIMENTATION, 2., 1983, Nanjing. *Proceedings...* Nanjing, 1983.

PROBST, J. L.; SUCHET, A. P. Fluvial suspended sediment transport and mechanical erosion the Maghreb (North Africa). *Journal des Sciences Hidrologiques*, v. 37, n. 6, p. 624-637, 1992.

TARDY, Y. Erosion. *Encyclopedia Universalis*, v. 8, p. 615-627, 1990.

U. S. DEPARTAMENT OF AGRICULTURE, Soil Conservation Service (USDA-SCS). *Engineering Handbook*: Section 4, Hydrology. Washington: USDA, Supplement A, 1972. 250p.

WALKER, J.; ALEXANDER, D.; IRONS, C.; JONES, B.; PENRIDGE, H.; RAPPORT, D. *Catchment health indicators*: an overview. Indicators of catchment health: a technical perspective. Walker & Reuter (Eds.). CSIRO, Australia, 1996. p. 3-20.

WILLIAMS, J. R.; BERNDT, H. D. Determining the universal soil loss equation's lenght – slope factor for watersheds. In: SCSA (Ed.). *Soil erosion*: prediction and control. Ankeny, 1977. p. 217-225.

WISHMEIER, W. H.; SMITH D. D. Predicting rainfall erosion losses. U.S. Dep. of Agriculture. *Agriculture Handbook*, n. 537, p. 58, 1978.

YOUNG, R.; ONSTAD, C.; BOSCH, D.; ANDERSON, W. *Agricultural nonpoint source pollution model*: A watershed analysis tool, model documentation, Agricultural Research Service, U.S. Department of Agriculture, Morris, M. N., 1986.

Capítulo XI

Situação Jurídica das Florestas Plantadas

Cristiane Derani
Maria José Brito Zakia

Da Lei de Florestas à Lei de Conservação Ambiental – Breve Histórico da Lei Florestal

A lei fundamental que disciplina o uso das florestas nativas ou plantadas é o Código Florestal. Sua primeira edição é pelo Decreto Federal 23.973, de 23 de janeiro de 1934. Neste decreto é estabelecida uma classificação das florestas segundo a sua utilidade. A classificação não é ecológica, é socio-econômica e o tratamento jurídico é estabelecido segundo a definição sobre sua utilização. Na disciplina das florestas brasileiras, esta norma classificava-as em quatro, segundo as restrições que impunha:

Art. 3º As florestas classificam-se em:

a) protetoras;

b) remanescentes;

c) modelo;

d) de rendimento.

A razão dessa classificação é a destinação econômica do recurso madeireiro na época da edição do Decreto. Assim, o artigo seguinte explicita a que deve servir a proteção de determinadas florestas. Dispõe o artigo 4º:

"Serão consideradas florestas protetoras as que, por sua localização, servirem, conjunta ou separadamente, para qualquer dos fins seguintes:

a) conservar o regime da águas;

b) evitar a erosão das terras pela ação dos agentes naturais;

c) fixar dunas;

d) auxiliar a defesa das fronteiras, de modo julgado necessário pelas autoridades militares;

e) assegurar condições de salubridade pública; proteger sítios que por sua beleza natural mereçam ser conservados;

f) asilar espécimes raros da fauna indígena."

As florestas protetoras recebiam um tratamento especial de proibição de uso ou de uso restritivo. Também sobre elas havia uma disciplina específica em relação ao direito de propriedade, pois eram consideradas inalienáveis. Tratamento semelhante era dedicado às florestas remanescentes, consideradas inalienáveis e de "conservação perene". A restrição ao uso implicava a necessidade de uma "licença prévia da autoridade florestal competente", que deveria disciplinar o uso limitado de tais florestas (art. 22, alínea g, art. 23 e art. 25).

O Decreto de 1934 não dispunha sobre área de preservação permanente, mas trazia florestas protetoras que cumpria, como resumidamente exposto, um papel semelhante.

As florestas remanescentes não estavam vinculadas a uma localidade e não se destinavam a uma finalidade de proteção, contudo recebiam também um tratamento de uso restrito. O art. 23 desse Decreto dispunha que nenhum proprietário de terras cobertas com matas poderá abater mais de três quartas partes da vegetação existente. Esta parece ser a origem da reserva legal. Havia um cuidado para que não se colocasse toda mata abaixo, não necessariamente por uma consciência ecológica, mas por uma idéia de economia e poupança. Nas florestas remanescentes, mantêm-se as árvores que deveriam permanecer na área de desenvolvimento de atividade agrícola ou pecuária.

É importante salientar que, no tocante à proibição de corte, o único dispositivo contido no primeiro Código Florestal Brasileiro era o do art. 32 que prescrevia:

Art. 32º É proibido o corte de árvores em faixa de 20 metros de cada lado ao longo das estradas de rodagem, salvo nos casos necessários e indicados pelas autoridades competentes, para a conservação da estrada ou descortino de panoramas.

Em síntese, o Decreto nº 23.973/34 trazia uma visão exclusivamente utilitária, porém, consciente da necessidade de regular o uso das florestas, para que ele pudesse ser continuado. Trazendo uma classificação de florestas que diferenciava aquelas que se destinavam diretamente à exploração econômica daquelas que deveriam auxiliar a atividade econômica florestal e sua continuidade, esta primeira norma de florestas inaugura o ideário de que os recursos da natureza devem ter um uso racionalizado em função da necessária continuidade da exploração.

A Lei nº 4.771/1965 trouxe modificações substanciais ao decreto de 1934, alterando a antiga classificação das florestas e modificando o tratamento do recurso florestal; persistindo, todavia, na percepção da floresta como recurso de atividade econômica, sem compreendê-la em sua função ecológica, própria do pensamento ambientalista.

Esta nova norma abandona a classificação dada pelo decreto anterior e, apesar de persistir na compreensão da floresta exclusivamente como recurso florestal, inaugura um tratamento mais protetivo às florestas e demais formas de vegetação.

Novo Código Florestal – Lei n° 4.771 de 15 de setembro de 1965

O assim chamado novo Código Florestal brasileiro, Lei nº 4.771, foi promulgado em 15 de setembro de 1965, e desde então sofreu diversas alterações, por meio de um Decreto-Lei (289/67), de várias leis votadas pelo Congresso Nacional e, ainda, por sucessivas medidas provisórias, conforme pode ser constatado no Quadro 1.

As florestas protetoras a que se referia o Código de 1934 tornam-se "áreas de preservação permanente", insuscetíveis de alteração, representando uma verdadeira limitação ao exercício do direito de propriedade.

As áreas de preservação permanente trazem a função ecológica de conservação de água e solo, sem previsão de uso da cobertura vegetal arts. 2º e 3º, sendo inclusive pouco considerada a existência de floresta. A razão de sua proteção é a manutenção das características geográficas de um determinado bioma. Com esse dispositivo, fica evidente uma das finalidades do Código Florestal: a proteção de água e solo, onde a vegetação cumpre um papel instrumental.

Conforme já mencionado, o novo Código Florestal, 30 anos após o Decreto de 1934, mantinha a idéia de aproveitamento racional do recurso florestal sem apresentar uma preocupação específica para a conservação do meio ambiente. Procurou-se precisar mais as obrigações dos sujeitos que se valiam do recurso florestal na sua atividade econômica, por disposições próprias do direito privado, inaugurando restrições ao exercício do direito de propriedade privada.

A floresta, embora de interesse público, ou era de propriedade privada, ou estava em propriedade pública, ou como coisa de ninguém (res nulius), assim, poderia ser incorporada à propriedade privada daquele que primeiro a tomasse para si.

A disposição que melhor ilustra a característica de incentivo à produção florestal do Código Florestal e a não preocupação com aspectos ecológicos da floresta está sediada no art. 19, que vigorou até 1986. Assim era o seu texto:

Art. 19. Visando a maior rendimento econômico é permitido aos proprietários de florestas heterogêneas transformá-las em homogêneas, executando trabalho de derrubada a um só tempo ou sucessivamente de toda a vegetação a substituir, desde que assinem, antes do início dos trabalhos, perante a autoridade competente, termo de obrigação de reposição e tratos culturais.

É perceptível que, à época da promulgação do Código Florestal, o valor das florestas estava exclusivamente na sua utilidade econômica, mesmo que indiretamente, como no caso das "florestas e demais formas de vegetação" que se tornaram protegidas por força de sua importância na garantia da existência de outros recursos naturais igualmente importantes à atividade econômica. Assim, as áreas de preservação permanente eram protegidas e, por conseguinte, as florestas e demais formas de vegetação lá existentes, pela necessidade de garantir o suprimento de água e a estabilidade do solo, por exemplo.

Com isso, áreas na beira de rio, em encostas e topo de morro passaram a ser protegidas e a supressão das florestas lá existentes foi proibida.

Esta ideologia utilitarista do Código Florestal está, de fato, presente desde seu artigo 1º. O texto do referido artigo destaca que são bens de interesse comum a todos as florestas e demais formas de vegetação que sejam úteis às terras que revestem. A utilidade no Código Florestal de 1965 era expressa em florestas de rendimento, florestas para as áreas de preservação permanente e florestas de reserva legal que deveriam ser asseguradas como parcela de sua propriedade pelo proprietário.

O Código Florestal e as demais normas relativas a recursos naturais, como o Código de Águas, a Lei de Pesca e Caça (Decreto 24.643/34, Decreto-Lei nº 221/67, Lei nº 5.197/67), tinham uma preocupação bastante voltada à disciplina do uso daqueles recursos isoladamente. A função econômica daqueles bens já havia sido percebida e, com isso, a necessidade de regular o seu uso de modo sustentável.

Somente em 1986, 14 anos depois da conferência internacional sobre meio ambiente realizada em Estocolmo na Suécia, e 5 anos após a edição da lei de Política Nacional de Meio Ambiente (Lei nº 6.938/81), com a Lei nº 7.511, e posteriormente em 1989 (Lei nº 7.803), após a promulgação da Constituição da República, que elevou a nível constitucional a proteção do meio ambiente, surgem instrumentos legais que iniciam o reconhecimento dos serviços ambientais da floresta. É nesse período que são introduzidos no Código Florestal novos limites para as Áreas de Preservação Permanente.

O art. 2º do Código Florestal que dispõe sobre as APPs (áreas de preservação permanente) foi revisto algumas vezes, mais especificamente a alínea "a", ampliando a faixa ciliar dos rios e cursos d'água que deveriam ser mantidas sem exploração.

Além da revogação do art. 19 do Código Florestal, que incentivava o plantio de alto rendimento, prevendo e incentivando o desmatamento das áreas com vegetação natural que não a de preservação permanente e que não fizessem parte da reserva legal, alterações significativas foram introduzidas para garantir a existência da reserva legal.

Com as modificações sobre reserva legal de 1989, o Código Florestal institui reserva a ser mantida com floresta no interior da área privada, a fim de garantir exemplares característicos de determinado ecossistema, contribuindo para a conservação da biodiversidade, permitindo-se tão somente o uso direto na forma de manejo sustentável.

Também disciplina o uso de florestas para que seja sustentável, inclusive dispondo sobre as condições de sua supressão. A idéia que prevalece é de que, mesmo suprimível, o proprietário tem a responsabilidade de manutenção do equilíbrio ambiental.

Sintetizando, o Código de 1965 organiza as áreas florestadas em 3 funções básicas e as regula distintamente: 1) permanência de formação vegetal para conservação de área; 2) proteção de florestas nativas para manutenção de paisagem e conservação de ecossistemas no meio rural; 3) regulação do uso de florestas para rendimento e de áreas florestadas, condicionando-as à sustentabilidade.

De fato, essa classificação apenas se torna nítida após relevantes alterações pelas quais passará o referido Código, em especial a partir da segunda metade da década de 1980.

Essas alterações decorrem das mudanças legais e constitucionais sobre o tratamento dos recursos naturais. Em 1981 vem a Lei nº 6.938/81, que dispõe sobre a Política Nacional de Meio Ambiente. Esta lei traz princípios e objetivos gerais que deverão nortear todas as demais normas que disciplinam o uso e a conservação dos elementos que constituem o meio ambiente. Destarte, o Código Florestal teve de incorporar no seu texto e na sua aplicação aquelas diretrizes trazidas pela nova lei. A conseqüência mais relevante foi a supressão do art. 19, marcando o caráter conservacionista do Código em oposição à feição puramente ordenadora da produção madeireira.

As florestas foram integradas na expressão meio ambiente e passaram a ter tratamento diferenciado pelos serviços que prestam na manutenção do equilíbrio ecológico. Sem desfigurá-la como recurso econômico, o novo tratamento impôs uma ação mais contida do processo produtivo a fim de compatibilizar o uso econômico com o desempenho da função ambiental que a ela compete.

Em 1988, com a nova Constituição Brasileira, que traz pela primeira vez na história constitucional um capítulo dedicado ao meio ambiente, a conservação das florestas e a obrigação dos detentores privados deste bem ambiental para sua manutenção são elevados à esfera máxima dos dizeres jurídicos. Neste momento, passa-se uma borracha sobre as condutas anteriores, pois a Lei Maior dita o que deve ser no mundo a partir de então. Está consagrada a função ambiental da propriedade de florestas, assim como o dever do poder público e da esfera privada de zelarem para a conservação deste recurso natural, na medida de sua influência.

A evolução do Código Florestal continua, a ponto de se pensar em uma nova lei: a Medida Provisória nº 2.166-67 de 24 de agosto de 2001. Nela há grande alteração sobre as áreas de preservação permanente e sobre a reserva legal. Traz, de modo bastante elucidativo e necessário para a aplicação do Código Florestal, uma lista de definições fundamentais:

Art. 1º § 2º Para os efeitos deste Código, entende-se por:

II – Área de Preservação Permanente: área protegida nos termos dos arts. 2º e 3º desta Lei, coberta ou não por vegetação nativa, com a função ambiental de preservar os recursos hídricos, a paisagem, a estabilidade geológica, a biodiversidade, o fluxo gênico de fauna e flora, proteger o solo e assegurar o bem-estar das populações humanas;

III – Reserva Legal: área localizada no interior de uma propriedade ou posse rural, excetuada a de preservação permanente, necessária ao uso sustentável dos recursos naturais, à conservação e reabilitação dos processos ecológicos, à conservação da biodiversidade e ao abrigo e proteção da fauna e flora nativas.

No caso das áreas de preservação permanente, a definição introduzida na lei é de grande relevância, pois termina definitivamente com a discussão sobre qual seria o objeto de preservação, a área ou a vegetação da área. Até esta definição discutia-se se a não existência de floresta nas chamadas Areas de Preservação Permanente traria a responsabilidade do proprietário de recuperá-la, e mesmo, a necessidade de manter uma área cuja floresta fosse inexistente. Daí a importância da doutrina de Paulo Affonso Leme Machado que sempre manteve a seguinte posição; "a vegetação nativa ou não, e a própria área são objetos de preservação não só por si mesma, mas pelas suas funções protetoras das águas, da biodiversidade, da paisagem e do bem-estar humano".

É também de grande importância na aplicação do Código Florestal a definição introduzida de Reserva Legal. Além de esclarecedora, esta definição acrescenta uma função à reserva legal, antes inexistente, posto que se pensava nela como reservatório de recurso madeireiro. Pela definição construída, a reserva legal passa a ter também uma função ambiental e, como observa Luis Carlos Silva de Moraes, "a reserva legal é tratada como um plus à área de preservação permanente, com finalidade paralela uma da outra". O autor traz ainda que a reserva legal deixa de ter função vinculada à propriedade especificamente, sendo limitação de nível macro, ou seja, mais preocupada com a melhoria regional da biodiversidade.

Esta nova redação traz uma série de relevantes transformações, fundadas nos dizeres constitucionais e orientadas pelos princípios e objetivos da Política Nacional do Meio Ambiente.

O proprietário privado detentor de área rural é um sujeito realizador do direito constitucional ao meio ambiente equilibrado. Ele, por ser detentor de áreas necessárias à conservação de recursos naturais e a sua função ecológica, deve mantê-las e recuperá-las, quando for necessário. As restrições ao desmatamento, à ocupação e à utilização do recurso florestal não é apenas uma limitação ao exercício da propriedade privada. Neste quadro, o proprietário deve utilizar sua propriedade em função não só de seu interesse, mas também em função do interesse da coletividade em ter garantidos os ecossistemas e uma quantidade de recursos naturais que mantenham um ambiente e uma vida sustentável. Com esse ônus do detentor de área rural, deve ser destacada a existência do princípio da função social (ambiental) da propriedade rural, decorrente da Constituição e implícito em boa parte do Código Florestal, em especial no seu art. 1º (sobre o dever geral na exploração de florestas), art. 4º (disciplina área de preservação permanente), art. 12 (sobre corte de florestas), art. 44 (sobre recomposição de reserva legal).

A Função Social da Propriedade

Propriedade traduz uma relação sobre a qual recai uma proteção jurídica. Não é a propriedade um direito. Direito é a proteção da propriedade. Assim, direito de propriedade é o direito à proteção da relação de um sujeito sobre um objeto. Somente aquela relação que preenche requisitos determinados pelo direito é passível de ser protegida.

Essa proteção pelo direito de uma relação individual entre sujeito e objeto justifica-se pelo seu efeito na sociedade. Neste sentido, afirma Léon Duguit: "Se a ligação de uma coisa à utilidade individual é protegida, é antes de tudo por causa da utilidade social que resulta desta relação".

Por se estar tratando aqui de propriedade como uma relação sobre a qual recai uma proteção jurídica, o direito se refere à garantia e proteção da relação, não do objeto – bem – integrante da relação de propriedade.

Função social da propriedade, portanto, não é função de um direito nem de um bem inanimado, mas é a vinculação dos efeitos da relação material sujeito-objeto com a sociedade. Falar em função social da propriedade é dispor sobre a instrumentalidade da relação de propriedade em relação à construção da sociedade. Isso significa que a propriedade privada de área rural deve ser também um instrumento para a construção de um bem-estar social. O proprietário tem um direito, o direto de propriedade, mas igualmente, no mesmo grau de exigência, tem o dever (ônus) de fazer da sua propriedade um meio para a satisfação social.

O princípio da função social da propriedade não é uma garantia jurídica de estabilização de relações sociais preexistentes. É uma norma impositiva sobre uma relação jurídica garantida. Em outras palavras, dada a existência de sujeitos proprietários, juridicamente garantidos, o direito intervém nessa relação, impondo novos deveres e responsabilidades. Ser proprietário é uma vantagem e um ônus ao mesmo tempo.

A norma que dispõe sobre a função social da propriedade cria o ônus do proprietário privado perante a sociedade. Esta norma institui um ônus que recai sobre o desenvolvimento da relação de poder entre sujeito e objeto que configura a propriedade privada. O ônus imposto sobre o sujeito proprietário significa que sua atuação deve trazer um resultado vantajoso para a sociedade, a fim de que este poder individualizado seja reconhecido legalmente.

A compreensão das normas do Código Florestal como normas que realizam o princípio da função social da propriedade advém da evolução da legislação brasileira, sobretudo com a edição, em 1981, da Lei nº 6.938, A Política Nacional do Meio Ambiente. Esta lei inaugura o Direito Ambiental como ramo do Direito. A partir de sua edição, as normas anteriores que disciplinavam o uso de recursos naturais no processo econômico passam a ser interpretadas em sua finalidade de melhoria e recuperação da qualidade ambiental propícia à vida, visando a assegurar, no País, condições ao desenvolvimento sócio-econômico, aos interesses da segurança nacional e à proteção da dignidade da vida humana.

Com isso, as normas disciplinadoras de uso devem ser aplicadas e submetidas à finalidade última de conservação dos recursos naturais. Essa mudança de perspectiva impõe as mudanças no texto legislativo, sobretudo na alteração fundamental do art. 19, incompatível com a PNMA e com o texto da Constituição de 1988, que juntos formam um novo sistema jurídico florestal.

Esses novos dispositivos submetem a disposição privada sobre o bem ambiental ao desempenho de uma função social deste bem. De fato, a idéia de "socialização" dos valores da floresta está presente desde o decreto de 1934, repetindo-se com pouca variação em todas as modificações do Código Florestal, inclusive a MP, recebendo eco no novo Código Civil, como descrito a seguir.

O Código Florestal de 1934 iniciava dizendo:

"Art. 1º As florestas existentes no território nacional, consideradas em conjunto, constituem <u>bem de interesse comum a todos os habitantes do país, exercendo-se o direito de propriedade com as limitações</u> que as leis, em geral e especialmente a que este Código estabelecem."

O Código Florestal de 1965 mantém as restrições do Código de 34 e as expande para as demais formas de vegetação, conforme dispõe:

Art. 1º As florestas existentes no território nacional e as demais formas de vegetação, reconhecidas de utilidade às terras que revestem, são <u>bens de interesse comum a todos os habitantes do país, exercendo-se os direitos de propriedade, com as limitações</u> que a legislação em geral e especialmente esta Lei estabelecem.

MP 2.166-67/01 reescreve o artigo 1º do Código Florestal e inclui um parágrafo, definindo um ilícito civil penalizável como uso nocivo da propriedade.

§ 1º As ações ou omissões contrárias às disposições deste Código na utilização e exploração das florestas e demais formas de vegetação são consideradas uso nocivo da propriedade, aplicando-se, para o caso, o procedimento sumário previsto no art. 275, inciso II, do Código de Processo Civil.

Corroborando a idéia presente já desde 1934, a nova redação do Código Civil, que entrou em vigor em 2002, acrescenta ao já antigo texto do caput disposição sobre a destinação social da propriedade privada sobre bens ambientais:

Art. 1.228 – O proprietário tem a faculdade de usar, gozar e dispor da coisa e o direito de reavê-la do poder de quem quer que injustamente a possua ou detenha.

§ 1º O direito de propriedade deve ser exercido em consonância com as suas finalidades econômicas e sociais e de modo que sejam preservados de conformidade com o estabelecido em lei especial, a flora, a fauna, as belezas naturais, o equilíbrio ecológico e o patrimônio histórico e artístico, bem como evitada a poluição do ar e das águas.

Com essa sucessão é possível dizer que há 70 anos o Código Florestal procura compatibilizar o uso das florestas com a conservação dos recursos naturais. Da sua primeira redação até os dias de hoje, pode-se dizer que o modo para realizar essa adequação tem se alterado, passando de imposições de abstenção do proprietário para o dever de construção do meio ambiente ecologicamente equilibrado, em que a existência de florestas é um elemento importante neste equilíbrio.

Em síntese, há um dever geral estabelecido para o detentor de área rural de garantir o recurso florestal e demais recursos naturais protegidos na forma de Área de Preservação Permanente. Deste dever decorre o direito da coletividade que tem interesse no preenchimento desse dever. A coletividade, destinatária dos benefícios aportados pelo cumprimento da função social da propriedade rural, tem interesse no cumprimento do Código Florestal e pode judicialmente exigir do detentor da área a realização das suas obrigações. A tutela judicial existe como um remédio contra o proprietário que se recusa a cumprir seu dever legal de realizar a função social (que é também ambiental) de sua propriedade.

Os interesses tutelados pelo direito e protegidos pelo remédio da ação judicial são tradicionalmente individuais. Não é o que ocorre com os interesses oriundos do Código Florestal quanto ao preenchimento da função social da propriedade. Havendo interesse juridicamente protegido, é possível a sua tutela judicial. Interesse é uma categoria formal que é servida a conferir tutela jurídica a situações de fato. Nas questões ambientais, o interesse é da coletividade e, com isso, a tutela judicial desse interesse pode ser buscada pela coletividade e seus representantes, conforme disciplina a Lei nº 7347/85, Lei de Ação Civil Pública.

Na posição de proprietário privado o indivíduo se afirma em um sistema de relações sociais em que é reconhecido como detentor de um direito subjetivo para exigir o exercício de seu direito. Contudo, as modificações do estatuto do proprietário advindas do princípio jurídico da função social da propriedade limitou a abrangência do exercício do interesse do proprietário privado e trouxe para a tutela dessa relação privada interesses externos a ela, os interesses coletivos.

O interesse em conservar a natureza e a cultura não pode mais se centrar sobre um interesse de sujeito individual do proprietário. O legislador considera o bem ambiental de extrema relevância e atribui à coletividade o interesse em vê-lo resguardado, mesmo que se situe na esfera privada.

No âmbito do direito ambiental, pelas características dos elementos que compõem o meio ambiente, não se pode circunscrever as relações unitárias entre o sujeito que provoca um ilícito e uma vítima. Nestes casos a vítima pode estar distante da relação jurídica e o legitimado para recorrer contra um dano ambiental, ou uma infração legal à norma ambiental não está, forçosamente, presente na relação contestada. O interessado pode nem sequer conhecer o fato ocorrido, mas é legitimado a reclamar o dano ambiental ou a infração legal, por serem estas relativas a um bem que a todos diz respeito: os recursos naturais que compõem o meio ambiente ecologicamente equilibrado indispensável à sadia qualidade de vida.

Responsabilidade Ambiental
(direito adquirido e penalidades)

A propósito da responsabilidade ambiental anteriormente mencionada, cabem algumas observações iniciais.

Tendo o bem ambiental a característica antiga de ser de interesse de toda a coletividade, os direitos privados exercidos sobre ele não podem afrontar o interesse coletivo protegido pela lei tanto quanto são os direitos de propriedade individual.

Direitos individuais, em especial os de propriedade, são adquiridos por ação privada protegida ou não proibida pela lei. A aquisição desses direitos, dentro de tais condições, é garantida pela Constituição da República, art. 5º.

Contudo, exercícios de direito não decorrem de direitos adquiridos. Direito adquirido é a obtenção de um bem jurídico por um ato ou procedimento protegido pelo direito. Exercício de direito não se equipara a direito adquirido e poderá ser redefinido pela Lei na medida das modificações que esta venha sofrer no tempo.

Há um direito objetivo que protege a relação entre sujeito e objeto. Existe outro direito objetivo que impõe uma conduta socialmente responsável geradora de vantagens sociais nesta relação entre sujeito e objeto. Desses direitos decorre o direito subjetivo como faculdade concedida pela ordem jurídica ao proprietário para garantir a relação de propriedade e o direito subjetivo como interesse protegido pelo direito da sociedade em ver frutificar desta relação individualizada uma satisfação social.

Em conseqüência, da mesma forma que é conferido um direito subjetivo individual para o proprietário reclamar a garantia da relação de propriedade, é atribuído ao Estado e à coletividade o direito subjetivo público para exigir do sujeito proprietário a realização de determinadas ações, a fim de que a relação de propriedade mantenha sua validade no mundo jurídico. O direito de propriedade deixa de ser, então, exclusivamente um direito garantia do proprietário e se torna um direito garantia da sociedade.

Os exercícios de direito de propriedade privada sobre bens ambientais são modulados pela lei e remodulados com as novas leis. A estas mudanças devem se adequar aqueles que queiram exercer suas atividades, porque a eles é dada a responsabilidade de fruir de um bem respeitando-se as determinações legais, entre elas a que dispõe sobre o interesse da coletividade sobre ele.

As normas de proteção ambiental atribuem responsabilidades que se modificam com as mudanças do conteúdo normativo. As responsabilidades não estão vinculadas a um contrato ou a uma situação demarcada no tempo, mas a um estado social e jurídico de ser proprietário de área rural. Enquanto persistir esta situação, mantém-se o ônus constante de preenchimento da função social da propriedade. A tradução em deveres específicos deste ônus varia com o tempo e à esta variação deve se adequar o sujeito detentor da área.

Por essa responsabilidade atribuída para com o meio ambiente é gerada a obrigação dos proprietários rurais em se adequar às novas regras constantemente, porque não há uma situação pretérita a ser garantida, congelada no tempo. Há um constante ônus produção de bem-estar para a coletividade, do mesmo modo que de produzir para o interesse próprio. Sem essa postura ativa e produtiva em interesse próprio como em função das necessidades ambientais e sociais, a terra se torna ociosa e o proprietário rural sujeito à desapropriação para reforma agrária nos termos do art. 186 da Constituição da República.

Decorre do princípio da função social da propriedade a responsabilidade de manter a terra "produtiva", isto é, produzindo resultados econômicos e serviços ambientais e sociais, os quais serão distintos à medida dos interesses sociais que passam a ser explicitados em lei.

Em síntese, o proprietário de área florestal, ao adquirir essa área, adquire um direito de propriedade. A detenção desse direito – que é protegido pela Constituição – gera responsabilidades que se materializarão no exercício desse direito que será pautado no preenchimento de regras jurídicas que se referem à disciplina do direito de propriedade florestal pelo proprietário. O direito adquirido é garantido e a responsabilidade pela sustentabilidade do recurso florestal é um ônus trazido com a aquisição desse direito.

Pelo breve exposto, pode-se sintetizar a necessidade de ajuste da ação privada do proprietário de florestas a interesses coletivos especificados na norma florestal, que, manifestamente, traz obrigações conservacionistas ao proprietário, compatíveis com o uso do recurso florestal. Em síntese, o direito quer que o serviço prestado para a geração de atividade econômica pela floresta não exclua deste bem ambiental a sua função de realizar serviços outros em prol do meio ambiente ecologicamente equilibrado exigido pela Constituição. Neste sentido, pode-se dizer que a tutela jurídica das florestas traz hoje a busca do uso do recurso florestal de modo que seja sustentável e que gere serviços ambientais para a construção do direito da coletividade ao meio ambiente ecologicamente equilibrado.

Anexo 1   Principais modificações do Código Florestal em relação à APP e ao manejo florestal.

Art.	Redação Original	Lei nº 7.511 de 7/7/1986	Lei nº 7.803 de 15/7/1989
2º	Consideram-se de preservação permanente, pelo só efeito desta Lei, as florestas e demais formas de vegetação natural situadas: a) ao longo dos rios ou de outro qualquer curso d'água, em faixa marginal cuja largura mínima será: 1. de 5 (cinco) metros para os rios de menos de 10 (dez) metros de largura: 2. igual à metade da largura dos cursos que meçam de 10 (dez) a 200 (duzentos) metros de distância entre as margens; 3. de 100 (cem) metros para todos os cursos cuja largura seja superior a 200 (duzentos) metros. b) ao redor das lagoas, lagos ou reservatórios d'água naturais ou artificiais; c) nas nascentes, mesmo nos chamados "olhos d'água", seja qual for a sua situação topográfica; d) no topo de morros, montes, montanhas e serras; e) nas encostas ou partes destas, com declividade superior a 45°, equivalente a 100% na linha de maior declive; f) nas restingas, como fixadoras de dunas ou estabilizadoras de mangues; g) nas bordas dos tabuleiros ou chapadas; h) em altitude superior a 1.800 (mil e oitocentos) metros, nos campos naturais ou artificiais, as florestas nativas e as vegetações campestres.	a) ... 1. de 30 (trinta) metros para os rios com menos de 10 (dez) metros de largura: 2. de 50 (cinqüenta) metros os cursos que tenham de 10 (dez) a 50 (cinqüenta) metros de largura; 3. de 100 (cem) metros para os cursos d'água que meçam entre 50 (cinqüenta) e 100 (cem) metros de largura; 4. de 150 (cento e cinqüenta) metros para os cursos d'água que possuam entre 100 (cem) e 200 (duzentos) metros de largura; 5. igual a distância entre as margens para o cursos d'água com largura superior a 200 (duzentos) metros. ...	a) ao longo dos rios ou de qualquer curso d'água desde o seu nível mais alto em faixa marginal cuja largura mínima seja: 1) de 30 (trinta) metros para os cursos d'água de menos de 10 (dez) metros de largura; 2) de 50 (cinqüenta) metros para os cursos d'água que tenham 10 (dez) a 50 (cinqüenta) metros de largura; 3) de 100 (cem) metros para os cursos d'água que tenham de (cinqüenta) a 200 (duzentos) metros de largura; 4) de 200 (duzentos) metros para os cursos d'água que tenham 200 (duzentos) a 600 (seiscentos) metros de largura; 5) de 500 (quinhentos) metros para os cursos d'água que tenham largura superior a 600 (seiscentos) metros; ... c) nas nascentes, ainda que intermitentes e nos chamados "olhos d'água", qualquer que seja a sua situação topográfica, num raio mínimo de 50 (cinqüenta) metros de largura; ... g) nas bordas dos tabuleiros ou chapadas, a partir da linha de ruptura do relevo, em faixa nunca inferior a 100 (cem) metros em projeções horizontais; h) em altitude superior a 1.800 (mil e oitocentos) metros, qualquer que seja a vegetação. Parágrafo Único – No caso de áreas urbanas, assim entendidas as compreendidas nos perímetros urbanos definidos por lei municipal, e nas regiões metropolitanas e aglomerações urbanas, em todo o território abrangido, observar-se-á o disposto nos respectivos planos diretores e leis de uso do solo, respeitados os princípios e limites a que se refere este Artigo."
19º	Visando a maior rendimento econômico é permitido aos proprietários de florestas heterogêneas transformá-las em homogêneas, executando trabalho de derrubada a um só tempo ou sucessivamente, de toda a vegetação a substituir desde que assinem, antes do início dos trabalhos, perante a autoridade competente, termo de obrigação de reposição e tratos culturais.	Visando a rendimentos permanentes e à preservação de espécies nativas, os proprietários de florestas explorarão a madeira somente através de manejo sustentado, efetuando a reposição florestal, sucessivamente, com espécies típicas da região. § 1ª É permitida ao proprietário a reposição com espécies exóticas nas florestas já implantadas com estas espécies. § 2ª Na reposição com espécies regionais, o proprietário fica obrigado a comprovar o plantio das árvores, assim como os tratos culturais necessários a sua sobrevivência e desenvolvimento.	"A exploração de florestas e de formações sucessoras, tanto de domínio público como de domínio privado, dependerá de aprovação prévia do Instituto Brasileiro do Meio Ambiente e dos Recursos Naturais Renováveis – IBAMA, bem como da adoção de técnicas de condução, exploração, reposição florestal e manejo compatíveis com os variados ecossistemas que a cobertura arbórea forme. Parágrafo Único – No caso de reposição florestal, deverão ser priorizados projetos que contemplem a utilização de espécies nativas."

Anexo 2   Principais modificações no Código Florestal, em relação à Reserva Legal.

Art.	Redação Original	Lei nº 7.803 de 15/7/1989	Medida Provisória nº 2.166-67 de 24/8/2001
16º	As florestas de domínio privado, não sujeitas ao regime de utilização limitada e ressalvadas as de preservação permanente, previstas nos artigos 2º e 3º desta lei, são suscetíveis de exploração, obedecidas as seguintes restrições: a) nas regiões Leste Meridional, Sul e Centro-Oeste, esta na parte sul, as derrubadas de florestas nativas, primitivas ou regeneradas, só serão permitidas, desde que seja, em qualquer caso, respeitado o limite mínimo de 20% da área de cada propriedade com cobertura arbórea localizada, a critério da autoridade competente; b) nas regiões citadas na letra anterior, nas áreas já desbravadas e previamente delimitadas pela autoridade competente, ficam proibidas as derrubadas de florestas primitivas, quando feitas para ocupação do solo com cultura e pastagens, permitindo-se, nesses casos, apenas a extração de árvores para produção de madeira. Nas áreas ainda incultas, sujeitas a formas de desbravamento, as derrubadas de florestas primitivas, nos trabalhos de instalação de novas propriedades agrícolas, só serão toleradas até o máximo de 30% da área da propriedade; c) na região Sul as áreas atualmente revestidas de formações florestais em que ocorre o pinheiro brasileiro *Araucaria angustifolia* (Bert – O. Ktze), não poderão ser desflorestadas de forma a provocar a eliminação permanente das florestas, tolerando-se somente a exploração racional destas, observadas as prescrições ditadas pela técnica, com a garantia de permanência dos maciços em boas condições de desenvolvimento e produção; d) nas regiões Nordeste e Leste Setentrional, inclusive nos Estados do Maranhão e Piauí, o corte de árvores e a exploração de florestas só será permitida com observância de normas técnicas a serem estabelecidas por ato do Poder Público, na forma do art. 15. Parágrafo Único – Nas propriedades rurais, compreendidas na alínea a deste artigo, com área entre vinte (20) a cinqüenta (50) hectares computar-se-ão, para efeito de fixação do limite percentual, além da cobertura florestal de qualquer natureza, os maciços de porte arbóreo, sejam frutícolas, ornamentais ou industriais.	"... § 1º Nas propriedades rurais, compreendidas na alínea a deste artigo, com área entre 20 (vinte) a 50 (cinqüenta) hectares, computar-se-ão para efeito de fixação do limite percentual industrial, além da cobertura florestal de qualquer natureza, os maciços de porte arbóreo, sejam frutíferos, ornamentais ou industriais. § 2º A reserva legal, assim entendida a área de no mínimo 20% (vinte por cento) de cada propriedade, onde não é permitido o corte raso, deverá ser averbada à margem da inscrição de matrícula do imóvel, no registro de imóveis competente, sendo vedada a alteração de sua destinação nos casos de transmissão, a qualquer título ou de desmembramento da área. § 3º Aplica-se às áreas de cerrado a reserva legal de 20% (vinte por cento) para todos os efeitos legais."	"As florestas e outras formas de vegetação nativa, ressalvadas as situadas em área de preservação permanente, assim como aquelas não sujeitas ao regime de utilização limitada ou objeto de legislação específica, são suscetíveis de supressão, desde que sejam mantidas, a título de reserva legal, no mínimo: I – oitenta por cento, na propriedade rural situada em área de floresta localizada na Amazônia Legal; II – trinta e cinco por cento, na propriedade rural situada em área de cerrado localizada na Amazônia Legal, sendo no mínimo vinte por cento na propriedade e quinze por cento na forma de compensação em outra área, desde que esteja localizada na mesma microbacia, e seja averbada nos termos do § 7º deste artigo; III – vinte por cento, na propriedade rural situada em área de floresta ou outras formas de vegetação nativa localizada nas demais regiões do País; e IV - vinte por cento, na propriedade rural em área de campos gerais localizada em qualquer região do País. § 1º O percentual de reserva legal na propriedade situada em área de floresta e cerrado será definido considerando separadamente os índices contidos nos incisos I e II deste artigo. § 2º A vegetação da reserva legal não pode ser suprimida, podendo apenas ser utilizada sob regime de manejo florestal sustentável, de acordo com princípios e critérios técnicos e científicos estabelecidos no regulamento, ressalvadas as hipóteses previstas no § 3º deste artigo, sem prejuízo das demais legislações específicas. § 3º Para cumprimento da manutenção ou compensação da área de reserva legal em pequena propriedade ou posse rural familiar, podem ser computados os plantios de árvores frutíferas ornamentais ou industriais, compostos por espécies exóticas, cultivadas em sistema intercalar ou em consórcio com espécies nativas. § 4º A localização da reserva legal deve ser aprovada pelo órgão ambiental estadual competente ou, mediante convênio, pelo órgão ambiental municipal ou outra instituição devidamente habilitada, devendo ser considerados, no processo de aprovação, a função social da propriedade e os seguintes critérios e instrumentos, quando houver: I – o plano de bacia hidrográfica; II – o plano diretor municipal; III – o zoneamento ecológico-econômico; IV – outras categorias de zoneamento ambiental; e V – a proximidade com outra Reserva Legal, Área de Preservação Permanente, unidade de conservação ou outra área legalmente protegida. § 5º O Poder Executivo, se for indicado pelo Zoneamento Ecológico Econômico – ZEE e pelo Zoneamento Agrícola, ouvidos o CONAMA, o Ministério do Meio Ambiente e o Ministério da Agricultura e do Abastecimento, poderá: I – reduzir, para fins de recomposição, a reserva legal, na Amazônia Legal, para até cinqüenta por cento da propriedade, excluídas, em qualquer caso, as Áreas de Preservação Permanente, os ecótonos, os sítios e ecossistemas especialmente protegidos, os locais de expressiva biodiversidade e os corredores ecológicos; e II – ampliar as áreas de reserva legal, em até cinqüenta por cento dos índices previstos neste Código, em todo o território nacional. § 6º Será admitido, pelo órgão ambiental competente, o cômputo das áreas relativas à vegetação nativa existente em área de preservação permanente no cálculo do percentual de reserva legal, desde que não implique em conversão de novas áreas para o uso alternativo do solo, e quando a soma da vegetação nativa em área de preservação permanente e reserva legal exceder a: I – oitenta por cento da propriedade rural localizada na Amazônia Legal; II – cinqüenta por cento da propriedade rural localizada nas demais regiões do País; e III – vinte e cinco por cento da pequena propriedade definida pelas alíneas "b" e "c" do inciso I do § 2º do art. 1º. § 7º O regime de uso da área de preservação permanente não se altera na hipótese prevista no § 6º. § 8º A área de reserva legal deve ser averbada à margem da inscrição de matrícula do imóvel, no registro de imóveis competente, sendo vedada a alteração de sua destinação, nos casos de transmissão, a qualquer título, de desmembramento ou de retificação da área, com as exceções previstas neste Código. § 9º A averbação da reserva legal da pequena propriedade ou posse rural familiar é gratuita, devendo o Poder Público prestar apoio técnico e jurídico, quando necessário. § 10º Na posse, a reserva legal é assegurada por Termo de Ajustamento de Conduta, firmado pelo possuidor com o órgão ambiental estadual ou federal competente, com força de título executivo e contendo, no mínimo, a localização da reserva legal, as suas características ecológicas básicas e a proibição de supressão de sua vegetação, aplicando-se, no que couber, as mesmas disposições previstas neste Código para a propriedade rural. § 11º Poderá ser instituída reserva legal em regime de condomínio entre mais de uma propriedade, respeitado o percentual legal em relação a cada imóvel, mediante a aprovação do órgão ambiental estadual competente e as devidas averbações referentes a todos os imóveis envolvidos." (NR)

Anexo 2   Principais modificações no Código Florestal, em relação à Reserva legal.

Art.	Redação Original	Lei nº 7.803 de 15/7/1989	Medida Provisória nº 2.166-67 de 24/8/2001
44º	Na região Norte e na parte norte da região Centro-Oeste enquanto não for estabelecido o decreto de que trata o artigo 15, a exploração a corte raso só é permissível desde que permaneça com cobertura arbórea, pelo menos 50% da área de cada propriedade.	... Parágrafo Único – A reserva legal, assim entendida a área de, no mínimo, 50% (cinqüenta por cento) de cada propriedade, onde não é permitido o corte raso, deverá ser averbada à margem da inscrição da matrícula do imóvel no registro de imóveis competente, sendo vedada a alteração de sua destinação, nos casos de transmissão, a qualquer título, ou de desmembramento da área."	O proprietário ou possuidor de imóvel rural com área de floresta nativa, natural, primitiva ou regenerada ou outra forma de vegetação nativa em extensão inferior ao estabelecido nos incisos I, II, III e IV do art. 16, ressalvado o disposto nos seus §§ 5º e 6º, deve adotar as seguintes alternativas, isoladas ou conjuntamente: I – recompor a reserva legal de sua propriedade mediante o plantio, a cada três anos, de no mínimo 1/10 da área total necessária à sua complementação, com espécies nativas, de acordo com critérios estabelecidos pelo órgão ambiental estadual competente; II – conduzir a regeneração natural da reserva legal; e III – compensar a reserva legal por outra área equivalente em importância ecológica e extensão, desde que pertença ao mesmo ecossistema e esteja localizada na mesma microbacia, conforme critérios estabelecidos em regulamento. § 1º Na recomposição de que trata o inciso I, o órgão ambiental estadual competente deve apoiar tecnicamente a pequena propriedade ou posse rural familiar. § 2º A recomposição de que trata o inciso I pode ser realizada mediante o plantio temporário de espécies exóticas como pioneiras, visando à restauração do ecossistema original, de acordo com critérios técnicos gerais estabelecidos pelo CONAMA. § 3º A regeneração de que trata o inciso II será autorizada, pelo órgão ambiental estadual competente, quando sua viabilidade for comprovada por laudo técnico, podendo ser exigido o isolamento da área. § 4º o Na impossibilidade de compensação da reserva legal dentro da mesma microbacia hidrográfica, deve o órgão ambiental estadual competente aplicar o critério de maior proximidade possível entre a propriedade desprovida de reserva legal e a área escolhida para compensação, desde que na mesma bacia hidrográfica e no mesmo Estado, atendido, quando houver, o respectivo Plano de Bacia Hidrográfica, e respeitadas as demais condicionantes estabelecidas no inciso III. § 5º A compensação de que trata o inciso III deste artigo deverá ser submetida à aprovação pelo órgão ambiental estadual competente, e pode ser implementada mediante o arrendamento de área sob regime de servidão florestal ou reserva legal, ou aquisição de cotas de que trata o art. 44-B. § 6º O proprietário rural poderá ser desonerado, pelo período de trinta anos, das obrigações previstas neste artigo, mediante a doação, ao órgão ambiental competente, de área localizada no interior de Parque Nacional ou Estadual, Floresta Nacional, Reserva Extrativista, Reserva Biológica ou Estação Ecológica pendente de regularização fundiária, respeitados os critérios previstos no inciso III deste artigo." (NR)

Capítulo XII

A Bacia Hidrográfica como Unidade de Planejamento: Substituição das Agências de Água

Paulo Affonso Leme Machado

Introdução

O Sistema Nacional de Gerenciamento de Recursos Hídricos, instituído pela Constituição Federal (art. 21, XIX) e estruturado pela Lei 9.433/1997, é constituído pelo Conselho Nacional de Recursos Hídricos, pela Agência Nacional de Águas (ANA), pelos Conselhos Estaduais de Recursos Hídricos, pelos Comitês de Bacias Hidrográficas e pelas Agências de Água.

As Agências de Água deverão ter, pelo menos, as onze competências previstas no art. 44 da Lei 9.433/1997.

No art. 53 da Lei 9.433/1997 consta: "O Poder Executivo, no prazo de 120 (cento e vinte) dias a partir da publicação desta Lei, encaminhará ao Congresso Nacional projeto de lei dispondo sobre a criação das Agências de Água". O tema foi objeto de debates em audiência pública em Brasília. Em maio de 1997 decorreu o prazo mencionado e o Poder Executivo não enviou o referido projeto de lei.

Decorridos sete anos de vigência da Lei 9.433/1997, o Governo Federal não implementou a criação das Agências de Água. Ao olharmos o Sistema Nacional de Gerenciamento de Recursos Hídricos, estruturado na referida Lei 9.433, constata-se que seria dispensável a existência de uma lei específica para as Agências de Água. Bastaria acrescentar algum artigo ou até enxertar parágrafos a artigos existentes, definindo, por exemplo, o regime jurídico das citadas agências.

O Governo Federal, possivelmente, buscou aproveitar experiências em curso que dizem respeito às águas. Alguns tipos de associações, sem fins lucrativos, foram criadas englobando poderes públicos e empresas para tentar cuidar dos recursos hídricos.

A Presidência da República editou a MP 165/2004, convertida, com modificações, na Lei 10.881, de 9 de junho de 2004 (*Diário Oficial*, 2004), a qual dispõe sobre contratos de gestão entre a Agência Nacional de Águas e entidades delegatárias[1] das funções de Agências de Água, relativas à gestão de recursos hídricos de domínio da União.

As Agências de Água

Relação das Agências de Água com os Comitês de Bacia Hidrográfica

As Agências de Água e os Comitês de Bacia Hidrográfica devem constituir a base dos órgãos integrantes do Sistema Nacional de Gerenciamento de Recursos Hídricos.

As Agências de Água só poderão existir nas regiões onde houver um Comitê de Bacia Hidrográfica, tanto que "terão a mesma área de atuação de um ou mais Comitê de Bacia Hidrográfica" (art. 42, *caput* da Lei 9.433/1997). O Comitê deve existir antes da Agência de Água (art. 43, I da Lei 9.433/1997).

Esses dois órgãos devem agir em conjunto, de forma complementar, a Agência executando e o Comitê planejando e fiscalizando, a Agência com um mínimo de pessoas e com homogeneidade operativa e o Comitê mais amplo, com pluralidade e diversidade em sua composição.

Considerando a área de atuação dos Comitês de Bacia Hidrográfica – a bacia hidrográfica inteira, parte dela (sub-bacias compostas por rios afluentes do rio principal) ou o grupo de bacias ou sub-bacias hidrográficas vizinhas (art. 37 da Lei 9.433/1997) –, constatamos que as Agências de Água terão a mesma área de atuação.

Criação das Agências de Água

O órgão criador da Agência de Água dependerá do domínio das águas. Assim, nos rios de domínio da União, o órgão criador será o Conselho Nacional de Recursos Hídricos e nos rios de domínio de um Estado da Federação será o Conselho Estadual de Recursos Hídricos. Diferente é a criação do Comitê de Bacia Hidrográfica, que, no caso dos rios de domínio da União, é efetivada por ato do Presidente da República (ainda que a proposição de sua criação deva ser aprovada pelo Conselho Nacional de Recursos Hídricos). A criação da Agência de Água tem uma etapa administrativa a menos e, portanto, é mais simplificada do que a instituição do Comitê.

A Delegação das Funções das Agências de Água

A Lei 10.881/2004 alterou o art. 51 da Lei 9.433/1997 para alargar o campo da delegação dos poderes das Agências de Água. Além disso, a Lei 10.881 corrigiu um equívoco jurídico da Medida Provisória 165/2004, pois só o Conselho Nacional de Recursos Hídricos, e não a Agência Nacional de Águas (ANA), poderia fazer tal delegação.

---

1. Delegatária: "Diz-se de, ou aquele a quem se delega encargo ou poderes". Delegado: Aquele que é autorizado por outrem a representá-lo (Ferreira, 1999).

Diz a redação original do art. 51 da Lei 9.433/1997: "Os consórcios e associações intermunicipais de bacias hidrográficas mencionados no art. 47 poderão receber delegação do Conselho Nacional ou dos Conselhos Estaduais de Recursos Hídricos, por prazo determinado, para o exercício de funções de competência das Agências de Água, enquanto esses organismos não estiverem constituídos".

A Lei 10.881/2004 alterou a redação para: "O Conselho Nacional de Recursos Hídricos e os Conselhos Estaduais de Recursos Hídricos poderão delegar a organizações sem fins lucrativos relacionadas no art. 47 desta Lei, por prazo determinado, o exercício de funções de competência das Agências de Água, enquanto esses organismos não estiverem constituídos".

A invocação do art. 51 da Lei 9.433/1997, com sua nova redação, deveria ser o art. 1º da Lei 10.881/2004 e não seu art. 10º, pois o contrato de gestão da ANA com as entidades delegadas só poderá ser efetuado se houver delegação de poderes para essas entidades. Essa delegação é obra exclusiva do Conselho Nacional de Recursos Hídricos.

Delegar funções é transferir para outros órgãos poderes de determinado órgão. Delegar é termo derivado do latim: delegare, significando "confiar, atribuir a, transferir; delegação vem do latim delegatio, traz em suas acepções a idéia de substituição. A capacidade de delegar do Conselho Nacional de Recursos Hídricos, como se vê, constava da Lei 9.433/1997, na antiga redação do art. 51, mas com um espectro mais restrito, pois só poderia transferir os poderes das Agências de Água para duas organizações civis de recursos hídricos.

A Lei 10.881/2004 opera um alargamento dos tipos de organizações civis de recursos hídricos que poderão receber a delegação das funções das Agências de Água. A lei não estabelece um único modelo de entidade delegatária, nem um tipo preferencial. A prática mostrará se foi uma medida acertada ou um equívoco essa pulverização de modelos de organizações civis. Não se decretou a morte das Agências de Água. Elas poderão ser instituídas a qualquer tempo e, em conseqüência, encerra-se o contrato de gestão com a entidade delegatária, na sua área de atuação (art.1º, §2º da Lei 10.881/2004).

As Entidades Delegatárias das Agências de Água

Três características devem estar presentes nas entidades que pretendem receber a delegação de poderes da parte dos Conselhos tanto Nacional como Estaduais de Recursos Hídricos: a) ser uma organização civil de recursos hídricos; b) não ter fins lucrativos; e c) ser legalmente constituída.

Como todo ato administrativo, a opção do Conselho por alguma das organizações civis de recursos hídricos deve seguir o art. 37 da Constituição Federal e da Lei 9.784 de 20/1/1999 (art. 2º), inclusive apresentando sólida motivação. Todas as organizações civis de recursos hídricos de uma bacia hidrográfica podem se candidatar ao procedimento de seleção, independentemente do tempo de sua existência. O Conselho Nacional de Recursos Hídricos poderá estabelecer outros requisitos para essas organizações, desde que se permita a eficiência, moralidade, plena publicidade e impessoalidade nos critérios de escolha.

Organização Civil de Recursos Hídricos

Podem ser entidades delegadas das funções da Agência de Água os tipos de organizações constantes do art. 47, incisos de I a IV da Lei 9.433/1997.[2] O inciso V do art. 47 reconhece ao Conselho Nacional de Recursos Hídricos e aos Conselhos Estaduais de Recursos Hídricos a competência de incluir outras organizações no rol daquelas do art. 47.

"O termo 'civil' que se utilizou na Lei 9.433/97 pode não ser o melhor, mas tem sido empregado para indicar o corpo social que não está inserido permanentemente no Governo. Os interesses difusos e coletivos não são mais geridos somente por funcionários públicos e pelas pessoas que foram eleitas através da representação partidária" Machado (2004).

Os Comitês de Bacias Hidrográficas, que devem atuar tão próximos das Agências de Água ou das entidades delegadas, não podem ser compostos por uma maioria de órgãos públicos. A representação dos poderes executivos da União, Estados, Distrito Federal e Municípios só poderá chegar à metade do total do Comitê (art. 39, § 1º da Lei 0.433/1997).

Não se trata de estabelecer confrontos ou separações absolutas entre o público e o privado. Na composição das organizações civis de recursos hídricos, os entes públicos podem estar presentes, mas não de forma majoritária. Trata-se de uma tentativa de levar segmentos da população que não estão no governo[3] a participarem do poder político ambiental, no campo específico das águas. De outro lado, os institutos de pesquisa e de educação, que detêm um mínimo de autonomia, mesmo sendo públicos, não são necessariamente governamentais (não se trata aqui das secretarias de educação ou de ciência e tecnologia, dos diferentes níveis de governo, as quais, sem dúvida, integram os poderes executivos).

---

2. São as seguintes organizações: consórcios intermunicipais de bacias hidrográficas; associações intermunicipais de bacias hidrográficas; associações regionais de usuários de recursos hídricos; associações locais de usuários de recursos hídricos; associações setoriais de usuários de recursos hídricos; organizações técnicas com interesse na área de recursos hídricos; organizações de ensino e pesquisa com interesse na área de recursos hídricos; organizações não-governamentais com objetivos de defsa de interesses difusos e coletivos da sociedade.

3. Habermas (2003) mostra a evolução histórica da diferenciação do privado e do público determinando "a antítese *intra-mundana* da sociedade privatizada e a autoridade política".

As Organizações Civis de Recursos Hídricos não Devem Ter Fins Lucrativos

As referidas organizações, se não tiverem fins econômicos, poderão constituir-se como associações[4] ou como fundações.[5]

A organização civil de recursos hídricos não se confunde com a "organização da sociedade civil de interesse público", ainda que ambas não tenham fins lucrativos.[6]

Lembrando sempre do conceito de ausência de fins lucrativos, constante da Lei instituidora das Organizações da Sociedade Civil de Interesse Público, "a pessoa jurídica de direito privado que não distribui, entre os seus sócios ou associados, conselheiros, diretores, empregados ou doadores, eventuais excedentes operacionais, brutos ou líquidos, dividendos, bonificações, participações ou parcelas de seu patrimônio, auferidos mediante o exercício de suas atividades, e que os aplica integralmente na consecução do objeto social".

As organizações civis de recursos hídricos muitas vezes exercerão atividades econômicas. Por exemplo, a Lei 10.881/2004 prevê, entre as atividades da entidade delegatária, a realização "compras e contratação de obras e serviços com o emprego de recursos públicos" (art. 9). A entidade delegatária não está impedida de exercer atividade econômica, mas está interdita de buscar "fins econômicos", pois "constituem-se as associações pela união de pessoas que se organizem para fins não econômicos" (art. 53, *caput* do Código Civil), ou "fins lucrativos", de acordo com o *caput* do art. 1º da Lei 10.881/2004. Somente haverá "sociedade" quando, além da atividade econômica, houver a partilha dos resultados ou dos lucros entre os sócios, conforme o art. 981 do Código Civil.

A Agência Nacional de Águas (ANA) e o Contrato de Gestão

A ANA e a descentralização

As Leis 9.433/1997 e 9.984/2000 não condicionaram as Agências de Água a celebrarem contratos de gestão com a (ANA). A Agência de Águas pode exercer as competências do art. 44 da Lei 9.433/1997 sem o referido contrato com a ANA. Contudo, a autonomia das Agências de Água nos rios de domínio da União foi enfraquecida com o poder atribuído à Agência Nacional de Águas de "arrecadar, distribuir e aplicar receitas auferidas por intermédio da cobrança pelo uso de recursos hídricos" (art. 4º, IX da Lei 9.984/2000).

Houve uma inegável centralização de poderes nas mãos da ANA pela Lei 9.984/2000. Os contratos de gestão da Lei 10.881/2004 poderão representar o início de uma descentralização administrativa, ou seja, a partilha de alguns poderes da ANA com

---

4. Art. 53 da Lei 10.406 de 10 de janeiro de 2002 – Código Civil.
5. Art. 62 da Lei 10.406 de 10 de janeiro de 2002 – Código Civil.
6. Lei 9.790 de 23 de março de 1999.

as entidades delegadas, ou substitutas, na gestão hídrica federal. Não diria que está havendo uma terceirização[7] de funções, pois, segundo o modelo da Lei 9.433/1997, essas funções não deveriam estar centralizadas, uma vez que deveriam ser exercidas pelas Agências de Água. A descentralização é parcial, pois a ANA conservará um expressivo poder de controle.

O contrato de gestão

a) O plano de recursos hídricos e o contrato de gestão

Na elaboração do contrato de gestão deverá haver a "especificação do programa de trabalho proposto, a estipulação de metas a serem atingidas" (art. 2º, I da Lei 10.881/ 2004). Ficaria facilitada a compreensão dessa Lei se nesse inciso houvesse referência ao art. 22, I e II da Lei 9.433/1997, e art. 4º, XI da Lei 9.984/2000, a saber:

"Art. 22: Os valores arrecadados com a cobrança pelos usos dos recursos hídricos serão aplicados prioritariamente na bacia hidrográfica em que foram gerados e serão utilizados:

I – no financiamento de estudos, programas, projetos e obras incluídos nos Planos de Recursos Hídricos;

II – no pagamento de despesas de implantação e de custeio administrativo dos órgãos e entidades integrantes do Sistema Nacional de Gerenciamento de Recursos Hídricos."

"Art. 4º: A atuação da ANA obedecerá aos fundamentos, objetivos, diretrizes e instrumentos da Política Nacional de Recursos Hídricos e será desenvolvida em articulação com órgãos e entidades públicas e privadas integrantes do Sistema Nacional de Gerenciamento de Recursos Hídricos, cabendo-lhe:

XI – promover a elaboração de estudos para subsidiar a aplicação de recursos financeiros da União em obras e serviços de regularização dos cursos de água, de alocação e distribuição de água, e de controle da poluição hídrica, em consonância com o estabelecido nos planos de recursos hídricos."

Não constou do conteúdo mínimo do contrato de gestão a necessidade de o mesmo estar vinculado ao Plano de Recursos Hídricos existente ou a ser elaborado (ficando a cargo da entidade delegatária a elaboraração deste). A crítica é alicerçada no princípio de que a Lei deve ser, além de clara, de fácil implementação. Se os artigos indicados estivessem presentes na Lei 10.881 esta seria mais acessível aos não especialistas em Direito.

---

7. "Forma de organização estrutural que permite a uma empresa transferir a outra suas atividades-meio, proporcionando maior disponibilidade de recursos para sua atividade-fim, reduzindo a estrutura operacional, diminuindo os custos, economizando recursos e desburocratizando a administração" (Houaiss, 2001).

b) As despesas com pessoal

Quanto ao critério de estipulação dos limites para a despesa com remuneração e vantagens a serem percebidas pelos dirigentes e empregados das entidades delegatárias, é imperioso indicar que já há um limite para essas despesas, na Lei 9.433/1997,[8] que é de 7,5% do total arrecadado na bacia hidrográfica. Não houve revogação desse sábio e moralizador dispositivo de lei. É mais uma omissão da Lei 10.881/2004.

A Aplicação das Receitas pela Entidade Delegatária

"Os valores previstos no caput deste artigo poderão ser aplicados a fundo perdido em projetos e obras que alterem, de modo considerado benéfico à coletividade, a qualidade, a quantidade e o regime de vazão de um corpo de água" (Lei 9.433/199, art. 22, § 2º).

Os recursos aplicados a fundo perdido são os "recursos financeiros, especialmente. públicos, aplicados sem expectativa de reembolso"(Ferreira, 1999). Assim, esses recursos não são ressarcidos por quem os recebe.

A Lei 9.433/1997 estabelece que para a aplicação dos recursos deverá haver benefício à coletividade na qualidade da água, na quantidade da água e no regime da vazão da água.

Assim, não se pode financiar a fundo perdido unicamente uma empresa privada da área em que atua a entidade delegatária (ou que faça parte da própria entidade), pois isso seria uma frontal desobediência ao princípio da impessoalidade. Outra coisa seria um empréstimo, que deveria ser ressarcido.

Não há interesse público que se proponha a um financiamento a fundo perdido para que só algumas empresas sejam aquinhoadas, no mesmo espaço de tempo, com tratamento desigual e gravoso para outras empresas, pois haveria uma procrastinação da ajuda financeira para as empresas excluídas. Seria um manifesto enriquecimento sem causa das empresas que recebessem esse financiamento. Mais do que esses argumentos contrários a uma pretensão de subsídio para o tratamento das empresas privadas, é que se estaria negando a vigência do princípio poluidor-pagador, pois quem arcaria com os custos da despoluição seriam todos os contribuintes e não aqueles que efetivamente poluem.

A aplicação das receitas deve implementar o princípio da economicidade. O princípio é de recente invocação no direito público. Economicidade tem relação com o econômico, que é "relativo à capacidade de gerar lucros: que controla as despesas; parcimonioso nos gastos; que favorece a contenção de despesas (por custar pouco ou demandar poucos gastos); lucrativo, vantajoso" (Ferreira, 1999). "Relação entre custo e benefício a ser observada na atividade pública" (Houaiss, 2001).

---

8. Art. 22, § 1º.

Aplica-se o princípio da economicidade para que seja possível financiar as empresas privadas e públicas que queiram melhorar a quantidade, a qualidade e a vazão da água, desde que seja fixado um prazo adequado para o pagamento do financiamento. Assim, lucrarão todos: o meio ambiente, a coletividade e os empresários.

Transferência das Receitas de Cobrança para as Entidades Delegatárias

A utilização dos recursos hídricos que for outorgada será cobrada, conforme o art. 20 da referida Lei. A outorga é regida pelo art. 12.

A arrecadação dos seguintes usos outorgados será passível de transferência às entidades delegatárias, nos seguintes casos:[9]

- derivação ou captação de parcela de água existente em um corpo de água para consumo final, inclusive abastecimento público, ou insumo de processo produtivo;
- lançamento em corpo de água de esgotos e demais resíduos líquidos ou gasosos, tratados ou não, com o fim de sua diluição, transporte ou disposição final;
- outros usos que alterem o regime, a quantidade, ou a qualidade da água existente em um corpo de água.

Não serão transferidas às entidades delegatárias os recursos arrecadados da extração de água de aqüífero e os recursos financeiros advindos do aproveitamento dos potenciais hidrelétricos. A Lei 10.881/2004 não previu explicitamente essa transferência. As águas subterrâneas não fazem parte do domínio público da União e sim dos Estados e a Lei 10.881/2004 somente tratou dos rios de domínio da União.

A Avaliação das Entidades Delegatárias

Uma boa técnica de administração foi utilizada na Lei 10.881/2004,[10] a instituição da Comissão de Avaliação da ANA, composta de especialistas de qualificação adequada, para fazer a análise dos resultados comparando-os com as metas propostas pelas entidades delegatárias. Contudo, só essa medida não é eficiente, pois é preciso que haja previsão orçamentária para que esses especialistas possam visitar a bacia hidrográfica pertinente, como vistoriar obras em curso e inspecionar a própria contabilidade.

Espera-se uma Comissão de Avaliação com dupla atividade: preventiva e corregedora.

---

9. Conforme o art. 4º, § 1º da Lei 10.881/2004 e art. 12 da Lei 9.433/1997.

10. A Lei 9.790/1999, que trata das organizações da sociedade civil de interesse público, previu esse sistema de controle.

Responsabilização no Caso de Malversação das Receitas e dos Bens

A Medida Provisória 165/2004 previu:

"Art. 5º A ANA, ao tomar conhecimento de qualquer irregularidade ou ilegalidade na utilização de recursos ou bens de origem pública pela entidade delegatária, dela dará ciência ao Tribunal de Contas da União, sob pena de responsabilidade solidária de seus dirigentes.

Art. 6º Sem prejuízo da medida a que se refere o art. 5º, quando assim exigir a gravidade dos fatos ou o interesse público, havendo indícios fundados de malversação de bens ou recursos de origem pública, a ANA, sem prejuízo de representação junto ao Ministério Público Federal, adotará providências com vistas à decretação, pelo juízo competente, da indisponibilidade dos bens da entidade e o seqüestro dos bens dos seus dirigentes, bem como de seus servidores ou terceiro, que possam ter enriquecido ilicitamente ou causado dano ao patrimônio público.

Parágrafo único.   Até o término da ação, a ANA permanecerá como depositária e gestora dos bens e valores seqüestrados ou indisponíveis e velará pela continuidade das atividades da entidade delegatária, como secretaria-executiva do respectivo ou respectivos Comitês de Bacia Hidrográfica".

A Lei 10.881/2004, que fez a conversão da mencionada MP em lei, estabeleceu:

"Art. 6º A ANA, ao tomar conhecimento de qualquer irregularidade ou ilegalidade na utilização de recursos ou bens de origem pública pela entidade delegatária, dela dará ciência ao Tribunal de Contas da União, sob pena de responsabilidade solidária de seus dirigentes.

Art. 7º A ANA, na função de secretaria-executiva do respectivo ou respectivos Comitês de Bacia Hidrográfica, poderá ser depositária e gestora de bens e valores da entidade delegatária, cujos seqüestro ou indisponibilidade tenham sido decretados pelo juízo competente, considerados por ela necessários à continuidade da implementação das atividades previstas no contrato de gestão, facultando-lhe disponibilizá-los a outra entidade delegatária ou Agência de Água, mediante novo contrato de gestão".

A Lei 10.881/2004 determinou que a ANA noticiasse o Tribunal de Contas sobre qualquer irregularidade na utilização de recursos ou bens de origem pública pela entidade delegatária. A ANA não pode aguardar que a irregularidade seja importante e/ou grave para noticiar o Tribunal de Contas. Os dirigentes da ANA passam a ter responsabilidade solidária com os dirigentes da entidade delegatária, se tal comunicação não ocorrer.

A responsabilidade da ANA não termina aí. Cabe a ela iniciar procedimento administrativo para buscar a constatação da irregularidade, a fim de que, caso seja constatada, ocorra a rescisão do contrato de gestão.

Comparando-se os textos da MP e da Lei, nota-se um abrandamento dos deveres da ANA, ao não constar a obrigação de noticiar a irregularidade ao Ministério Público

Federal.[11] A prudência e o zelo no trato dos recursos públicos devem estar presentes em uma possível representação da ANA ao Ministério Público Federal, que, se não é obrigatória, não está, contudo, dificultada e/ou impedida.

A Lei 10.881/2004 não define quem deve promover a ação judicial de seqüestro e de indisponibilidade de bens em poder da entidade delegatária. A MP 165/2004 estava, nesse aspecto, mais bem redigida. O fato de a Lei não indicar quem deva promover essa ação judicial não priva a ANA de fazê-lo, assim como o Ministério Público Federal, através de ação civil pública, ou qualquer cidadão, por meio da ação popular.

Ocorrendo os fatos apontados, é de bom alvitre a propositura de ação judicial com pedido liminar de suspensão da transferência pela ANA das receitas à entidade delegatária, que ocorre em razão do art. 4º, § 1º da Lei 10.881/2004.

Os Comitês de Bacia Hidrográfica e as Entidades Delegatárias

Os Comitês de Bacia Hidrográfica e o contrato de gestão

Os Comitês terão oportunidade de emitir seu parecer sobre o contrato, antes que o mesmo seja aprovado pelo ministro de Estado do Meio Ambiente (art. 2º, §1º da Lei 10.881/2004). O Comitê poderá opinar também sobre a entidade delegatária que está sendo escolhida pela ANA, podendo se posicionar contra a opção efetuada. O parecer não representa um veto, mas inegavelmente a motivação apresentada não pode ser ignorada pelo Ministro do Meio Ambiente em sua decisão.

Os Comitês têm a atribuição de aprovar os Planos de Recursos Hídricos, que deverão ser aplicados pelas entidades delegatárias. Mais ainda, os Comitês têm o dever de "acompanhar a execução do Plano de Recursos Hídricos da bacia e sugerir as providências necessárias para o cumprimento das metas".[12]

É inegável que os Comitês de Bacia Hidrográfica têm o direito de fiscalizar as entidades delegatárias na aplicação das receitas, podendo sugerir providências para o cumprimento das metas. O termo "sugerir", usado pela Lei 9.433/1997, pode ensejar a interpretação de que os Comitês poderão somente aconselhar as entidades delegatárias as quais, por sua vontade, acatarão ou não o conselho. Não se trata de intromissão indébita dos Comitês quando suas sugestões forem ditadas pela necessidade do cumprimento de metas do Plano de Recursos Hídricos. Não acatadas as sugestões, resta aos Comitês, imediatamente, noticiarem o fato à Agência Nacional de Águas, ao Tribunal de Contas e ao Ministério Público.

---

11. Essa obrigação consta na Lei 9.790/1999, que trata das organizações da sociedade civil de interesse público (art. 12).

12. Art. 38º, IV da Lei 9.433/1997.

Os comitês e a informação enviada pelas entidades delegatárias e pela comissão de avaliação

O recebimento dos relatórios com prestação de contas das entidades delegatárias e sobre a execução do contrato de gestão é um direito dos Comitês de Bacia Hidrográfica. Quando informados, os Comitês devem opinar, ainda que a Lei 10.881/2004 não tenha sido expressa sobre isso. Sendo inadmissível os Comitês silenciarem sobre as informações recebidas.

Para que os Comitês emitam sua opinião, será necessário, muitas vezes, contratar alguma pessoa ou empresa, de forma temporária, para auxiliar na avaliação dos dois relatórios. Os Comitês não são obrigados a simplesmente endossar a manifestação da Comissão de Avaliação, ainda que seja composta por pessoas de alta capacidade.

Os Comitês de Bacia Hidrográfica e sua secretaria-executiva

No art. 7º da Lei 10.881/2004 consta que:

"A ANA, na função de secretaria-executiva do respectivo ou respectivos Comitês de Bacia Hidrográfica, poderá ser depositária...".

Essa nova atribuição da ANA resultou de um encarte em uma matéria totalmente estranha à atividade dos Comitês de Bacia Hidrográfica. Ainda que tal inserção tenha constado da Medida Provisória 165/2004, se fosse realmente fruto de um posicionamento administrativo amadurecido, essa nova função mereceria ser inserida em artigo apartado. A maneira como consta na Lei dá a entender que é uma função conseguida de modo pouco claro e sem a devida discussão.

Veja-se, como exemplo, o Conselho Nacional de Recursos Hídricos, que, por força do art. 46 da Lei 9.433/1997 (objeto de nova redação na Lei 9.984/2000), que tem sua secretaria-executiva em órgão do Ministério do Meio Ambiente (a Secretaria de Recursos Hídricos).

Os Comitês de Bacia Hidrográfica são peças essenciais da tentativa válida e meritória de alargar a participação da sociedade civil na gestão das águas. Colocar a sua secretaria-executiva dentro do mais poderoso órgão gestor das águas, a ANA, significa domesticá-los e cortar suas asas.

Pode-se argumentar que será um modo de sustentar financeiramente os Comitês, pois os mesmos não têm personalidade jurídica. Pondera-se, contudo, que o argumento não procede, pois o Conselho Nacional de Recursos não tem esse atributo e nem por isso ficou atrelado à ANA.

O desenvolvimento dos Comitês de Bacia Hidrográfica mostrará se esse encaixe legislativo será temporário ou se os Comitês evoluirão para ter personalidade jurídica e uma diminuta, eficiente e autônoma secretaria-executiva.

Referências Bibliográficas

CRETELLA JÚNIOR, J.; CINTRA, G. U. *Dicionário latino-português.* São Paulo: Companhia Editora Nacional, 1950. p. 299.

CUNHA, A. G. da. *Dicionário etimológico da língua portuguesa.* Rio de Janeiro: Nova Fronteira, 1982. p. 244.

DIÁRIO oficial da união, n. 111, 11 jun. 2004. p. 3.

DICIONÁRIO Eletrônico Houaiss da Língua Portuguesa. Editora Objetiva Ltda. Versão 1.0. dez. 2001.

FERREIRA, A. B. H. *Novo Aurélio Século XXI:* o dicionário da língua portuguesa. 3. ed. Rio de Janeiro: Ed. Nova Fronteira, 1999.

HABERMAS, J. *A mudança estrutural da esfera pública.* Tradução de Flávio R. Kothe. Rio de Janeiro: Edições Tempo Brasileiro Ltda., 2003. p. 315.

MACHADO, P. A. L. *Direito Ambiental Brasileiro.* 12. ed. São Paulo: Malheiros, 2004.

Capítulo XIII

Estudo de Caso:
Gestão Ambiental da VCP Florestal

Fausto Rodrigues Alves de Camargo

Introdução

A VCP Florestal é uma empresa do Grupo Votorantim Celulose e Papel (VCP) responsável pela formação de florestas plantadas e pelo fornecimento de madeira para duas fábricas de celulose.

Com cerca de 175,2 mil ha, a empresa maneja anualmente uma área de 15 a 17 mil ha, reformando/implantando florestas e incorporando materiais genéticos melhorados e o que há de mais moderno em tecnologia florestal.

Atualmente, a VCP Florestal é referência mundial em cultivo de florestas plantadas, sendo pioneira e destacando-se em temas importantes do segmento, como produção de mudas, mecanização florestal e projetos de preservação e conservação ambiental.

Trata-se de uma empresa basicamente paulista, pois seu parque florestal localiza-se em três regiões do Estado de São Paulo.

Administrativamente, a VCP Florestal é dividida em duas unidades: Unidade Florestal Jacareí, formada pelas Células Operacionais Vale e Capão Bonito, e Unidade Luís Antônio.

A localização de suas florestas pode ser observada na Figura 1 e a distribuição de suas áreas, por sua vez, na Tabela 1.

No final da década de 1970, a empresa iniciou seu programa de pesquisa, que hoje, com quase 30 anos, é uma área estratégica, contando com profissionais de diversas especialidades e programas/projetos que abrangem todos os assuntos de interesse de uma companhia da área florestal.

Na mesma época, iniciaram-se os primeiros projetos ambientais, com destaque para o manejo de microbacias, englobando diversas áreas da Gerência de Pesquisa.

De lá para cá, muitos trabalhos foram realizados, principalmente em parceria com o meio acadêmico, formando o atual Sistema de Gestão Ambiental.

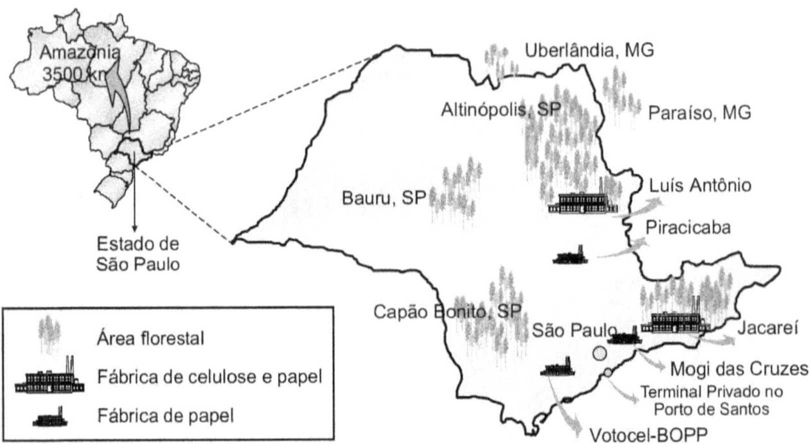

Figura 1   Localização das áreas florestais.

Tabela 1   Áreas florestais.

	Área total (ha)	Plantio efetivo (ha)
Luís Antônio	56,5	40,7
Jacareí		
Vale do Paraíba	52,1	27,7
Capão Bonito	70,0	45,2
Subtotal	122,1	72,9
Total geral	178,6	113,6

Descrever o crescimento e o funcionamento desse sistema é o objetivo deste capítulo, que destaca a importância das parcerias com universidades e a efetiva utilização dos dados gerados pelos projetos no manejo florestal, visando, sobretudo, ao controle de impactos ambientais.

Breve Histórico do Sistema de Gestão Ambiental

Como já mencionado na seção anterior, os primeiros trabalhos na linha ambiental iniciaram-se com o advento da pesquisa florestal.

Um dos primeiros trabalhos foi a construção de dois vertedouros para orientar o manejo florestal utilizado na época (Fotos 1 e 2).

Fotos 1 e 2   Vertedouros da fazenda Bela Vista III (Santa Branca, SP, 1987).

O objetivo inicial do monitoramento das bacias era verificar qual o preparo de solo mais adequado à região, porém, muitos outros resultados foram obtidos e o envolvimento de diferentes especialistas alterou totalmente a postura da empresa no que se refere ao manejo florestal a ser adotado.

Nesse período iniciaram-se também os primeiros levantamentos sobre a fauna e a flora nativas, que serviram de base para sustentar um tímido programa de produção de mudas e plantio de espécies nativas.

Com a mudança do Código Florestal na década de 1990, os esforços se voltaram para a adequação à legislação, visando, principalmente, às áreas de Preservação Permanente e Reserva Legal.

A partir de então, em decorrência do crescimento da conscientização interna, aliada a uma legislação cada vez mais exigente e aos apelos da comunidade em geral, a empresa foi se estruturando, sobretudo, pelos fortes convênios com as universidades e montando um amplo programa ambiental.

Mais recentemente, com o advento das Certificações Ambientais e de Manejo Florestal, foi criado o Sistema de Gestão Ambiental da VCP Florestal, que é apresentado neste capítulo.

Gestão Ambiental

Para atender a toda a demanda legal e ambiental que envolve o manejo de florestas plantadas foi montado um esquema baseado, principalmente, na geração de dados, por meio de projetos de pesquisa e monitoramentos, e na incorporação destes pelo planejamento ambiental.

Estrutura

A estrutura da Gestão Ambiental é formada principalmente por consultorias fortes em assuntos de interesse e por pessoal próprio (engenheiros e biólogos) locados nas Unidades de Manejo Florestal, conforme mostra a Figura 2.

Figura 2   Estrutura esquemática da dinâmica de gestão ambiental na VCP.

A Filosofia

Como foi comentado anteriormente, a filosofia do Sistema de Gestão é a aplicação dos resultados obtidos nos trabalhos em andamento, ou seja, à medida que são gerados, os novos conhecimentos são incorporados ao manejo florestal pelas diversas formas de planejamento, com destaque para o planejamento ambiental, que pode acontecer em diferentes momentos da vida de uma floresta, conforme mostra a Figura 3.

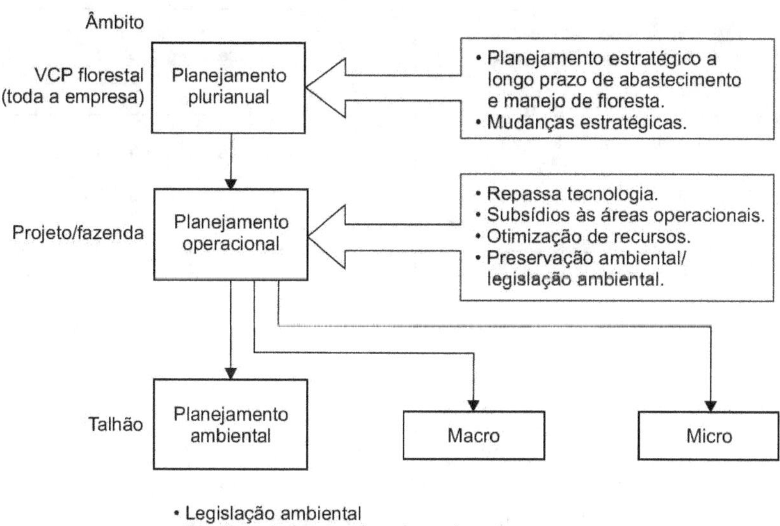

Figura 3   Formas e momento da incorporação de dados.

Os Projetos de Pesquisa

Uma parte importante desse sistema são os Projetos de Pesquisas Ambientais desenvolvidos em vários locais.

Por meio de experimentação e testes são gerados dados para:

- melhorar os trabalhos ambientais;

- reduzir impactos;

- melhorar as condições ambientais dos projetos.

Na Figura 4 são apresentados exemplos de projetos e testes.

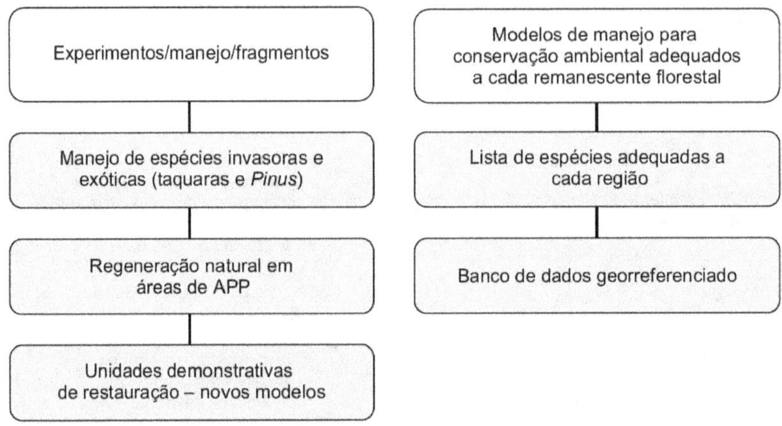

Figura 4   Exemplos de projetos de pesquisas e testes.

Destacam-se nesse contexto:

a) Projetos de produção e plantio de mudas nativas

São projetos para suportar a produção de quase 3 milhões de mudas por ano (Foto 3) e o plantio de ± 500 ha no mesmo prazo (Fotos 4 e 5).

Foto 3   Um dos viveiros de mudas nativas da VCP Florestal.

Fotos 4 e 5   Plantios de mudas nativas em diversos estágios.

b) Projetos de biodiversidade

São projetos envolvendo basicamente a flora e a fauna nativas, com foco na diminuição de impactos e no manejo de fragmentos de matas nativas, que incluem:

- impactos da implantação/reforma de florestas na fauna e na flora;

- impactos de colheita na fauna e na flora;

- projetos com espécies ameaçadas de extinção;

- árvore símbolo;

- manejo de fragmentos (Figura 4).

c) Projetos na linha de sustentabilidade florestal

Trata-se de um conjunto de projetos formulados para integrar os demais e tratar da questão de perpetuação do empreendimento, incluindo:

- uso de resíduos florestais;

- uso de resíduos industriais; etc.

Monitoramentos Ambientais

São agrupadas nessa linha de trabalho as atividades ambientais de obtenção e avaliação contínua de dados, que produzem resultados em médio prazo e que podem ser divididos em:

Interferência no manejo florestal

São monitoramentos cujos resultados podem indicar a necessidade de interferência ou modificação no manejo florestal da empresa. Destaque para:

a) Monitoramento de microbacias

Microbacias são selecionadas e monitoradas por vertedouros e equipamentos especiais que mostram, por meio de indicadores hidrológicos, se há necessidade de promover mudanças no manejo florestal para garantir a sustentabilidade. Nas Fotos 6 a 9 são mostradas as estruturas que a empresa utiliza nesse monitoramento.

Foto 6   Vertedouro em Capão Bonito.

Foto 7   Estação de Capão Bonito.

Fotos 8 e 9   Vertedouro de Luís Antônio.

b) Monitoramento de pragas e doenças

Diversas modalidades de monitoramento são realizadas e seus resultados podem indicar a necessidade de interferências no manejo para prevenir ou controlar problemas com pragas e doenças.

c) Monitoramento de mananciais

Avaliações da qualidade de água em áreas com atividades florestais, visando, principalmente, à prevenção da contaminação por produtos e sedimentos.

d) Monitoramento da legislação

Monitora, analisa e aplica as leis compatíveis ao negócio.

Interferência no Manejo Ambiental

Trata-se de trabalhos que geram dados para melhorar o manejo ambiental da empresa, ou seja, melhorar suas reservas, os plantios de plantas nativas, a paisagem, diminuir impactos, etc.

a) Monitoramento da fauna e flora

Nessa linha, o destaque é o Projeto Conserv-Ação, que possibilita conhecimento contínuo dos fragmentos florestais nativos, aprimorando técnicas de manejo ambiental e contribuindo para a conservação da biodiversidade local (Figura 5).

Esse trabalho iniciou-se com o levantamento da vegetação e da fauna de todas as áreas de conservação da empresa, bem como com a definição dos indicadores de estado ambiental de cada uma (Fotos 10, 11 e 12).

Fotos 10 e 11   Espécies da avifauna do Projeto Colheita x Fauna (saíra e barranqueiro-de-olho-branco).

Foto 12   Pegadas de fêmea de lobo-guará acompanhada de filhote.

Os resultados são colocados em um banco de dados (Figura 6) e são utilizados para acompanhar a evolução ambiental das áreas de conservação e gerar medidas e recomendações de intervenção de manejo.

Figura 5   Símbolo do Programa Consev-Ação.

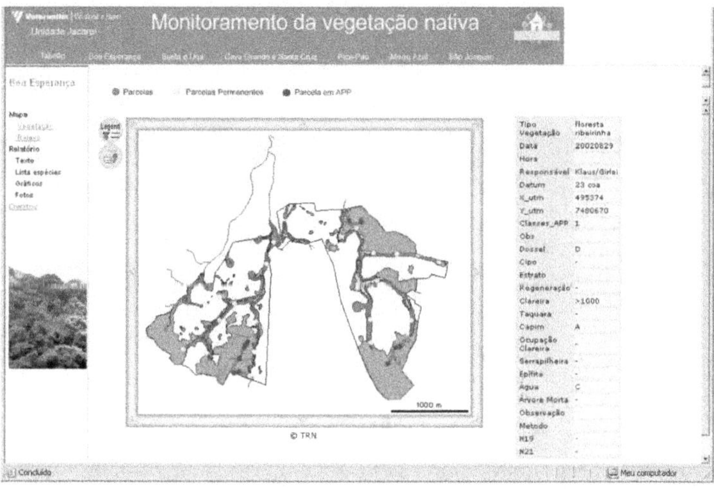

Figura 6   Banco de dados das áreas de conservação.

Planejamento Ambiental

Esse planejamento é a alma da gestão ambiental da VCP Florestal.

Trata-se de um planejamento dinâmico realizado sempre que ocorre alguma atividade florestal, ou seja, um determinado projeto florestal é totalmente revisto do ponto de vista ambiental toda vez que é colhido, reformado, etc.

O planejamento ambiental é o vetor para a incorporação de dados gerados nos monitoramentos, nos projetos de pesquisa, na legislação, etc.

A Figura 7 representa essa forma de trabalho. Um dado gerado no monitoramento de microbacias, por exemplo, é incorporado via Planejamento Ambiental. O produto desse planejamento é um documento chamado internamente de Relatório Ambiental do Projeto (RAPRO) e carinhosamente de "Riminha", contendo recomendações técnicas, mapas de macro (fazenda) e microplanejamento (talhão), etc.

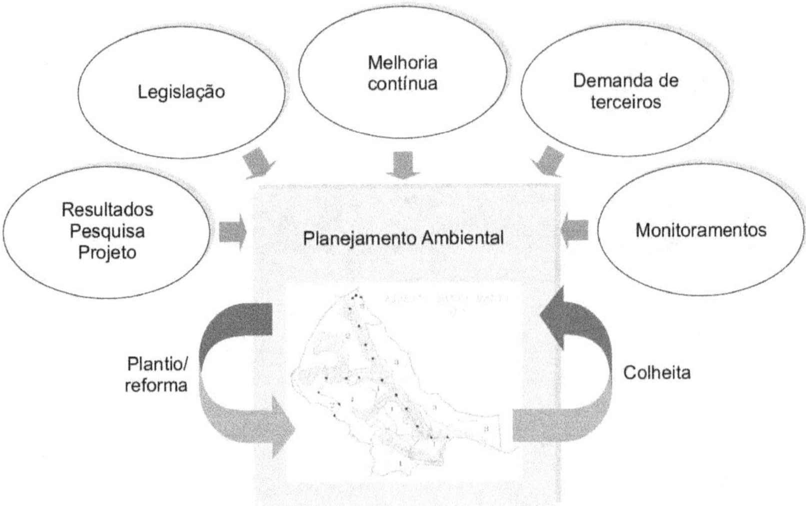

Figura 7   Esquema de planejamento ambiental.

O RAPRO deverá conter no mínimo:

a) Identificação das Áreas de Preservação

As áreas que vão para preservação ambiental são identificadas, quantificadas e divididas nas seguintes categorias:

- fragmentos de matas nativas: todos os fragmentos, independente do tamanho;

- Áreas de Preservação Permanente (APP): identificadas no artigo do Código Florestal;

- Áreas de Dificuldade Operacional (ADO): que não são utilizadas por diversos motivos;

- Áreas de Interesse Ecológico (AIE): tipo corredores, etc.
- Áreas de Demandas de Terceiros (ADT).

b) Destinos das Áreas de Preservação

Durante o planejamento é definido o destino de cada área identificada:

- plantio e recuperação com espécies nativas;
- recuperação por meio de regeneração natural;
- recomposição de solo (colocação de casca);
- outros.

c) Manejo de fragmentos de vegetação natural

Etapa em que são definidos:

- proteção da borda;
- aumento efetivo;
- manejo de plantas exóticas e daninhas.

d) Necessidades de licenças e autorizações

Nesse documento, todas as necessidades de licenças, autorizações e anuências de órgãos públicos e ambientais são definidas e providenciadas.

O início de atividades na área somente é liberado após a obtenção da documentação exigida. Exemplo:

- autorização para manutenção de estrada, ponte e bueiros em APP;
- autorização para substituição de plantas exóticas por nativas em APP.

e) Áreas para aplicação de agrotóxico

São definidas e delimitadas em mapa tanto as áreas nas quais poderam ser utilizados agrotóxicos como as áreas com restrição ao uso, como, por exemplo, áreas de captação de água por funcionários ou terceiros.

f) Conservação do solo

Aqui são definidas as melhores práticas silviculturais, gerando recomendações técnicas da área de pesquisa que compõe o Projeto Técnico de cada área.

g) Planejamento da malha viária

Em relação à malha viária, do ponto de vista ambiental, procura-se:

- evitar estradas novas passando por APP;
- diminuir densidade de estradas;
- desativar estradas antigas em APP ou dentro de fragmentos.

Os Mapas 1 a 4 representam uma seqüência simples de uma versão real do planejamento ambiental de uma área de implantação florestal.

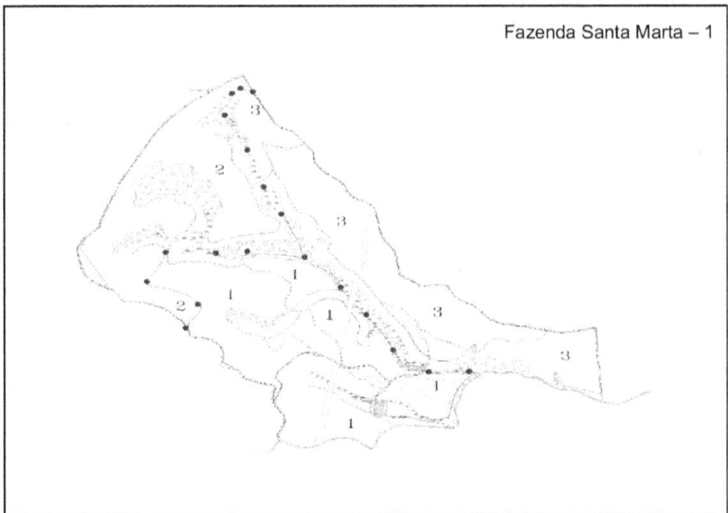

Mapa 1   Situação inicial, 85% de pastagem e 15% de remanescentes nativos.

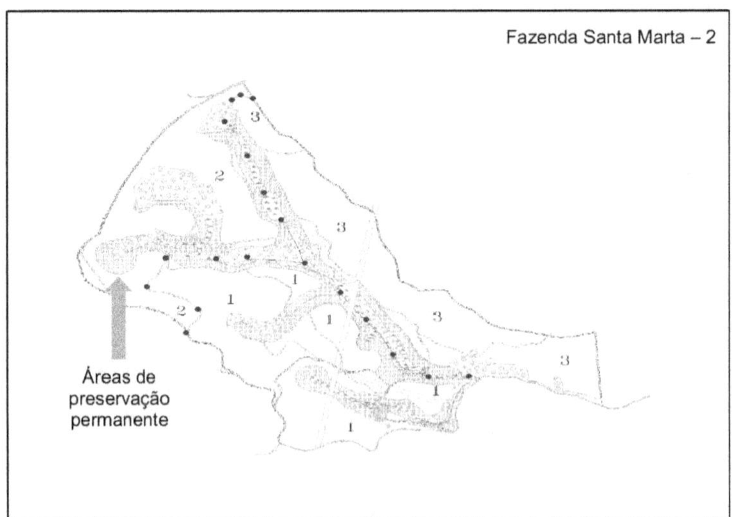

Mapa 2   Definição das áreas de preservação permanente determinada pela Legislação.

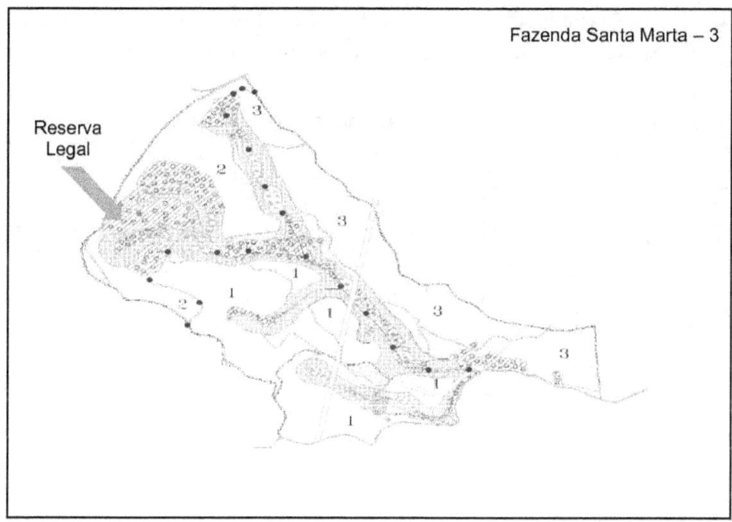

Mapa 3   Definição da Reserva Legal determinada pelo monitoramento de microbacias.

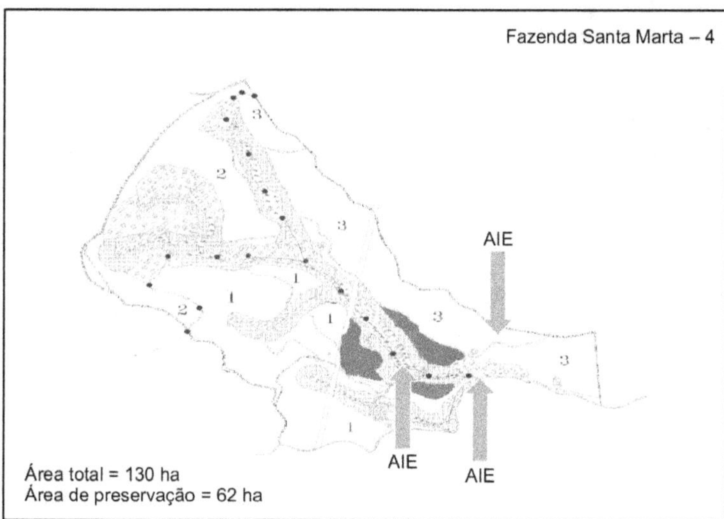

Mapa 4   Determinação das Áreas de Interesse Ecológico para proteção de uma captação de água.

Ao final dessa primeira etapa do Planejamento Ambiental ficam definidas as áreas destinadas aos diversos fins de conservação ambiental, que normalmente beiram a 50% dos projetos.

A próxima etapa é a definição do tratamento que cada área deve receber, ou seja, inicia-se o microplanejamento (talhão) detalhando cada atividades, como, por exemplo:

a) Áreas a serem recuperadas

As áreas definidas como de conservação e que não apresentam vegetação nativa devem ser recuperadas por algum método, sendo o mais comum o plantio de plantas nativas. A forma de recuperação é definida de acordo com os monitoramentos e a recuperação é feita com base nos projetos de pesquisa (Figura 8).

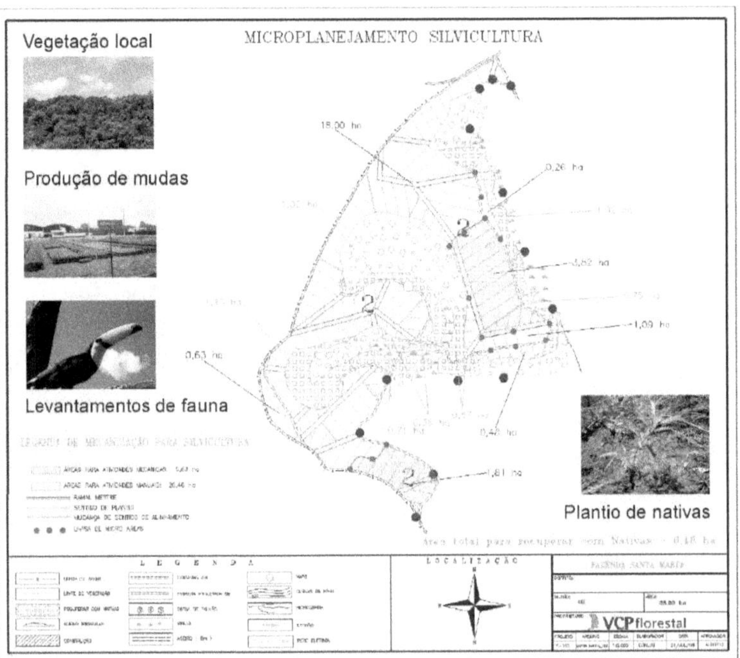

Figura 8   Esquema do planejamento para recuperação de áreas.

b) Manejo de fragmentos de matas

Com base nos testes e no Banco de Dados do Monitoramento da Fauna e da Flora pode-se recomendar determinados manejos para alguns fragmentos de mata (Figura 9).

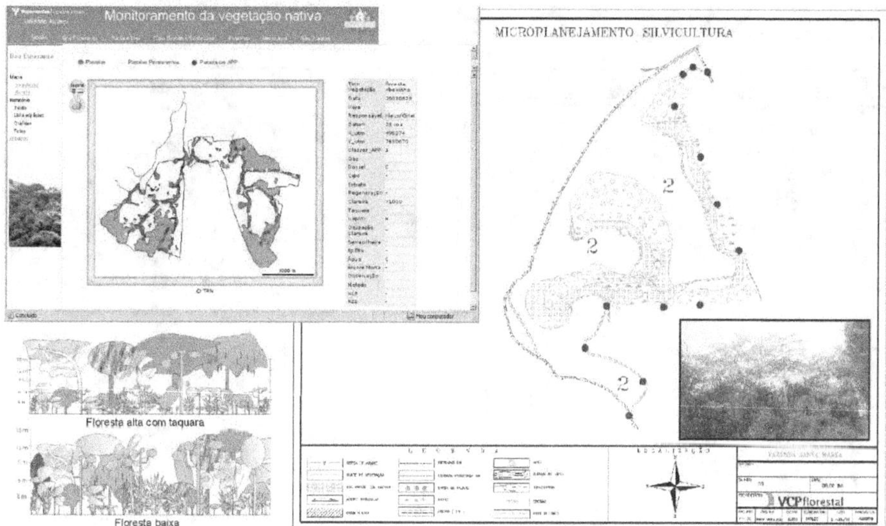

Figura 9   Esquema de estudo para recomendar manejo de fragmento.

O Caso do Monitoramento de Bacias

Há quase 20 anos a VCP Florestal monitora a água de várias microbacias hidrográficas, verificando os possíveis impactos causados por suas atividades na qualidade e na quantidade das águas de seus mananciais.

Esses dados direcionam o manejo florestal da empresa, principalmente na questão da conservação do solo e da água.

O monitoramento mais antigo da empresa no Brasil está na cidade de Santa Branca. Hoje, a VCP Florestal dispõe de uma rede de vertedouros completos para esse tipo de trabalho e os resultados obtidos nesse tipo de monitoramento são plenamente aplicáveis ao manejo florestal. Um exemplo prático é a influência que os resultados obtidos nos vertedouros instalados em Santa Branca, SP, tiveram na vida da empresa.

A Figura 10 apresenta um resumo dos resultados gerados após oito anos de monitoramento.

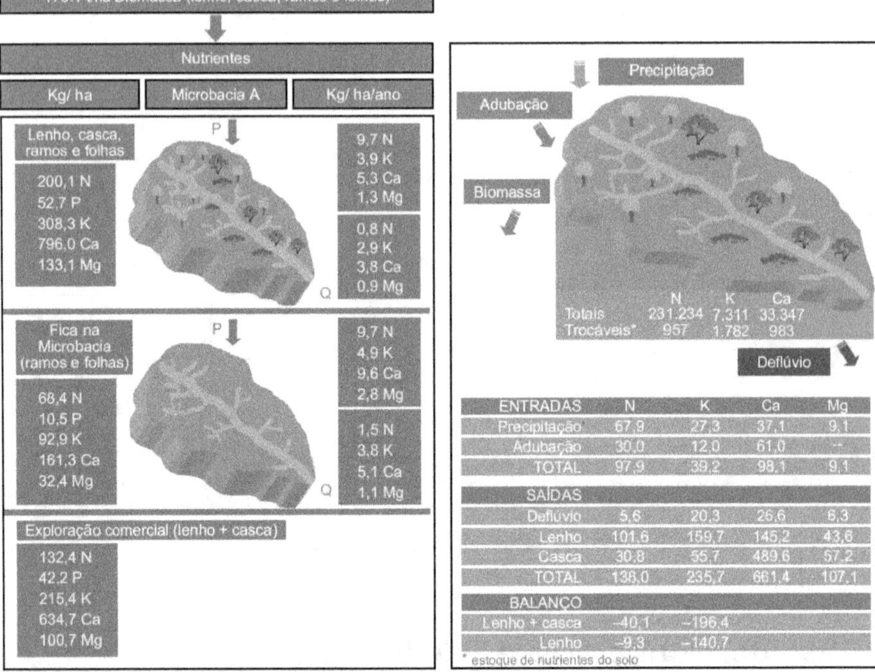

ENTRADAS	N	K	Ca	Mg
Precipitação	67,9	27,3	37,1	9,1
Adubação	30,0	12,0	61,0	--
TOTAL	97,9	39,2	98,1	9,1
SAÍDAS				
Deflúvio	5,6	20,3	26,6	6,3
Lenho	101,6	159,7	145,2	43,6
Casca	30,8	55,7	489,6	57,2
TOTAL	138,0	235,7	661,4	107,1
BALANÇO				
Lenho + casca	−40,1	−196,4		
Lenho	−9,3	−140,7		

Figura 10   Resumo do monitoramento das microbacias instaladas em Santa Branca, SP.

Pode-se dividir a influência desses e de outros resultados obtidos ao longo do trabalho nas seguintes categorias de influência no manejo florestal:

Influências Diretas no Manejo Florestal

- Adoção do cultivo mínimo (Foto 13).
- Adoção de tecnologia de preparo de solo de baixo impacto (Foto 14).
- Realinhamento do programa de adubação e da estratégia nutricional de florestas.

Foto 13   Vista do cultivo mínimo.

Foto 14   Máquina coveadora.

Influência na Gestão Ambiental

- Maior proteção de determinadas áreas.
- Fundamental para a decisão da empresa de recuperar áreas com plantas nativas.
- Argumentação com os órgãos ambientais para autorização da substituição de plantas exóticas por nativas em APP.
- Redefinição da malha viária.

Influência em Decisões Estratégicas/Investimentos

- Fundamental para a decisão e a escolha de equipamentos de colheita que permitam que a casca fique no solo (Foto 15).

- Desenvolvimento de equipamentos para melhor distribuição e incorporação dos resíduos florestais no solo, etc.

Segurança na Tomada de Decisão

- Uso de resíduos industriais no campo.

- Método de plantio utilizado atualmente.

Foto 15   Equipamento de colheita que permite que a casca fique no campo.

Manejo de Áreas Especiais

As áreas especiais, por motivos ambientais, saem do manejo tradicional da empresa e são destinadas somente à conservação e estudos (Figura 11).

Essas áreas são definidas pelo Planejamento Ambiental, que incorpora uma série de dados (oriundos de monitoramentos, projeto e legislação) a uma determinada área, de tal forma que o manejo tradicional fica inviabilizado.

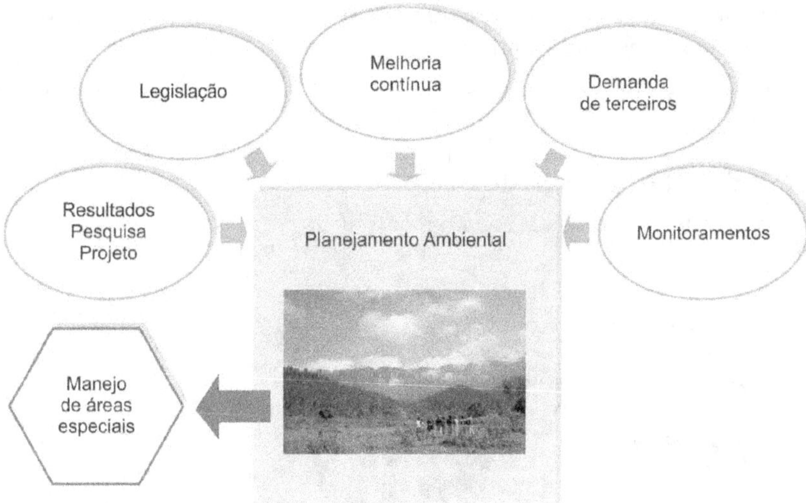

Figura 11   Definição de uma área de manejo especial.

A grande maioria delas estão sendo transformadas em RPPPNs, com plano de manejo específico. São exemplos:

Fazenda São Sebastião do Ribeirão Grande (Pindamonhangaba) (Fotos 16 e 17)

Fotos 16 e 17   Vistas da fazenda São Sebastião do Ribeirão Grande.

Trata-se de uma área de aproximadamente 2.000 ha situada na Serra da Mantiqueira, com uma fauna riquíssima e trechos de grande beleza cênica.

É a fazenda mais antiga nesse sistema, com mais de 10 anos de estudos e pesquisas.

Caverna de Altinópolis (Fotos 18 e 19)

Essa área é uma das mais recentemente incorporadas ao sistema de Manejo de Áreas Especiais.

Situada na unidade de Luís Antônio, apresenta fauna e vegetação específica e também um visual magnífico.

Fotos 18 e 19   Vistas das cavernas de Altinópolis.

Conclusão

A intenção deste capítulo foi apresentar um Sistema de Gestão Ambiental que foi montado com uma visão prática que tenta buscar reduzir os impactos ambientais de florestas plantadas por meio da utilização efetiva dos dados científicos gerados por diferentes fontes (pesquisa, monitoramentos, etc.).

Não houve a pretensão de esgotar o assunto ou de considerar o sistema apresentado como definitivo ou modelo, mas, sim, de mostrar que a filosofia de gerar/aplicar efetivamente dados, bem como as parcerias e presença constante do meio acadêmico nas questões ambientais dessa companhia, tem colaborado muito para três questões importantes no manejo florestal: sustentabilidade, competitividade e credibilidade.